概率论与数理统计
学习指南 第二版

祝丹梅 姜凤利 于晶贤 等编著
聂宏 主审

化学工业出版社
·北京·

本书以教育部制定的《工科类本科数学基础课程教学基本要求》为依据，与浙江大学编写的《概率论与数理统计》教材相配套.

本书内容主要包括概率论内容5章，数理统计内容3章，每章包括基本要求、内容要点、精选题解析、重要知识和方法的注解和释疑解难，并附有A,B两类习题，有助于读者开拓思路加深理解教材.书后附有4套自测题，并给出参考答案.

本书可作为高等院校理工类相关专业的教学用书或教学参考书，也可作为本科生考研学习参考资料.

图书在版编目（CIP）数据

概率论与数理统计学习指南/祝丹梅等编著. —2版.—北京：化学工业出版社，2017.9（2024.8重印）
21世纪高等学校工科数学辅导教材
ISBN 978-7-122-30379-0

Ⅰ.①概… Ⅱ.①祝… Ⅲ.①概率论-高等学校-教学参考资料②数理统计-高等学校-教学参考资料 Ⅳ.①O21

中国版本图书馆CIP数据核字（2017）第186957号

责任编辑：唐旭华 郝英华　　装帧设计：张　辉
责任校对：王素芹

出版发行：化学工业出版社（北京市东城区青年湖南街13号　邮政编码100011）
印　　装：大厂聚鑫印刷有限责任公司
787mm×1092mm　1/16　印张11½　字数296千字　2024年8月北京第2版第8次印刷

购书咨询：010-64518888　　售后服务：010-64518899
网　　址：http://www.cip.com.cn
凡购买本书，如有缺损质量问题，本社销售中心负责调换。

定　　价：25.00元

版权所有　违者必究

前　言

概率论与数理统计是一门研究和探索客观世界随机现象规律的数学学科. 它以随机现象为研究对象，是数学的分支学科，在金融、保险、经济与企业管理、工农业生产、医学、地质学、气象与自然灾害预报等方面都起到非常重要的作用. 随着计算机科学的发展以及功能强大的统计软件和数学软件的开发，这门学科得到了蓬勃的发展，它不仅形成了结构宏大的理论，而且在自然科学和社会科学的各个领域应用越来越广泛.

作为一门应用数学学科，概率论与数理统计不仅具有数学所共有的特点：高度的抽象性、严密的逻辑性和广泛的应用性，而且具有更独特的思维方法. 为使初学者尽快熟悉这种独特的思维方法，更好掌握概率论与数理统计的基本概念、基本理论、基本运算以及处理随机数据的基本思想和方法，培养学生运用概率统计方法分析解决实际问题的能力和创造性思维能力，特编写了本书. 本书将概率论与数理统计诸多问题进行合理的归类，通过对精选典型例题的解析和方法归纳，帮助读者理解基本概念，增强运算能力，同时介绍一些方便快捷的解题方法，拓宽读者的解题思路. 书中每章附有强化练习题以及参考答案. 初学者只要求试做强化练习题中的（A）题，（B）题可作为学有余力的读者选做.

参加本书编写的有魏晓丽（第一章），祝丹梅（第二章），李阳（第三章），姜凤利（第四章），于晶贤（第五章），范传强（第六章），么彩莲（第七章），于晶贤（第八章），李金秋（自测题）. 全书由祝丹梅组稿并修改定稿，聂宏教授主审.

本书适用于理工科、经管类高等院校的学生，特别适合使用浙江大学编写的《概率论与数理统计》作为教材的学生，对于有志报考研究生的学生也是一本有益的参考书. 本书也可作为理工科、经管类高等院校数学教师的教学参考书.

本书在编写过程中得到了辽宁石油化工大学教务处和理学院广大教师的支持和帮助，在此表示感谢!

由于水平所限，书中疏漏与不妥之处在所难免，恳请读者批评指正.

编　者

2017 年 6 月

目　　录

第一章　随机事件和概率

本章基本要求

1. 了解样本空间（基本事件空间）的概念，理解随机事件的概念，掌握事件的关系及运算.

2. 理解概率、条件概率的概念，掌握概率的基本性质，会计算古典型概率和几何型概率，掌握概率的加法公式、减法公式、乘法公式、全概率公式，以及贝叶斯（Bayes）公式.

3. 理解事件独立性的概念，掌握用事件独立性进行概率计算；理解独立重复试验的概念，掌握计算有关事件概率的方法.

一、内容要点

（一）基本概念

定义 1　随机试验：(1) 相同条件下可重复试验；(2) 每次试验结果不唯一；(3) 试验的全部可能结果已知，但试验之前不知哪一个结果出现.

定义 2　样本空间：随机试验所产生可能结果的全体，一般记为 S . S 中的元素称为样本点，也称为基本事件. 样本点的集合称为随机事件，简称事件. 样本空间 S 称为必然事件，空集 $\varnothing$ 称为不可能事件.

设 $A,B,A_k(k=1,2,\cdots,n)$ 是样本空间 S 中的随机事件，它们之间的关系及运算如下：

定义 3　包含关系：$A\subset B$ 表示事件 A 发生必然导致事件 B 发生.

定义 4　相等关系：$A=B$ 表示事件 A , B 相互包含.

定义 5　和事件：(1) 两个事件的和事件 $A\cup B$ ，表示事件 A , B 至少有一个发生；(2) 多个事件的和事件 $\bigcup\limits_{k=1}^{n} A_k$ ，表示事件 A_k 中至少有一个发生.

定义 6　积事件：(1) 两个事件的积事件 $A\cap B$ 或 AB ；(2) 多个事件的积事件 $\bigcap\limits_{k=1}^{n} A_k$.

定义 7　差事件：$A-B$ 表示事件 A 发生而事件 B 不发生.

定义 8　不相容（或互斥）事件：若事件 A , B 不同时发生，即如有 $AB=\varnothing$ ，则称事件 A , B 为不相容事件或互斥事件.

定义 9　互逆（或对立）事件：如有 $AB=\varnothing$ 且 $A\cup B=S$ ，则称事件 A , B 为互逆（或对立）事件，记作 $A=\overline{B}$ 或 $B=\overline{A}$.

（二）事件的性质

1. 事件关系的性质

$A\subset A\cup B$; $B\subset A\cup B$; $A\cup A=A$; $A-B\subset A$; $A-B=A\overline{B}$; $(A-B)\cup A=A$; $(A-B)\cup B=A\cup B$; $(A-B)\cap B=\varnothing$; $\overline{\overline{A}}=A$; $A\cup\overline{A}=S$; $A\cap\overline{A}=\varnothing$; $A\cap A=A$; $A\cup\varnothing=A$; $A\cup S=S$; $A\cap S=A$; $A\cap\varnothing=\varnothing$.

2. 事件的运算性质

(1) 交换律：$A\cup B=B\cup A$；$A\cap B=B\cap A$；

(2) 结合律：$A\cup(B\cup C)=(A\cup B)\cup C$；$A\cap(B\cap C)=(A\cap B)\cap C$；

(3) 分配律：$A(B\cup C)=(AB)\cup(AC)$；$A\cup(BC)=(A\cup B)(A\cup C)$；

(4) De Morgan 对偶定律：$\overline{A\cup B}=\overline{A}\ \overline{B}$；$\overline{AB}=\overline{A}\cup\overline{B}$.

（三）事件的概率及其计算

1. 概率的定义

概率的定义是公理化的，即 P 是从 S 的子集族到 $[0,1]$ 上的一个映射，若满足以下三个条件：① $P(A)\geqslant 0$；② $P(S)=1$；③ 若 $A_iA_j=\varnothing$ $(i\neq j;\ i,j=1,2,\cdots)$，有 $P(\bigcup\limits_{k=1}^{\infty}A_k)=\sum\limits_{k=1}^{\infty}P(A_k)$，则称 $P(A)$ 为事件 A 发生的概率.

2. 概率的性质

(1) $P(\varnothing)=0$；

(2)（有限可加性）若 $A_1,A_2,\cdots,A_n$ 两两互不相容，则 $P\left(\sum\limits_{i=1}^{n}A_i\right)=\sum\limits_{i=1}^{n}P(A_i)$；

(3) $P(\overline{A})=1-P(A)$；

(4) 若 $A\subset B$，则 $P(B-A)=P(B)-P(A)$，一般的，若 $A\not\subset B$，则有

$$P(B-A)=P(B-AB)=P(B)-P(AB)；$$

(5) $P(A\cup B)=P(A)+P(B)-P(AB)$ 且

$$P(\bigcup_{i=1}^{n}A_i)=\sum_{i=1}^{n}P(A_i)-\sum_{1\leqslant i<j\leqslant n}P(A_iA_j)+\cdots+(-1)^{n-1}P(A_1A_2\cdots A_n).$$

3. 等可能概型

特征：每个样本点被取到的可能性相等.

(1) 古典概型　特征：样本空间是有限集，每个基本事件发生的可能性相同. 其计算公式为

$$P(A)=\frac{k}{n}=\frac{A\text{ 中样本点数}}{S\text{ 中样本点数}}.$$

计算古典概型的基本公式是排列组合公式.

(2) 几何概型　特征：样本空间是 n 维欧氏空间的子集，且每个样本点的取得具有等可能性. 其计算公式为

$$P(A)=\frac{\mu(A)}{\mu(S)}.$$

其中，$\mu(A)$，$\mu(S)$ 分别表示 A 及 S 在 R^n 中的度量，如长度、面积、体积等.

4. 加法原理

设事件 A 有 n 类方法出现，若第 i 类方法包含 m_i 种方法，则 A 共有 $m_1+m_2+\cdots+m_n$ 种方法出现.

5. 乘法原理

设事件 A 有 n 类方法出现，另一事件 B 对每一种 A 的出现方法又有 m 种不同的方法出现，则事件 AB 以 nm 种不同的方法出现.

（四）条件概率与事件的独立性

定义 10 条件概率：设 A，B 是两个事件，若 $P(A)>0$，称 $P(B|A)=\dfrac{P(AB)}{P(A)}$ 为 A 发生的条件下 B 发生的条件概率.

定义 11 事件的独立性：若 $P(AB)=P(A)P(B)$，则称 A，B 相互独立. 这时，显然以下三对事件

$$\{\overline{A},B\},\ \{A,\overline{B}\},\{\overline{A},\overline{B}\}$$

也两两独立.

当 $P(A)>0$ 时，A，B 相互独立 $\Leftrightarrow P(B|A)=P(B)$.

若对任意的 $k\ (1<k\leqslant n)$，任意 $1\leqslant i_1<\cdots<i_k\leqslant n$，有

$$P(A_{i_1}A_{i_2}\cdots A_{i_k})=P(A_{i_1})P(A_{i_2})\cdots P(A_{i_k}),$$

则称 $A_1,A_2,\cdots,A_n$ 为相互独立事件.

注意(1) $A_1,A_2,\cdots,A_n$ 为相互独立事件时，定义中共有 (2^n-n-1) 个等式.

(2) $A_1,A_2,\cdots,A_n$ 相互独立 $\Rightarrow A_1,\ A_2,\ \cdots,\ A_n$ 两两独立，反之不然.

（五）重要公式

1. 乘法公式

若 $P(A)>0,P(B)>0$，有

$$P(AB)=P(A|B)P(B)=P(B|A)P(A),$$

$$P(A_1A_2\cdots A_n)=P(A_1)P(A_2|A_1)P(A_3|A_1A_2)\cdots P(A_n|A_1\cdots A_{n-1}).$$

2. 全概率公式

设 $B_1,B_2,\cdots,B_n$ 为样本空间 S 的一个划分，且 $P(B_i)>0\ (i=1,2,\cdots,n)$，对任意 $A\subset S$，有 $P(A)=\sum\limits_{i=1}^{n}P(A|B_i)P(B_i)$.

3. 贝叶斯公式

设 $B_1,B_2,\cdots,B_n$ 为样本空间 S 的一个划分，且 $P(B_i)>0(i=1,2,\cdots,n)$，对任意 $A\subset S$，若 $P(A)>0$，则

$$P(B_i|A)=\frac{P(A|B_i)P(B_i)}{\sum\limits_{j=1}^{n}P(A|B_j)P(B_j)},\qquad i=1,2,\cdots,n.$$

注意 (1) 贝叶斯公式是条件概率与全概率公式相结合的产物，其证明过程必须记住.

(2) 使用贝叶斯公式的关键是找到划分 $\{B_1,B_2,\cdots,B_n\}$.

（六）可靠性问题

设每个元件独立，第 i 个元件正常工作的概率为 $p_i\ (i=1,2,\cdots,n)$. 若一个系统由 n 个元件组成，则有：

(1) 串联系统 可靠度为 $\prod\limits_{i=1}^{n}p_i$.

(2) 并联系统 可靠度为 $1-\prod\limits_{i=1}^{n}(1-p_i)$.

特殊地，若元件结构相同，就有 $p_i=p\ (i=1,2,\cdots,n)$，则串联系统的可靠度为 p^n，并联系统的可靠度为 $1-(1-p)^n$，进而可以计算混联系统的可靠度.

二、精选题解析

1. 随机事件的概念及运算

【例 1】 投掷一枚骰子，设 $A=$“出现点数不超过 3”，则称 A 为（　　）.

(A) 不可能事件　　(B) 基本事件　　(C) 必然事件　　(D) 随机事件

【解析】 $A=\{1,2,3\}$，它不是空集，故不选(A)，不是单点集，故不选(B)，A 也不是全集，故不选(C)，A 可能发生也可能不发生，符合随机事件的定义，故应该选(D).

【例 2】 设 A，B 是样本空间 S 中的随机事件，则$(A\cup B)(\overline{AB})$ 表示(　　).

(A) 不可能事件　　(B) A，B 恰有一个发生

(C) 必然事件　　(D) A，B 不同时发生

【解析】 根据集合运算的性质，$(A\cup B)(\overline{A}\cup\overline{B})=\varnothing\cup(A\overline{B})\cup(B\overline{A})\cup\varnothing$，它表示 A 发生且 B 不发生，或者，B 发生且 A 不发生，故应该选(B).

【例 3】 设 A,B,C 是三个事件，试将下列事件用 A,B,C 的运算表示出来.

(1) 仅 A 发生；　(2) A，B 发生，但 C 不发生；　(3) 三个事件不都发生；

(4) 三个事件至少一个发生；　(5) 三个事件至多一个发生；　(6) 三个事件都不发生；

(7) 三个事件不多于一个发生；　(8) 三个事件恰有一个发生；

(9) 三个事件恰有两个发生；　(10) 三个事件至少两个发生.

【解析】 (1) $A\overline{B}\,\overline{C}$；(2) $AB\overline{C}$；(3) $\overline{ABC}$ 或 $\overline{A}\cup\overline{B}\cup\overline{C}$；(4) $A\cup B\cup C$；(5) $\overline{A}\,\overline{B}\cup\overline{B}\,\overline{C}\cup\overline{A}\,\overline{C}$；(6) $\overline{A}\,\overline{B}\,\overline{C}$ 或 $\overline{A\cup B\cup C}$；(7) $\overline{AB\cup BC\cup AC}$；(8) $A\overline{B}\,\overline{C}\cup\overline{A}B\,\overline{C}\cup\overline{A}\,\overline{B}C$；(9) $AB\overline{C}\cup A\overline{B}C\cup\overline{A}BC$；(10) $AB\cup AC\cup BC$.

【例 4】 设 A,B 是两个事件，那么事件“A,B 都发生”，“A,B 不都发生”，“A,B 都不发生”中，哪两个是对立事件?

【解析】 上述三个事件可以表示为 AB，$\overline{AB}$，$\overline{A}\,\overline{B}$，显然，$AB$ 与 $\overline{AB}$ 是对立事件.

2. 随机事件的概率及运算

【例 5】 设 A,B 是随机事件，且 $P(AB)=0$，则下列命题正确的是（　　）.

(A) A,B 互斥　　(B) AB 是不可能事件

(C) $P(A)=0$ 或 $P(B)=0$　　(D) AB 不一定是不可能事件

【解析】 $AB=\varnothing\Rightarrow P(AB)=0$，反之未必. 如做连续区间上取点的试验，设 A,B 都表示恰好取到中点，由几何概率知，$P(AB)=0$，但是 $AB\neq\varnothing$，故(A)，(B)不对. 再如，进行投一枚硬币的试验，$A=$“正面向上”，$B=$“反面向上”，满足 $P(AB)=0$，但是，$P(A)=P(B)=\dfrac{1}{2}$，故(C)不对. 综上所述，应该选(D).

【例 6】 比较概率的大小：$P(B)$；$P(A\cup B)$；$P(AB)$；$P(A)+P(B)$，其中，$P(A)>0$，$P(B)>0$.

【解析】 因为 $AB\subset B\subset A\cup B$，就有

$$P(AB)\leqslant P(B)\leqslant P(A\cup B),$$

另外，

$$P(A\cup B)=P(A)+P(B)-P(AB)\leqslant P(A)+P(B).$$

【例 7】 $P(A)=p_1$，$P(B)=p_2$，$P(A\cup B)=p_3$，则 $P(A\overline{B})=$（　　）.

(A) p_1-p_2　　(B) p_3-p_2　　(C) $p_1(1-p_2)$　　(D) p_2-p_1

【解析】 $P(A\overline{B})=P(A-B)=P(A\cup B-B)=P(A\cup B)-P(B)$，答案为(B).

【例 8】 已知 A,B 两个事件满足条件 $P(AB)=P(\overline{A}\,\overline{B})$，且 $P(A)=p$，则 $P(B)=$

(　　).

【解析】 $P(AB)=P(\overline{A}\ \overline{B})=1-P(A\cup B)=1-P(A)-P(B)+P(AB)$，则 $P(A)+P(B)=1$，所以 $P(B)=1-p$.

【例 9】 设 $P(A)=P(B)=P(C)=\frac{1}{4}$，$P(AB)=0$，$P(AC)=P(BC)=\frac{1}{16}$，则 A,B,C 全不发生的概率为（　　），A,B,C 至少有一个发生的概率为（　　）.

【解析】 A,B,C 全不发生的概率为

$$\begin{aligned}P(\overline{A}\ \overline{B}\overline{C})&=P(\overline{A\cup B\cup C})=1-P(A\cup B\cup C)\\&=1-[P(A)+P(B)+P(C)-P(AB)-P(AC)-P(BC)+P(ABC)]\\&=1-\left(\frac{1}{4}+\frac{1}{4}+\frac{1}{4}-\frac{1}{16}-\frac{1}{16}\right)=\frac{3}{8}.\end{aligned}$$

A,B,C 至少有一个发生的概率为 $P(A\cup B\cup C)=1-P(\overline{A}\overline{B}\overline{C})=\frac{5}{8}$.

3. 古典概率问题

【例 10】 袋子中有 7 只红球，5 只白球，不放回地陆续取出 3 只，求（1）顺序为红、白、红的概率；（2）有 2 只红球的概率.

【解析】 （1）样本空间中样本点数为 12 个球中取出 3 个的排列 P_{12}^3，以 A 表示所求事件，A 中共有 $7\times5\times6$ 个样本点，故

$$P(A)=\frac{7\times5\times6}{12\times11\times10}=0.1591.$$

（2）不放回地陆续取出 3 只，有 2 只红球，与取球的顺序无关. 以 B 表示所求事件——2 只红球且一只白球，B 中共有 $C_7^2C_5^1$ 个样本点，样本空间中样本点数为 12 个球中取出 3 个的组合数 C_{12}^3，故

$$P(B)=\frac{C_7^2C_5^1}{C_{12}^3}=\frac{21}{44}=0.4773.$$

【例 11】 n 对新人参加婚礼，现进行一项游戏：随机的把人分为 n 对，问每对恰为夫妻的概率是多少？

【解析】 把这 $2n$ 个人，从左到右排成一排，共有$(2n)!$ 种排法. 处在第 1,2 位的作为一对夫妻，第 3,4 位的作为一对夫妻，如此类推. 第一位可有 $2n$ 种排法，第二位只有 1 种排法，第三位有 $2n-2$ 种排法，第四位只有 1 种排法，如此类推. 故满足要求的排法总数是 $2n(2n-2)(2n-4)\cdots2=2^n n!$，以 A 表示所求事件，所以

$$P(A)=\frac{2^n n!}{(2n)!}=0.1591.$$

【例 12】 将 n 个人随机分到 N 个房间中（$n\leqslant N$），每个人分到哪个房间是等可能的，且设每个房间可容纳的人数没有限制，求

（1）某指定的一个房间（例如第一个房间）恰有 m 个人的概率（$m\leqslant n$）；

（2）每两个人都不在同一个房间的概率.

【解析】 （1）设 $A=\{$某指定的一个房间恰有 m 个人$\}$，由于每一个人分房间的时候都有 N 种分法，n 个人分完才算结束，所以样本点总数为 N^n. 对 A 中样本点数，房间是固定的，但哪 m 个人分到此房间是不确定的，也就是说哪 m 个人分到此房间都可以. 那么先从 n 个人中选出 m 个人来，让这 m 个人在此房间，剩下的 $n-m$ 个人分到其他的 $N-1$ 房间中，所以事件 A 中的样本点数为 $C_n^m(N-1)^{n-m}$.

故得
$$P(A)=\frac{C_n^m\cdot(N-1)^{n-m}}{N^n}.$$

（2）设 $B=\{$每两个人都不在同一个房间$\}$，样本点数与（1）一致，为 N^n. B 中样本点数容易求出，为

$$N\cdot(N-1)\cdots(N-n+1)=C_N^n\cdot n!.$$

故得

$$P(B)=\frac{C_N^n\cdot n!}{N^n}.$$

【例 13】 （抽签问题）设有 15 个人要去看电影，只有 7 张电影票，于是进行抽签决定谁去. 求第 5 个抽签者抽到电影票的概率.

【解析】 设事件 $A=\{$第 5 个抽签者抽到电影票$\}$.

这是一个不放回抽样，且与次序有关，所以样本总数为

$$15\times14\times\cdots\times2\times1=15!.$$

事件 A 要求第 5 个人抽到电影票. 我们可以先任取一张电影票“预留”给第 5 个人，其他 14 个人任意抽取，那么 A 的样本点数为

$$7\times14\times13\times\cdots\times2\times1=7\times14!.$$

所以

$$P(A)=\frac{7\times14!}{15!}=\frac{7}{15}.$$

【例 14】 求在桥牌比赛中，4 张 A 落在同一个人手中的概率.

【解析】 设事件 $B=\{$4 张 A 落在同一个人手中$\}$.

（1）样本点总数　样本点总数就是 52 张扑克牌的分法. 52 张牌要分给 4 个人，每人 13 张，相当于将 52 个物体分成 4 组，每组 13 个，所以样本点总数为 $\frac{52!}{(13!)^4}$.

（2）事件 B 中样本点数　事件 B 要求 4 张 A 落在同一个人手中，哪一个人是不确定的，于是先从 4 个人中任选一人，让此人手中有 4 张 A，那么这时还有 48 张牌要分给这 4 个人，其中再分给有 4 张 A 的这个人 9 张牌，其他 3 人每人 13 张牌，于是 B 中样本点数为

$$C_4^1\frac{48!}{9!\times(13!)^3}.$$

所以

$$P(B)=\frac{C_4^1\frac{48!}{9!\times(13!)^3}}{\frac{52!}{(13!)^4}}=\frac{132}{5\times2499}\approx0.01056.$$

【例 15】 某市的电话号码由 8 位数构成，设 0～9 这 10 个数字在每位数中出现是等可能的. 求以下概率：（1）8 位数全不同的概率；（2）至少 2 个数字相同的概率；（3）恰好有两个位置上号码相同而其他位置上号码各不相同的概率.

【解析】 （1）8 位数全不同的概率 $p_1=\frac{P_{10}^8}{10^8}=0.0181$；

（2）“至少 2 个数字相同”与“8 位数全不同”是对立事件，故概率为

$$p_2=1-p_1=0.9819;$$

（3）要满足事件“恰好有两个位置上号码相同而其他位置上号码各不相同”，可以这样安排：从 8 位中任意取两个位置，有 C_8^2 种取法；从 0～9 这 10 个数字任意取一个数字，有 C_{10}^1 种取法，放在这两个位置上；其余 6 个位置由其他 9 个数字作全排列，得

$$p_3=\frac{C_8^2C_{10}^1P_9^6}{10^8}=0.1693.$$

【例 16】 从 5 双不同的鞋子中任取 4 只，这 4 只鞋子中至少有 2 只配成一双的概率是多少？

【解析 1】 样本点总数为 P_{10}^4，设 $A=$ "4 只鞋子中至少有 2 只配成一双"，考虑对立事件 $\overline{A}=$ "4 只鞋子都不构成一双". 第一只鞋子可从 10 只中任取一只，有 10 种取法；第二只鞋子从余下的 8 只中任取一只，有 8 种取法；第三只鞋子从余下的 6 只中任取一只，有 6 种取法；同理，第四只鞋子 4 种取法，故 $\overline{A}$ 中共包含了 $10\times8\times6\times4$ 个样本点，得

$$P(A)=1-P(\overline{A})=1-\frac{10\times8\times6\times4}{P_{10}^4}=\frac{13}{21}.$$

【解析 2】 $\overline{A}=$ "4 只鞋子都不构成一双"，也可以这样考虑：从 5 双不同的鞋子中任取 4 双，再从每双中任取一只，可得 $\overline{A}$ 中样本点数为 $C_5^4\times2^4$，得

$$P(A)=1-P(\overline{A})=1-\frac{C_5^4\times2^4}{P_{10}^4}=\frac{13}{21}.$$

【例 17】 在 1500 个产品中有 400 个次品，1100 个正品，任取 200 个，求（1）恰有 90 个次品的概率；（2）至少有 2 个次品的概率.

【解析】 样本点总数为 C_{1500}^{200}.

（1）设 $A=$ "恰有 90 个次品"，它的样本点数为 $C_{400}^{90}C_{1100}^{110}$，于是 $P(A)=\dfrac{C_{400}^{90}C_{1100}^{110}}{C_{1500}^{200}}$；

（2）设 $B=$ "至少有 2 个次品"，$\overline{B}=$ "没有次品或有 1 个次品"，$\overline{B}$ 中样本点数为 $C_{1100}^{200}+C_{400}^{1}C_{1100}^{199}$，因此

$$P(B)=1-P(\overline{B})=1-\frac{C_{1100}^{200}+C_{400}^{1}C_{1100}^{199}}{C_{1500}^{200}}.$$

4. 条件概率与乘法公式

【例 18】 已知 $P(\overline{A})=0.3$，$P(B)=0.4$，$P(A\overline{B})=0.5$，求 $P(B|A\cup\overline{B})$.

【解析】 $P(B\mid A\cup\overline{B})=\dfrac{P[B(A\cup\overline{B})]}{P(A\cup\overline{B})}=\dfrac{P(AB)}{P(A)+P(\overline{B})-P(A\overline{B})}$，

由于 $A=A(B\cup\overline{B})=AB\cup A\overline{B}$，$(AB)(A\overline{B})=\varnothing$；故

$$P(A)=P(AB)+P(A\overline{B}).$$

$$P(AB)=P(A)-P(A\overline{B})=(1-0.3)-0.5=0.2.$$

$$P(B\mid A\cup\overline{B})=\frac{P(AB)}{P(A)+P(\overline{B})-P(A\overline{B})}=\frac{0.2}{0.7+0.6-0.5}=\frac{1}{4}.$$

【例 19】 已知 $P(A)=0.5$，$P(B)=0.4$，$P(A|\overline{B})=0.6$，求 $P(AB)$，$P(A|A\cup\overline{B})$.

【解析】 由 $P(A\overline{B})=P(\overline{B})P(A|\overline{B})=[1-P(B)]P(A|\overline{B})=(1-0.4)\times0.6=0.36$，而 $P(A\overline{B})=P(A)-P(AB)=0.5-P(AB)$，所以

$$P(AB)=0.5-0.36=0.14.$$

由 $$P(A|A\cup\overline{B})=\frac{P[A(A\cup\overline{B})]}{P(A\cup\overline{B})}=\frac{P(A)}{P(A\cup\overline{B})},$$

其中 $$P(|A\cup\overline{B})=P(A)+P(\overline{B})-P(A\overline{B})=0.5+0.6-0.36=0.74,$$

所以 $$P(A|A\cup\overline{B})=\frac{0.5}{0.74}=\frac{25}{37}.$$

【例 20】 设 A,B 为随机事件，且 $P(B)<0,P(A\mid B)=1$，则必有（　　）.

(A) $P(A\cup B)>P(A)$　　　(B) $P(A\cup B)>P(B)$

(C) $P(A\cup B)=P(A)$　　　(D) $P(A\cup B)=P(B)$

【解析】 选(C)，根据条件概率公式和加法公式，即可得答案.

【例 21】 甲、乙两人独立地向同一靶子射击一次，其命中率分别为 0.6 和 0.5，现已知目标被击中，则它是被甲射中的概率为（　　）.

【解析】 设$A=$｛甲命中目标｝，$B=$｛乙命中目标｝，$C=$｛目标被命中｝，则由题意知A,B相互独立，且$P(A)=0.6,P(B)=0.5,C=A\cup B$，故

$$P(C)=P(A\cup B)=P(A)+P(B)-P(AB)=P(A)+P(B)-P(A)P(B)=0.6+0.5-0.6\times0.5=0.8.$$

由条件概率公式的所求概率为

$$P(A\mid C)=\frac{P(AC)}{P(C)}=\frac{P(A)}{P(C)}=\frac{0.6}{0.8}=0.75.$$

【例 22】 已知随机事件A的概率$P(A)=0.5$，随机事件B的概率$P(B)=0.6$，条件概率$P(B\mid A)=0.8$，则和事件$A\cup B$的概率$P(A\cup B)$是（　　）.

【解析】 由题设有$P(AB)=P(A)P(B\mid A)=0.5\times0.8=0.4$，故

$$P(A\cup B)=P(A)+P(B)-P(AB)=0.5+0.6-0.4=0.7.$$

【例 23】 一盒电子元件有 10 只，其中 7 只正品，3 只次品，从中不放回地抽取 4 次，每次 1 只，求第一、二次取得次品且第三、四次取得正品的概率.

【解析】 设$A_i=$"第i次取得正品"$(i=1,2,3,4)$，由条件概率有

$$P(\overline{A_1}\,\overline{A_2}A_3A_4)=P(A_4|\overline{A_1}\,\overline{A_2}A_3)P(A_3|\overline{A_1}\,\overline{A_2})P(\overline{A_2}|\overline{A_1})P(\overline{A_1})=\frac{6}{7}\times\frac{7}{8}\times\frac{2}{9}\times\frac{3}{10}=\frac{1}{20}.$$

5.全概率公式与贝叶斯公式

【例 24】 某厂仓库存有 1,2,3 号箱子分别为 10,20,30 个，均装有某产品.其中，1 号箱内装有正品 20 件，次品 5 件；2 号箱内装有正品 20 件，次品 10 件；3 号箱内装有正品 15 件，次品 10 件.现从中任取一箱，再从箱中任取一件产品，问：(1) 取到正品及次品的概率各是多少？(2) 若已知取到正品，求该正品是从 1 号箱中取出的概率.

【解析】 (1) 设$A_i=$"取到第i号箱子"$(i=1,2,3)$，则$\{A_1,A_2,A_3\}$构成样本空间的一个划分，且

$$P(A_1)=\frac{10}{60}=\frac{1}{6},\ P(A_2)=\frac{20}{60}=\frac{1}{3},\ P(A_3)=\frac{30}{60}=\frac{1}{2}.$$

设$B=$"取得正品"，$\overline{B}=$"取得次品"，则由全概率公式

$$P(B)=\sum_{i=1}^{3}P(A_i)P(B\mid A_i)=\frac{1}{6}\times\frac{20}{25}+\frac{1}{3}\times\frac{20}{30}+\frac{1}{2}\times\frac{15}{25}=\frac{59}{90},$$

$$P(\overline{B})=1-P(B)=\frac{31}{90}.$$

(2) 已知取到正品，求该正品是从 1 号箱中取出的概率，这是一个条件概率问题.

$$P(A_1|B)=\frac{P(A_1B)}{P(B)}=\frac{P(B|A_1)P(A_1)}{P(B)}=\frac{\frac{1}{6}\times\frac{20}{25}}{\frac{59}{90}}=\frac{12}{59}.$$

【例 25】 设某种病菌在人口中的带菌率为 0.03，当检查时，设P(阳性|带菌)$=0.99$，P(阴性|带菌)$=0.01$，P(阳性|不带菌)$=0.05$，P(阴性|不带菌)$=0.95$，现设某人检查是阳性，问他带菌的概率是多少？

【解析】 令$A=$"检查呈阳性"，$B=$"该人带菌"，由贝叶斯公式，所求概率为

$$P(B|A)=\frac{P(A|B)P(B)}{P(A|B)P(B)+P(A|\overline{B})P(\overline{B})}=\frac{0.99\times0.03}{0.99\times0.03+0.05\times0.97}=0.380.$$

6.相互独立问题

【例 26】 设A,B,C是两两独立且不能同时发生的随机事件，且$P(A)=P(B)=$

$P(C)=x$，则 x 的最大值为（　　）.

(A) $\frac{1}{2}$　　(B) 1　　(C) $\frac{1}{3}$　　(D) $\frac{\sqrt{3}}{3}$

【解析】 考虑式 $P(AB\cup AC\cup BC)$，而

$$P(AB\cup AC\cup BC)=P(AB)+P(AC)+P(BC)-3P(ABC)+P(ABC)$$
$$=P(AB)+P(AC)+P(BC)=3x^2.$$

而 $P(AB\cup AC\cup BC)\leqslant 1$，故答案为(D).

【例 27】 设两个相互独立的事件 A 和 B 都不发生的概率为$\frac{1}{9}$，A 发生 B 不发生的概率与 B 发生 A 不发生的概率相等，则 $P(A)=$（　　）.

【解析】 由题设有 $P(\bar{A}\bar{B})=\frac{1}{9}$，$P(A\bar{B})=P(\bar{A}B)$ 及 A，B 独立，于是

$$P(A)-P(AB)=P(B)-P(AB),$$

即 $P(A)=P(B)$，此外

$$\frac{1}{9}=P(\bar{A}\bar{B})=1-P(A)-P(B)+P(AB)=1-2P(A)+P^2(A),$$

解此一元二次方程，得 $P(A)=\frac{2}{3}$.

【例 28】 设两两相互独立的三事件 A,B,C 满足 $ABC=\varnothing$，$P(A)=P(B)=P(C)<\frac{1}{2}$，且已知 $P(A\cup B\cup C)=\frac{9}{16}$，则 $P(A)=$（　　）.

【解析】 结合题设，$P(A\cup B\cup C)=\frac{9}{16}$，且 A，B，C 两两独立，则有

$$\frac{9}{16}=P(A)+P(B)+P(C)-P(AB)-P(BC)-P(AC)+P(ABC)=3P(A)-3P^2(A),$$

从而 $3P^2(A)-3P(A)+\frac{9}{16}=0$，解得 $P(A)=\frac{1}{4}$.

【例 29】 掷一均匀硬币两次，令 $A_1=$\{第一次为正面\}，$A_2=$\{第二次为反面\}，$A_3=$\{正反面各一次\}. 试判断 A_1,A_2,A_3 任何两个事件是否相互独立.

【解析】 由于

$$P(A_1)=\frac{1}{2},\ P(A_2)=\frac{1}{2},\ P(A_3)=\frac{1}{2},$$

且

$$P(A_1A_2)=\frac{1}{4},\ P(A_1A_3)=\frac{1}{4},\ P(A_2A_3)=\frac{1}{4}.$$

所以 A_1,A_2,A_3 中任何两个事件都相互独立.

【例 30】 如果一危险情况 C 发生时，一电路闭合并发出警报，我们可以借用两个或多个开关并联以改善可靠性，在 C 发生时这些开关每一个都应闭合，且若至少一个开关闭合了，警报就发出. 如果两个这样的开关并联连接，它们每个具有 0.96 的可靠性(即在情况 C 发生时闭合的概率)，问这时系统的可靠性(即电路闭合的概率)是多少？如果需要有一个可靠性至少为 0.9999 的系统，则至少需要用多少只开关并联？设各开关闭合与否是相互独立的.

【解析】 令事件 A_i 表示“第 i 个开关闭合”（$i=1,2$），则依题意可知：$P(A_1)=P(A_2)=$

0.96. 再令事件 B 表示“电路闭合”. 因为两个开关是并联连接的，故有 $B=A_1\cup A_2$.

由 A_1 与 A_2 相互独立可知，系统的可靠性（即电路闭合的概率）为

$$
\begin{aligned}
P(B)&=P(A_1\cup A_2)=P(A_1)+P(A_2)-P(A_1A_2)\\
&=P(A_1)+P(A_2)-P(A_1)P(A_2)=0.96+0.96-(0.96)^2=0.9984
\end{aligned}
$$

.

三、强化练习题

☆ A 题 ☆

1. 填空题

(1) 设工厂 A 和工厂 B 的产品的次品率分别为 1% 和 2%，现从由 A 厂和 B 厂的产品分别占 60% 和 40% 的一批产品中随机抽取一件，发现是次品，则该次品属 A 厂生产的概率是________.

(2) 设两两相互独立的三事件 A,B,C 满足条件：$ABC=\varnothing$, $P(A)=P(B)=P(C)<\frac{1}{2}$ 且已知 $P(A\cup B\cup C)=\frac{9}{16}$，则 $P(A)=$________.

(3) 设两个相互独立的事件 A 和 B 都不发生的概率为 $\frac{1}{9}$，A 发生 B 不发生的概率与 B 发生 A 不发生的概率相等，则 $P(A)=$________.

(4) 一批产品共有 10 个正品和 2 个次品，任意抽两次，每次抽 1 个，抽出后不再放回，则第二次抽出的是次品的概率为________.

(5) 袋中有 50 个乒乓球，其中 20 个是黄球，30 个是白球. 今有两人依次随机地从袋中各取一球，取后不放回，则第二个人取得黄球的概率是________.

(6) 设 A,B,C 是随机事件，A 与 C 互不相容，$P(AB)=\frac{1}{2}$，$P(C)=\frac{1}{3}$，则 $P(AB\mid\overline{C})=$________.

2. 选择题

(1) 某人向同一目标独立重复射击，每次射击命中目标的概率为 p $(0<p<1)$，则此人第 4 次射击恰好第 2 次命中目标的概率为（　　）.

(A) $3p(1-p)^2$　　(B) $6p(1-p)^2$　　(C) $3p^2(1-p)^2$　　(D) $6p^2(1-p)^2$

(2) 对于任意二事件 A 和 B，（　　）.

(A) 若 $AB\neq\varnothing$，则 A,B 一定独立　　(B) 若 $AB\neq\varnothing$，则 A,B 有可能独立

(C) 若 $AB=\varnothing$，则 A,B 一定独立　　(D) 若 $AB=\varnothing$，则 A,B 一定不独立

(3) 设 A,B 是随机事件，$B\subset A$，且 $P(A)\neq P(B)$，$P(B)>0$，则下列命题正确的是（　　）.

(A) $P(B|A)=1$　　(B) $P(B|\overline{A})=1$

(C) $P(A|B)=1$　　(D) $P(A|\overline{B})=0$

(4) 设 A,B 是随机事件，$B\supset A$，且 $P(B)>0$，则下列命题正确的是（　　）.

(A) $P(A)<P(A|B)$　　(B) $P(A)\leqslant P(A|B)$

(C) $P(A)>P(A|B)$　　(D) $P(A)\geqslant P(A|B)$

(5) 设 A,B,C 是随机事件，且有 $P(C\mid AB)=1$，则下列命题正确（　　）.

(A) $P(AB)=P(C)$　　(B) $P(C)\geqslant P(A)+P(B)-1$

(C) $P(A\cup B)=P(C)$　　(D) $P(C)\leqslant P(A)+P(B)-1$

(6) 设 A,B 是两个随机事件，且 $0<P(A)<1$，$P(B)>0$，$P(B\mid A)=P(B\mid \bar{A})$，则必有（　　）.

(A) $P(A\mid B)=P(\bar{A}\mid B)$　　(B) $P(A\mid B)\neq P(\bar{A}\mid B)$

(C) $P(AB)=P(A)P(B)$　　(D) $P(AB)\neq P(A)P(B)$

(7) 假设 $B\subset A$，则下列命题正确的是（　　）.

(A) $P(\bar{A}\bar{B})=1-P(A)$　　(B) $P(\bar{A}-\bar{B})=P(\bar{A})-P(\bar{B})$

(C) $P(B\mid A)=P(B)$　　(D) $P(A\mid \bar{B})=P(A)$

(8) 设事件 A 与 B 互不相容，则（　　）.

(A) $P(\bar{A}\bar{B})=0$　　(B) $P(AB)=P(A)P(B)$

(C) $P(A)=1-P(B)$　　(D) $P(\bar{A}\cup\bar{B})=1$

3. 计算题

(1) 设 A,B 是两事件，且 $P(A)=0.6,P(B)=0.7$，问：① 在什么条件下，$P(AB)$ 取到最大值，最大值是多少？② 在什么条件下，$P(AB)$取到最小值，最小值是多少？

(2) 设 A,B,C 是三个事件，且 $P(A)=P(B)=P(C)=\frac{1}{4}$，$P(AB)=P(BC)=0$，$P(AC)=\frac{1}{8}$，则 A,B,C 至少有一个发生的概率为多少？

(3) 在一标准英语词典中，有 55 个由两个不相同的字母所组成的单词，若从 26 个英文字母中任意取两个字母予以排列，问能排成上述单词的概率是多少？

(4) 在电话号码簿中任取一个电话号码，求后面四个数全不相同的概率（设后面四个数中的每一个数都是等可能的取 $0,1,\cdots,9$).

(5) 在房间里有 10 个人，分别佩戴从 1 号到 10 号的纪念章，任选三个记录其纪念章的号码. 求① 最小号码是 5 的概率；② 最大号码是 5 的概率.

(6) 设 $P(A)=p$，$0<p<1$，$P(B)=1-\sqrt{p}$，求证：$P(\bar{A}\bar{B})>0$.

(7) 设 A,B 是两个事件，满足 $P(AB)=P(\bar{A}\bar{B})$，且 $P(A)=p$，求 $P(B)$.

(8) 已知 $P(A)=\frac{1}{4}$，$P(A\mid B)=\frac{1}{2}$，$P(B\mid A)=\frac{1}{3}$，求 $P(A\cup B)$.

(9) 已知 $P(B)=0.3$，$P(\bar{A}|B)=0.2$，$P(A|\bar{B})=0.75$，求 $P(B|A)$.

(10) 研究生入学考试面试时由考生抽签答题. 已知 10 支考签中有 4 支难题签，甲、乙两人各抽一签，甲先抽（不放回). ① 求甲、乙两人各自抽到难签的概率；② 若已知乙抽到了难签，求甲抽到难签的概率.

(11) 设工厂 A 和工厂 B 的产品的次品率分别为 1%和 2%，现从由 A 和 B 的产品分别占 60%和 40%的一批产品中随机抽取一件，发现是次品，求该次品属 A 生产的概率.

(12) X 型汽车在 A,B,C 三个车场中分别占 $\frac{1}{3},\frac{2}{3},\frac{1}{2}$. 所有汽车出售的机会均等，某人随机选一车场并随机选一车试开. 若此车恰巧是 X 型的，求他是在车场 A 选的概率.

(13) 已知在 10 只晶体管中有 2 只次品，在其中任取两次，每次任取一只，作不放回抽样，求下列事件的概率：① 两只都是正品；② 两只都是次品；③ 一只是正品，一只是次品；④ 第二次取出的是次品.

(14) 某人忘记了电话号码的最后一个数字，因而他随意地拨号，求他拨号不超过三次而接通所需电话的概率；若已知最后一个数字是奇数，那么此概率是多少？

(15) 袋子中有10只球，9只白球，1只红球，10个人依次从袋中各取一球，每人取一球后不放回袋中，问第一人，第二人，……最后一人取得红球的概率各是多少？

(16) 三人独立地去破译一份密码，已知各人能译出的概率分别为$\frac{1}{5},\frac{1}{3},\frac{1}{4}$，问三人中至少有一人能将此密码译出的概率是多少？

☆ **B题** ☆

(1) A,B,C 三人在同一办公室工作，房间里有一部电话.据统计，打给 A,B,C 的电话的概率分别为$\frac{2}{5},\frac{2}{5},\frac{1}{5}$，他们三人常因工作外出，$A,B,C$ 三人外出的概率分别为 $\frac{1}{2},\frac{1}{4},\frac{1}{4}$.设三人的行动相互独立.求① 无人接电话的概率；② 被呼叫人在办公室的概率.若同一时间打进3个电话，求③ 这3个电话打给同一个人的概率；④ 这3个电话打给不相同的人的概率；⑤ 这3个电话都打给 B 的条件下，而 B 却都不在的条件概率.

(2) 袋中装有 m 只正品硬币，n 只次品硬币（次品硬币的两面均印有国徽），在袋中任取一只，将它投掷 r 次，已知每次都得到国徽，问这只硬币是正品的概率是多少？

(3) 设一枚深水炸弹击沉一潜水艇的概率为$\frac{1}{3}$，击伤的概率为$\frac{1}{2}$，击不中的概率为$\frac{1}{6}$，并设击伤两次也会导致潜水艇下沉.求施放4枚深水炸弹能击沉潜水艇的概率（提示：先求出击不沉的概率）.

(4) 甲、乙、丙三人同时对飞机进行射击，三人击中的概率分别是0.4,0.5,0.7.飞机被一人击中而被击落的概率是0.2；飞机被两人击中而被击落的概率是0.6；若三人都击中，则飞机必定被击落，求飞机必定被击落的概率.

(5) 抗战时期，某军方组织4组人员各自独立破译敌方情报密码.已知头两组能单独破译出的概率均为$\frac{1}{3}$，后两组能单独破译出的概率均为$\frac{1}{2}$，求破译密码的概率.

(6) 设 $0<P(A)<1$，且 $P(B\mid A)=P(B\mid \bar{A})$，求证：$A$ 与 B 相互独立.

(7) 设有甲、乙、丙三名射手独立地向某一目标射击各一次，命中率分别为0.2,0.3,0.5，目标被一发子弹击中而被击毁的概率为0.2，目标被两发子弹击中而被击毁的概率为0.6，目标被三发子弹击中而被击毁的概率为0.9，求① 三名射手射击一次击毁目标的概率；② 在目标被击毁的条件下，只有甲击中的概率.

(8) 设事件 A,B,C 相互独立，试判断 $A-B$ 与 $\bar{C}$ 是否相互独立.

(9) 甲、乙两人独立地向同一靶子射击一次，其命中率分别为0.7,0.8，若已知靶子被击中，求它只是被甲击中的概率.

(10) 袋子中有4只红球，3只白球，某人有放回地陆续取出3只，每次1只球，已知至少出现一次红球，求至少出现两次红球的概率.

(11) 商店里玻璃杯装箱出售，每箱装20只相同型号的玻璃杯.设各箱中有0，1，2只残次品的概率为0.8,0.1,0.1.顾客购买时，售货员任取一箱，由顾客随意从中抽取4只，若无残次品，则买下该箱.求① 顾客买下该箱的概率；② 顾客买下该箱后，箱中无残次品的概率.

(12) 设有来自三个地区的各 10 名、15 名和 25 名考生的报名表，其中女生的报名表分别为 3 份、7 份和 5 份. 随机地取一个地区的报名表，从中先后抽出两份. ① 求先抽到的一份是女生表的概率；② 已知后抽到的一份是男生表，求先抽到的一份是女生表的概率.

四、强化练习题参考答案

☆ **A 题** ☆

1.(1) $\frac{3}{7}$；(2) $\frac{1}{4}$；(3) $\frac{2}{3}$；(4) $\frac{1}{6}$；(5) $\frac{2}{5}$；(6) $\frac{3}{4}$.

2.(1) C；(2) B；(3) C；(4) B；(5) B；(6) C；(7) A；(8) D.

3.(1) 当 $A\cup B=B$ 时，$P(A\cup B)$ 最小，$P(AB)$ 最大，$P(AB)=0.6$.

当 $A\cup B=S$ 时，$P(A\cup B)$ 最大，$P(AB)$ 最小，$P(AB)=0.3$.

(2) $\frac{5}{8}$. (3) $\frac{11}{130}$. (4) $\frac{63}{125}$. (5) $\frac{1}{20}$. (6) 略. (7) $1-p$.

(8) $\frac{1}{3}$. (9) 0.3137. (10) ① $\frac{4}{10}$，$\frac{4}{10}$；② $\frac{1}{3}$. (11) $\frac{3}{7}$. (12) $\frac{2}{9}$.

(13) ① $\frac{28}{45}$；② $\frac{1}{45}$；③ $\frac{16}{45}$；④ $\frac{1}{5}$. (14) $\frac{3}{10}$；$\frac{3}{5}$. (15) $\frac{1}{10}$. (16) 0.6.

☆ **B 题** ☆

(1) ① $\frac{1}{32}$；② $\frac{13}{20}$；③ $\frac{17}{125}$；④ $\frac{24}{125}$；⑤ $\frac{1}{64}$.(2) $\frac{m}{m+2^r\cdot n}$.(3) $1-\frac{13}{6^4}$.(4) 0.458.(5) $\frac{8}{9}$.

(6) 因为 $P(B)=P(B\mid A)P(A)+P(B\mid \overline{A})P(\overline{A})$

$$=P(B\mid A)P(A)+P(B\mid A)P(\overline{A})=P(B\mid A)[P(A)+P(\overline{A})]=P(B\mid A),$$

所以 $P(AB)=P(B\mid A)P(A)=P(A)P(B)$，故 A 与 B 相互独立.

(7) ① 0.253；② 0.0553 (8) $A-B$ 与 $\overline{C}$ 相互独立.

(9) 0.1489.(10) 0.6582.(11) ① 0.9432；② 0.8482.(12) ① $\frac{29}{90}$；② $\frac{20}{61}$.

第二章 随机变量及其分布

本章基本要求

1. 理解随机变量、分布函数的概念及性质.

2. 理解离散型随机变量及其分布律的概念和性质，掌握0—1分布、二项分布、超几何分布、泊松分布及其应用.

3. 理解连续型随机变量及其概率密度的概念和性质，掌握均匀分布 、指数分布、正态分布及其应用.

4. 会利用分布律、概率密度函数及分布函数计算有关事件的概率.

5. 会求简单的随机变量函数的概率分布.

一、内容要点

(一) 随机变量和分布函数

定义 1 设随机试验 E 的样本空间为 $S=\{e\}$，如果对于每一个 $e\in S$，有一个实数 $X(e)$与之对应，则称 $X=X(e)$为随机变量.

随机变量按照可能取的数值的特点分为离散型随机变量和连续型随机变量.

定义 2 设 X 为随机变量，称函数 $F(x)=P\{X\leqslant x\}$，$\forall x\in(-\infty,+\infty)$为随机变量 X 的分布函数.

分布函数 $F(x)$具有以下基本性质：

(1) $F(x)$是一个不减函数；

(2) $0\leqslant F(x)\leqslant 1$，且 $F(-\infty)=0,F(+\infty)=1$；

(3) $F(x+0)=F(x)$，即 $F(x)$是右连续的.

注意 (1) 这三条性质是检验 $F(x)$是否为某个随机变量的分布函数的充分必要条件；

(2) $P(x_1<X\leqslant x_2)=P(X\leqslant x_2)-P(X\leqslant x_1)=F(x_2)-F(x_1)$.

(二) 离散型随机变量

定义 3 若随机变量 X 所有可能取到的值是有限个或可列无限多个，则称 X 为离散型随机变量.

设随机变量 X 的一切可能取值为 $x_1,x_2,\cdots,x_k,\cdots$，且有 $P\{X=x_k\}=p_k(k=1,2,\cdots)$，则

(1) 分布律（概率分布）$P\{X=x_k\}=p_k(k=1,2,\cdots)$，满足

① $0\leqslant p_k\leqslant 1(k=1,2,\cdots)$； ② $\sum\limits_{k=1}^{\infty}p_k=1$.

其表格形式为(见图 2.1)

X	x_1	x_2	$\cdots$	x_k	$\cdots$
p	p_1	p_2	$\cdots$	p_k	$\cdots$

图 2.1

或表示为(见图 2.2)

$$X \sim \begin{bmatrix} x_1 & x_2 & \cdots & x_k & \cdots \\ p_1 & p_2 & \cdots & p_k & \cdots \end{bmatrix};$$

图 2.2

(2) 分布函数　$F_X(x)=P(X \leqslant x_k)=\sum\limits_{x_k \leqslant x} P(X=x_k)$.

注意　已知分布律求分布函数时，注意正确划分 x 的取值区间并求出相应的概率（按累计法计算)，其图形是右连续的阶梯形曲线，即 $F(x)$为阶梯函数.

(三) 常见的离散型分布

(1) (0—1)分布　若随机变量 X 只能取 0 与 1 两个值，且

$$P(X=0)=1-p,\ P(X=1)=p,$$

则称 X 服从(0—1)分布，记为 $X \sim b(1,p)$.

(2) 二项分布　随机变量 X 表示在 n 重贝努利试验中事件 A 发生的次数，则在 n 重贝努利试验中事件 A 恰好发生 k 次的概率为

$$P(X=k)=C_n^k p^k (1-p)^{n-k},\quad k=0,1,\cdots,n,\ 0<p<1,$$

其中 p 为事件 A 在每次试验中出现的概率. 则称 X 服从二项分布，记为 $X \sim b(n,p)$.

注意　① 当 $n=1$ 时，二项分布成为(0—1)分布.

② 贝努利试验：设试验 E 只有两个可能结果

$$A \text{ 及 } \overline{A},\quad P(A)=p,\quad P(\overline{A})=1-p\quad (0<p<1).$$

若将 E 独立的重复进行 n 次，则称这些试验为 n 重贝努利试验.

(3) 泊松分布　若随机变量 X 的取值为 0,1,2…，且

$$P(X=k)=\frac{\lambda^k}{k!}e^{-\lambda},\quad k=0,1,2,\cdots,\lambda>0,$$

则称 X 服从参数为 λ 的泊松分布，记作 $X \sim \pi(\lambda)$或 $p(\lambda)$.

注意　若 $X \sim b(n,p)$，则当 p 较小，n 较大，np 适中时，令 $\lambda=np$，则当 $n \to \infty$ 时，有 $C_n^k p^k (1-p)^{n-k} \to \frac{\lambda^k}{k!}e^{-\lambda}$，即二项分布可用泊松分布近似.

(4) 超几何分布　若随机变量 X 的取值为 $0,1,\cdots,n$，$M \leqslant N$ 均为正整数，且

$$P(X=k)=\frac{C_M^k C_{N-M}^{n-k}}{C_N^n}\quad \begin{pmatrix} k=0,1,2,\cdots,l \\ l=\min(M,n) \end{pmatrix},$$

则称 X 服从超几何分布，记作 $X \sim H(n,M,N)$.

(四) 连续型随机变量

定义 4　如果对于随机变量 X 的分布函数 $F(x)$，存在非负可积函数 $f(x)$，使得对 $\forall x \in (-\infty,+\infty)$，有 $F(x)=\int_{-\infty}^{x} f(t)\mathrm{d}t$，则称 X 为连续型随机变量. 其中函数 $f(x)$称为 X 的概率密度函数，简称概率密度.

注意　概率密度函数 $f(x)$的基本性质如下.

(1) $f(x) \geqslant 0$;

(2) $\int_{-\infty}^{+\infty} f(x)\mathrm{d}x=1$;

(3) 对任意实数 $x_1<x_2$,

$$P\{x_1 \leqslant X \leqslant x_2\}=P\{x_1<X \leqslant x_2\}=P\{x_1 \leqslant X<x_2\}$$

$$=P\{x_1<X<x_2\}=F(x_2)-F(x_1)=\int_{x_1}^{x_2}f(x)\mathrm{d}x;$$

(4) 若 $f(x)$ 在点 x 处连续，则 $\frac{\mathrm{d}F(x)}{\mathrm{d}x}=f(x)$；

(5) $P\{X=c\}=0$，c 为区间内的一点.

(五) 常见的连续型分布

(1) 指数分布　若随机变量 X 具有概率密度

$$f(x)=\begin{cases}\frac{1}{\theta}\mathrm{e}^{-\frac{x}{\theta}}, & x>0, \\ 0, & x\leqslant 0,\end{cases}\quad 其中\ \theta>0\ 为常数,$$

则称 X 服从参数为 θ 的指数分布，记作 $X\sim E(\theta)$.

(2) 均匀分布　若连续型随机变量 X 具有概率密度

$$f(x)=\begin{cases}\frac{1}{b-a}, & a\leqslant x\leqslant b, \\ 0, & 其他,\end{cases}$$

则称 X 在区间 $[a,b]$ 上服从均匀分布，记作 $X\sim U[a,b]$.

(3) 正态分布　若连续型随机变量 X 具有概率密度为

$$f(x)=\frac{1}{\sqrt{2\pi}\sigma}\mathrm{e}^{-\frac{(x-\mu)^2}{2\sigma^2}},\ -\infty<x<+\infty,\ 其中\ \mu,\sigma(\sigma>0)\ 为常数,$$

则称 X 服从参数为 μ，σ^2 的正态分布，记作 $X\sim N(\mu,\sigma^2)$.

① 参数 $\mu=0,\sigma^2=1$ 的正态分布称为标准正态分布，记作 $X\sim N(0,1)$，其概率密度为 $\varphi(x)=\frac{1}{\sqrt{2\pi}}\mathrm{e}^{-\frac{x^2}{2}}$，$-\infty<x<+\infty$.

② 标准正态分布的分布函数为 $\Phi(x)=\int_{-\infty}^{x}\frac{1}{\sqrt{2\pi}}\mathrm{e}^{-\frac{t^2}{2}}\mathrm{d}t$，由对称性知 $\Phi(-x)=1-\Phi(x)$.

③ 设 $X\sim N(0,1)$，则有 $P\{a<X\leqslant b\}=\Phi(b)-\Phi(a)$.

④ 若 $X\sim N(\mu,\sigma^2)$，则 $Y=\frac{X-\mu}{\sigma}\sim N(0,1)$，且 $\forall a<b$，有

$$P\{a<X\leqslant b\}=P\left\{\frac{a-\mu}{\sigma}<\frac{X-\mu}{\sigma}\leqslant\frac{b-\mu}{\sigma}\right\}=\Phi\left(\frac{b-\mu}{\sigma}\right)-\Phi\left(\frac{a-\mu}{\sigma}\right).$$

(六) 随机变量函数的分布

1. 离散型随机变量函数的分布

设离散型随机变量 X 的分布律如图 2.1 所示，那么它的函数 $Y=g(X)$ 的分布律为(见图 2.3)

Y	$g(x_1)$	$g(x_2)$	$\cdots$	$g(x_n)$	$\cdots$
p_k	p_1	p_2	$\cdots$	p_n	$\cdots$

图 2.3

其中，若有 $g(x_i)=g(x_j)$，则应将 i,j 两列合为一列，此时 Y 取值 $g(x_i)$，而相应概率应为 p_i+p_j.

2. 连续型随机变量函数的分布

设连续型随机变量 X，其概率密度为 $f_X(x)$，函数 $g(x)$ 处处可导且 $g'(x)>0$ 或 $g'(x)<0$，则 $Y=g(X)$ 是连续型随机变量，其概率密度为

$$f_Y(y)=\begin{cases} f_X[h(y)]|h'(y)|, & \alpha<y<\beta, \\ 0, & \text{其他}, \end{cases}$$

其中，$\alpha=\min[g(-\infty),g(\infty)]$，$\beta=\max[g(-\infty),g(\infty)]$，$h(y)$是$g(x)$的反函数.

注意 通常还可以按照以下分布函数法计算$Y=g(X)$的概率密度.

第一步，求出Y的分布函数，$F_Y(y)=P\{Y\leqslant y\}=P\{g(X)\leqslant y\}=\int_{D_y} f_X(x)\mathrm{d}x$，

其中，
$$D_y=\{X|g(X)\leqslant y\}.$$

第二步，
$$f_Y(y)=\frac{\mathrm{d}F_Y(y)}{\mathrm{d}y}.$$

二、精选题解析

1. 概率密度及分布函数的判别

【例1】 设连续型随机变量X的概率密度和分布函数分别为$f(x)$和$F(x)$，则下列表达式正确的是________.

(A) $0\leqslant f(x)\leqslant 1$　　(B) $P(X=x)\leqslant F(x)$

(C) $P(X=x)=F(x)$　　(D) $P(X=x)=f(x)$

【解析】 这是对概率密度和分布函数概念的考察. $f(x)$只要非负，故(A)错.

又$F(x)=P(X\leqslant x)=P(X<x)+P(X=x)\geqslant P(X=x)$，故(B)正确.

【例2】 设X_1和X_2是任意两个相互独立的连续型随机变量，它们的概率密度分别为$f_1(x)$和$f_2(x)$，分布函数分别为$F_1(x)$和$F_2(x)$，则________.

(A) $f_1(x)+f_2(x)$必为某一随机变量的概率密度

(B) $f_1(x)f_2(x)$必为某一随机变量的概率密度

(C) $F_1(x)+F_2(x)$必为某一随机变量的分布函数

(D) $F_1(x)F_2(x)$必为某一随机变量的分布函数

【解析】 首先可否定选项(A)与(C)，因为

$$\int_{-\infty}^{+\infty}[f_1(x)+f_2(x)]\mathrm{d}x=\int_{-\infty}^{+\infty}f_1(x)\mathrm{d}x+\int_{-\infty}^{+\infty}f_2(x)\mathrm{d}x=2\neq 1,$$

$$F_1(+\infty)+F_2(+\infty)=1+1=2\neq 1.$$

对于选项(B)，若$f_1(x)=\begin{cases}1, & -2<x<-1, \\ 0, & \text{其他},\end{cases}$　$f_2(x)=\begin{cases}1, & 0<x<1, \\ 0, & \text{其他},\end{cases}$

则对任何$x\in(-\infty,+\infty)$，$f_1(x)f_2(x)=0$，即$\int_{-\infty}^{+\infty}f_1(x)f_2(x)\mathrm{d}x=0\neq 1$，因此也否定(B).

综上所述，用排除法应选择(D).

评注 本题借助概率密度与分布函数的基本性质判断函数是否为某一随机变量的概率密度与分布函数，这是解决此类问题的基本方法. 一般地，还有下面结论成立：

若$F_1(x),F_2(x),\cdots,F_n(x)$分别是随机变量$X_1,X_2,\cdots,X_n$的分布函数，则

(1) $\prod_{i=1}^{n}F_i(x)$也是分布函数，且是随机变量$\max\{X_1,X_2,\cdots,X_n\}$的分布函数；

(2) $\sum_{i=1}^{n}a_iF_i(x)$也是分布函数，其中常数$a_i\geqslant 0$，且$\sum_{i=1}^{n}a_i=1$.

【例3】 设$f(x)$为连续型随机变量X的概率密度，且$\int_0^{+\infty}f(x)\mathrm{d}x=0.5$，则$f(x)$为

________.

(A) 偶函数　(B) 奇函数　(C) 非奇非偶　(D) 不能断定

【解析】 由概率密度的定义有 $\int_{-\infty}^{+\infty} f(t)\mathrm{d}t = 1$. 根据定积分的几何意义，$\int_{-\infty}^{0} f(x)\mathrm{d}x = 0.5$，但是只能说，随机变量 X 的点落在区间 $(-\infty,0)$ 与 $(0,+\infty)$ 上相等，$f(x)$ 的具体形状不能断定. 故选 (D).

【例 4】 如下四个函数，哪个能作为随机变量 X 的分布函数？

(A) $F_1(x)=\begin{cases}0, & x<0,\\ \dfrac{1}{3}, & 0\leqslant x<1,\\ \dfrac{1}{2}, & 1\leqslant x<2,\\ 1, & x\geqslant 2\end{cases}$　(B) $F_2(x)=\begin{cases}0, & x<0,\\ \dfrac{\ln(1+x)}{1+x}, & x\geqslant 0\end{cases}$

(C) $F_3(x)=\begin{cases}0, & x<0,\\ \dfrac{1}{4}, & x\geqslant 0\end{cases}$　(D) $F_4(x)=\begin{cases}1-\mathrm{e}^{-x}, & x\geqslant 0,\\ \dfrac{1}{4}, & x<0\end{cases}$

【解析】 因为 $F_2(+\infty)=\lim\limits_{x\to+\infty}\dfrac{\ln(1+x)}{1+x}=0\neq 1$，所以 $F_2(x)$ 不能作为 X 的分布函数，类似地，$F_3(x)$，$F_4(x)$ 也不满足分布函数的性质，故选择(A).

评注　作为随机变量 X 的分布函数 $F(x)$ 具有三个基本性质：(1) $F(x)$ 是一个不减函数；(2) $0\leqslant F(x)\leqslant 1$，且 $F(-\infty)=0$，$F(+\infty)=1$；(3) $F(x+0)=F(x)$，即 $F(x)$ 是右连续的. 而不满足基本性质其中一条的函数都不能作为分布函数.

【例 5】 设 $F_1(x)$ 与 $F_2(x)$ 为两个分布函数，其相应的概率密度 $f_1(x)$ 与 $f_2(x)$ 是连续函数，则必为概率密度的是________.

(A) $f_1(x)f_2(x)$　(B) $2f_2(x)F_1(x)$

(C) $f_1(x)F_2(x)$　(D) $f_1(x)F_2(x)+f_2(x)F_1(x)$

【解析】 方法一　因 $f_1(x),f_2(x),F_1(x),F_2(x)$ 分别为随机变量的概率密度函数与分布函数，故 $f_1(x)\geqslant 0, f_2(x)\geqslant 0, 0\leqslant F_1(x)\leqslant 1, 0\leqslant F_2(x)\leqslant 1$，所以 $f_1(x)F_2(x)+f_2(x)F_1(x)\geqslant 0$. 而

$$\begin{aligned}&\int_{-\infty}^{+\infty}[f_1(x)F_2(x)+f_2(x)F_1(x)]\mathrm{d}x\\ =&\int_{-\infty}^{+\infty}F_2(x)\mathrm{d}F_1(x)+\int_{-\infty}^{+\infty}F_1(x)\mathrm{d}F_2(x)\\ =&F_1(x)F_2(x)\Big|_{-\infty}^{+\infty}-\int_{-\infty}^{+\infty}F_1(x)\mathrm{d}F_2(x)+\int_{-\infty}^{+\infty}F_1(x)\mathrm{d}F_2(x)=1,\end{aligned}$$

故 $f_1(x)F_2(x)+f_2(x)F_1(x)$ 为概率密度，选择(D).

方法二　由题设有 $\dfrac{\mathrm{d}F_1(x)}{\mathrm{d}x}=f_1(x)$，$\dfrac{\mathrm{d}F_2(x)}{\mathrm{d}x}=f_2(x)$，

则　$f_1(x)F_2(x)+f_2(x)F_1(x)=F_1'(x)F_2(x)+F_1(x)F_2'(x)=[F_1(x)F_2(x)]'$.

因 $F_1(x)F_2(x)$ 为随机变量 $\max\{X_1,X_2\}$ 的分布函数，故其导数 $f_1(x)F_2(x)+f_2(x)F_1(x)$ 必为随机变量 $\max\{X_1,X_2\}$ 的概率密度，故选择(D).

评注　此题考查随机变量的概率密度函数的判定. 一般地，判定概率密度函数主要有以下结论：

(1) $f(x)$ 为概率密度函数的充要条件是对任意 x，$f(x)\geqslant 0$，且 $\int_{-\infty}^{+\infty}f(x)\mathrm{d}x=1$；

（2）若 $f_1(x), f_2(x), \cdots, f_n(x)$ 均是概率密度函数，则 $\sum_{i=1}^{n} a_i f_i(x)$ 也是概率密度函数，其中常数 $a_i \geqslant 0$，且 $\sum_{i=1}^{n} a_i = 1$. 但一般 $\prod_{i=1}^{n} f_i(x)$ 不一定是概率密度函数.

2. 求分布律和分布函数

【例 6】 掷两枚骰子，设点数之和为 X，求 X 的分布律.

【解析】 "掷两枚骰子，记录点数之和"是一次试验，样本空间是 $S=\{(i,j) \mid i,j=1,2,\cdots,6\}$，共有 36 个样本点，各样本点出现的概率相等，是一个古典概型问题，而 $X=i+j$ 可能的取值为 $2,3,\cdots,12$.

$$P(X=2)=P(i=1,j=1)=P(i=1)\times P(j=1)=\frac{1}{36},$$

$$P(X=3)=P(i=1,j=2 \text{ 或 } i=2,j=1)=P(i=1,j=2)+P(i=2,j=1)=\frac{2}{36}.$$

类推可得，$X \sim \begin{bmatrix} 2 & 3 & 4 & 5 & 6 & 7 & 8 & 9 & 10 & 11 & 12 \\ \frac{1}{36} & \frac{2}{36} & \frac{3}{36} & \frac{4}{36} & \frac{5}{36} & \frac{6}{36} & \frac{5}{36} & \frac{4}{36} & \frac{3}{36} & \frac{2}{36} & \frac{1}{36} \end{bmatrix}$.

【例 7】 设 100 件产品中有 95 件合格品，有 5 件次品. 现从中随机地抽取 10 件，每次取 1 件，令 X 表示所取得 10 件产品中的次品数.

（1）若无放回地抽取，求 X 的分布律；

（2）若有放回地抽取，求 X 的分布律.

【解析】 （1）对于无放回地抽取，X 的可能取值为 $0,1,2,3,4,5$，且 X 服从超几何分布，分布律为

$$P(X=k)=\frac{C_5^k C_{95}^{10-k}}{C_{100}^{10}}, \quad k=0,1,2,3,4,5.$$

（2）若有放回地抽取，则 10 次抽取就是 10 次独立重复试验. 设事件 A＝{取得次品}，则 $P(A)=\frac{5}{100}=0.05, P(\overline{A})=0.95$，且 $X \sim b(n,p)=b(10,0.05)$，从而 X 的分布律为

$$P(X=k)=C_{10}^{k}(0.05)^k(0.95)^{10-k}, \quad k=0,1,2,\cdots,10.$$

【例 8】 设随机变量 X 的分布函数为 $F(x)=\begin{cases} 0, & x<-1, \\ \frac{1}{4}, & -1 \leqslant x<2, \\ \frac{3}{4}, & 2 \leqslant x<3, \\ 1, & x \geqslant 3, \end{cases}$ 求 X 的分布律.

【解析】 根据分布函数的性质，可以求得

$$P(X=-1)=P(X \leqslant -1)-P(X<-1)=F(-1)-F(-1-0)=\frac{1}{4}-0=\frac{1}{4},$$

同理有

$$P(X=2)=F(2)-F(2-0)=\frac{3}{4}-\frac{1}{4}=\frac{1}{2},$$

$$P(X=3)=F(3)-F(3-0)=1-\frac{3}{4}=\frac{1}{4}.$$

所以 X 的分布律为 $X \sim \begin{bmatrix} -1 & 2 & 3 \\ \frac{1}{4} & \frac{1}{2} & \frac{1}{4} \end{bmatrix}$.

【例 9】 设随机变量 X 的概率密度 $f(x)=\frac{1}{2}e^{-|x|}$，$-\infty<x<+\infty$，则分布函数 $F(x)$ 为________.

(A) $F(x)=\begin{cases}\frac{1}{2}e^{x}, & x<0,\\ 1, & x\geqslant 0\end{cases}$ (B) $F(x)=\begin{cases}\frac{1}{2}e^{x}, & x<0,\\ 1-\frac{1}{2}e^{-x}, & x\geqslant 0\end{cases}$

(C) $F(x)=\begin{cases}1-\frac{1}{2}e^{-x}, & x<0,\\ 1, & x\geqslant 0\end{cases}$ (D) $F(x)=\begin{cases}\frac{1}{2}e^{x}, & x<0,\\ 1-\frac{1}{2}e^{-x}, & 0<x<1,\\ 1, & x\geqslant 1\end{cases}$

【解析】 $F(x)=\int_{-\infty}^{x}f(t)\mathrm{d}t=\int_{-\infty}^{x}\frac{1}{2}e^{-|t|}\mathrm{d}t$，

当 $x<0$ 时， $F(x)=\int_{-\infty}^{x}\frac{1}{2}e^{t}\mathrm{d}t=\frac{1}{2}e^{x}$；

当 $x\geqslant 0$ 时，$F(x)=\int_{-\infty}^{x}\frac{1}{2}e^{-|t|}\mathrm{d}t=\int_{-\infty}^{0}\frac{1}{2}e^{t}\mathrm{d}t+\int_{0}^{x}\frac{1}{2}e^{-t}\mathrm{d}t=1-\frac{1}{2}e^{-x}$. 故(B)为答案.

评注 已知概率密度 $f(x)$ 求分布函数 $F(x)$ 时，使用定义 $F(x)=\int_{-\infty}^{x}f(t)\mathrm{d}t$，注意其定义域为 $-\infty<x<+\infty$.

【例 10】 假设随机变量 X 的绝对值不大于 1，$P(X=-1)=\frac{1}{8}$，$P(X=1)=\frac{1}{4}$. 在事件 $\{|X|<1\}$ 出现的条件下，X 在 $(-1,1)$ 内任一子区间上取值的条件概率与该子区间长度成正比，求 X 的分布函数 $F(x)$.

【解析】 由题意，X 既不是离散型也不是连续型随机变量，故没有分布律或概率密度，只能用定义求其分布函数. 因 X 的可能取值范围在 $[-1,1]$，下面分别求出 $x<-1$，$-1\leqslant x<1$，$x\geqslant 1$ 时 $F(x)$ 的表达式.

(1) 当 $x<-1$ 时，$F(x)=P(X\leqslant x)=P(\varnothing)=0$；

(2) 当 $-1\leqslant x<1$ 时，$F(x)=P(X\leqslant x)=P(X=-1)+P(-1<X\leqslant x)$.

下面求 $P(-1<X\leqslant x)$. 由题设有 $P(-1<X\leqslant x|-1<X<1)=k(x+1)$. 故当 $-1\leqslant a\leqslant b\leqslant 1$ 时，有 $P(a\leqslant X\leqslant b)=k(b-a)$，于是由题设 $P(|X|\leqslant 1)=1$ 得到

$$P(-1\leqslant X\leqslant 1)=1=k(1+1)，即 k=\frac{1}{2}，$$

于是

$$P(-1<X\leqslant x|-1<X<1)=k(x+1)=\frac{x+1}{2}.$$

又因为
$$\begin{aligned}P(-1<X\leqslant x)&=P(-1<X\leqslant x,-1<X<1)\\&=P(-1<X<1)P(-1<X\leqslant x|-1<X<1),\end{aligned}$$

而 $P(-1<X<1)=P(|X|\leqslant 1)-P(X=-1)-P(X=1)=1-\frac{1}{8}-\frac{1}{4}=\frac{5}{8}$，

故 $P(-1<X\leqslant x)=\frac{5}{8}\times\frac{x+1}{2}=\frac{5(x+1)}{16}$. 于是当 $-1\leqslant x<1$ 时，有

$$F(x)=P(X\leqslant x)=P(X=-1)+P(-1<X\leqslant x)=\frac{1}{8}+\frac{5(x+1)}{16}=\frac{5x+7}{16}.$$

(3) 当 $x\geqslant 1$ 时，有

$$\begin{aligned}F(x)&=P(X\leqslant x)\\&=P(X<-1)+P(X=-1)+P(-1<X<1)+P(X=1)+P(1<X\leqslant x)\\&=0+\frac{1}{8}+\frac{5}{8}+\frac{1}{4}+0=1.\end{aligned}$$

综上所述，$F(x)=\begin{cases}0, & x<-1,\\ \dfrac{5x+7}{16}, & -1\leqslant x<1,\\ 1, & x\geqslant 1.\end{cases}$

3. 利用已知分布计算事件的概率

【例 11】 一袋中有 3 个红球、7 个白球，有放回地抽取三次，每次一球，则恰好有一次取到红球的概率为________.

(A) $C_3^3\times C_{10}^3$　　(B) $C_3^3\times C_{10}^7$　　(C) $C_3^1\times\frac{3}{10}\times\left(\frac{7}{10}\right)^2$　　(D) $C_3^1\times\left(\frac{3}{10}\right)^2\times\frac{7}{10}$

【解析】 这是一个三重贝努利试验，事件 A 为"每次一球，取到红球"，则 A 发生 1 次的概率为 $C_3^1\times\frac{3}{10}\times\left(\frac{7}{10}\right)^2$，选(C).

【例 12】 设 $F(x)$ 是离散型随机变量 X 的分布函数，若 $P(X=b)=$________，则概率 $P(a<X<b)=F(b)-F(a)$ 成立.

(A) 0　　(B) 1　　(C) 0.5　　(D) 不能判定

【解析】 一方面，根据分布函数的定义，有

$P(a<X<b)=P(X\leqslant b)-P(X=b)-P(X\leqslant a)=F(b)-F(a)-P(X=b)$，

另一方面，由题可知，$P(a<X<b)=F(b)-F(a)$，因而 $P(X=b)=0$. 故选(A).

【例 13】 设随机变量 $X\sim N(\mu,\sigma^2)$，则随 σ 增大，概率 $P(|X-\mu|<\sigma)$ 应________.

(A) 单调增大　　(B) 单调减少　　(C) 保持不变　　(D) 增减不定

【解析】 因为　$P(|X-\mu|<\sigma)=P\left(\left|\frac{x-\mu}{\sigma}\right|<1\right)=\Phi(1)-\Phi(-1)=2\Phi(1)-1$，

此值不随 σ 的变化而变化，故(C)正确.

【例 14】 设随机变量 X 服从参数为 $\mu=10$，$\sigma=0.02$ 的正态分布，又已知标准正态分布函数为 $\Phi(x)$，$\Phi(2.5)=0.9938$，求 X 落在区间 (9.95，10.05) 内的概率.

【解析】 因为 $X\sim N(\mu,\sigma^2)$，故 $\frac{X-\mu}{\sigma}\sim N(0,1)$，于是

$$P(9.95<X<10.05)=P\left(\frac{9.95-10}{0.02}<\frac{X-10}{0.02}<\frac{10.05-10}{0.02}\right)=P\left(-2.5<\frac{X-10}{0.02}<2.5\right)$$

$$=\Phi(2.5)-\Phi(-2.5)=2\Phi(2.5)-1=0.9876.$$

【例 15】 设随机变量 X 的概率密度 $f(x)=\begin{cases}2x, & 0<x<1,\\ 0, & \text{其他},\end{cases}$ 以 Y 表示对 X 的三次独立重复观察事件 $A=\left\{X\leqslant\frac{1}{2}\right\}$ 出现的次数，求 $P(Y=2)$.

【解析】 $P(A)=\int_{-\infty}^{\frac{1}{2}} f(x)\mathrm{d}x=\int_{-\infty}^{0} 0\mathrm{d}x+\int_{0}^{\frac{1}{2}} 2x\mathrm{d}x=\frac{1}{4}$.

于是该问题可以看作三重贝努利试验，随机变量 $Y\sim b\left(3,\frac{1}{4}\right)$，故

$$P(Y=2)=\mathrm{C}_3^2\left(\frac{1}{4}\right)^2\left(1-\frac{1}{4}\right)^1=\frac{9}{64}.$$

【例 16】 设随机变量 $X\sim b(2,p)$，$Y\sim b(3,p)$，若 $P(X\geqslant 1)=\frac{5}{9}$，则 $P(Y\geqslant 1)$是多少?

【解析】 $X\sim b(2,p)$，$P(X\geqslant 1)=1-P(X=0)=1-(1-p)^2=\frac{5}{9}$，解得 $p=\frac{1}{3}$. 于是

$$Y\sim b\left(3,\frac{1}{3}\right),\ P(Y\geqslant 1)=1-P(Y=0)=1-\left(1-\frac{1}{3}\right)^3=\frac{19}{27}.$$

【例 17】 某仪器装有三只独立工作的同型号的电子元件，其寿命（单位：小时）均服从于同一分布，其概率密度为

$$f(x)=\begin{cases}\frac{1}{600}\mathrm{e}^{-\frac{x}{600}}, & x>0,\\ 0, & x\leqslant 0,\end{cases}$$

试求在仪器使用的最初 200 小时内至少有一只电子元件损坏的概率.

【解析】 设电子元件的使用寿命为 X，由条件可知，$X\sim E(600)$.

$$p=P(X\leqslant 200)=\int_0^{200}\frac{1}{600}\mathrm{e}^{-\frac{x}{600}}\mathrm{d}x=1-\mathrm{e}^{-\frac{1}{3}},$$

令 Y 表示 3 只电子元件中在最初 200 小时内的损坏数量，则 $Y\sim b(3,p)$，从而

$$P(Y\geqslant 1)=1-P(Y=0)=1-(1-p)^3=1-\mathrm{e}^{-1}.$$

4. 求与随机变量分布有关的参数

【例 18】 设离散型随机变量 X 的分布律 $P(X=k)=\frac{a}{N}$，$k=1,2,\cdots,N$，则 $a=$ ________.

(A) 0　　(B) 1　　(C) N　　(D) 不能判定

【解析】 $\sum_{k=1}^{N}P(X=k)=\sum_{k=1}^{N}\frac{a}{N}=a$,

由离散型随机变量分布律的性质 $\sum_{k=1}^{\infty}p_k=1$，得 $a=1$. 故选(B).

【例 19】 设随机变量 X 服从正态分布 $N(\mu_1,\sigma_1^2)$，Y 服从正态分布 $N(\mu_2,\sigma_2^2)$，且 $P\{|X-\mu_1|<1\}>P\{|Y-\mu_2|<1\}$，则必有________.

(A) $\sigma_1<\sigma_2$　　(B) $\sigma_1>\sigma_2$　　(C) $\mu_1<\mu_2$　　(D) $\mu_1>\mu_2$

【解析】 依题意，$\frac{X-\mu_1}{\sigma_1}\sim N(0,1)$，$\frac{Y-\mu_2}{\sigma_2}\sim N(0,1)$，

$$P\{|X-\mu_1|<1\}=P\left\{\left|\frac{X-\mu_1}{\sigma_1}\right|<\frac{1}{\sigma_1}\right\},\ P\{|Y-\mu_2|<1\}=P\left\{\left|\frac{Y-\mu_2}{\sigma_2}\right|<\frac{1}{\sigma_2}\right\}.$$

因为 $P\{|X-\mu_1|<1\}>P\{|Y-\mu_2|<1\}$，即 $P\left\{\left|\frac{X-\mu_1}{\sigma_1}\right|<\frac{1}{\sigma_1}\right\}>P\left\{\left|\frac{Y-\mu_2}{\sigma_2}\right|<\frac{1}{\sigma_2}\right\}$.

所以$\frac{1}{\sigma_1}>\frac{1}{\sigma_2}$，即 $\sigma_1<\sigma_2$. 应选择(A).

【例 20】 设 $f_1(x)$ 为标准正态分布的概率密度，$f_2(x)$ 为 $[-1,3]$ 上均匀分布的概率密度. 若 $f(x)=\begin{cases} af_1(x), & x\leqslant 0, \\ bf_2(x), & x>0 \end{cases}$ $(a>0,b>0)$ 为概率密度，则 a,b 应满足________.

(A) $2a+3b=4$　　(B) $3a+2b=4$　　(C) $a+b=1$　　(D) $a+b=2$

【解析】 由 $f_1(x)=\dfrac{1}{\sqrt{2\pi}}\mathrm{e}^{-\frac{x^2}{2}}(-\infty<x<+\infty)$，$f_2(x)=\begin{cases} \dfrac{1}{4}, & -1\leqslant x\leqslant 3, \\ 0, & 其他, \end{cases}$

且 $f(x)$ 为概率密度，故 $\int_{-\infty}^{+\infty} f(x)\mathrm{d}x=1$，即

$$\int_{-\infty}^{+\infty} f(x)\mathrm{d}x=\int_{-\infty}^{0} af_1(x)\mathrm{d}x+\int_{0}^{+\infty} bf_2(x)\mathrm{d}x=\int_{-\infty}^{0} a\times\frac{1}{\sqrt{2\pi}}\mathrm{e}^{-\frac{x^2}{2}}\mathrm{d}x+\int_{0}^{+\infty} b\times\frac{1}{4}\mathrm{d}x$$

$$=a\times\frac{1}{2}+b\times\frac{3}{4}=1,$$

即 $2a+3b=4$，故选择(A).

5. 求随机变量函数的分布

【例 21】 设 X,Y 独立同分布，$X\sim\begin{bmatrix} 0 & 1 \\ \frac{1}{2} & \frac{1}{2} \end{bmatrix}$，令 $Z=\min\{X,Y\}$，则 Z 的分布律为________.

(A) $Z\sim\begin{bmatrix} 0 & 1 \\ \frac{3}{4} & \frac{1}{4} \end{bmatrix}$　(B) $Z\sim\begin{bmatrix} 0 & 1 \\ \frac{1}{4} & \frac{3}{4} \end{bmatrix}$　(C) $Z\sim\begin{bmatrix} 0 & 1 \\ \frac{1}{2} & \frac{1}{2} \end{bmatrix}$　(D) $Z\sim\begin{bmatrix} 0 & 1 \\ \frac{1}{3} & \frac{2}{3} \end{bmatrix}$

【解析】 由于 X 与 Y 只能取 0,1，因而 $Z=\min\{X,Y\}$ 也只能取 0,1，并且

$$P(Z=1)=P(\min\{X,Y\}=1)=P(X=1,Y=1)=P(X=1)\times P(Y=1)=\frac{1}{4};$$

$$P(Z=0)=1-P(Z=1)=\frac{3}{4}.$$

故(A)为答案.

【例 22】 设随机变量 $X\sim\begin{bmatrix} -2 & 0 & 2 & 3 \\ 0.2 & 0.2 & 0.3 & 0.3 \end{bmatrix}$，

求 (1) $Y=-2X+1$；　　(2) $Y=2X^2$ 的分布律.

【解析】 (1) $Y=-2X+1$ 是单射，由 X 的取值计算出 Y 的值，同时各值相应的概率不变，于是可得

$$Y\sim\begin{bmatrix} 5 & 1 & -3 & -5 \\ 0.2 & 0.2 & 0.3 & 0.3 \end{bmatrix}.$$

(2) $Y=2X^2$ 不是单射，按 (1) 的步骤，先得到 $Y\sim\begin{bmatrix} 8 & 0 & 8 & 18 \\ 0.2 & 0.2 & 0.3 & 0.3 \end{bmatrix}$，

整理后得
$$Y\sim\begin{bmatrix} 0 & 8 & 18 \\ 0.2 & 0.5 & 0.3 \end{bmatrix}.$$

评注　求离散型随机变量函数 $Y=g(X)$ 的概率分布的步骤如下.

（1）求 Y 的全部可能值，由 $X=x_i$，求出 $y_i=g(x_i)$ $(i=1,2,\cdots)$.

（2）计算 Y 取值概率，即求出 $P\ (Y=y_i)$. 当 $y_i=g(x_i)$ $(i=1,2,\cdots)$ 的各值不是互不相等时，应把相等的可能取值分别合并，并将相应概率相加.

【例 23】 设随机变量 X 的概率密度为 $f_X(x)=\begin{cases}\dfrac{x}{8}, & 0<x<4,\\ 0, & \text{其他}.\end{cases}$

求随机变量 $Y=2X+8$ 的概率密度.

【解析】 方法一（分布函数法） 第一步，求出 Y 的分布函数

$$F_Y(y)=P(Y\leqslant y)=P(2X+8\leqslant y)=P\left(X\leqslant\frac{y-8}{2}\right)=\int_{-\infty}^{\frac{y-8}{2}}f_X(x)\mathrm{d}x\ ;$$

第二步，求出 Y 的概率密度

$$f_Y(y)=\frac{\mathrm{d}F_Y(y)}{\mathrm{d}y}=f_X\left(\frac{y-8}{2}\right)\left(\frac{y-8}{2}\right)'$$

$$=\begin{cases}\dfrac{1}{8}\times\dfrac{y-8}{2}\times\dfrac{1}{2}, & 0<\dfrac{y-8}{2}<4,\\ 0, & \text{其他}\end{cases}=\begin{cases}\dfrac{y-8}{32}, & 8<y<16,\\ 0, & \text{其他}.\end{cases}$$

方法二（单调函数公式法） 因为函数 $y=2x+8$ 是单调函数，且在其值域内导数恒不为 0，因此

$$f_Y(y)=\begin{cases}f_x[h(y)]\ |\ h'(y)\ |, & \alpha<y<\beta,\\ 0, & \text{其他}\end{cases}=\begin{cases}\dfrac{y-8}{32}, & 8<y<16,\\ 0, & \text{其他}.\end{cases}$$

评注 设 X 是连续型随机变量，其概率密度为 $f_X(x)$，分布函数为 $F_X(x)$. 对于给定的一个其导函数连续的函数 $y=g(x)$，一般有下述常见的三种方法求出 $Y=g(X)$ 的概率密度函数.

（1）分布函数法 即先求出 Y 的分布函数 $F_Y(y)$，然后求导得 $f_Y(y)=F_Y'(y)$. 此法是求连续型随机变量函数普遍适用的方法.

（2）单调函数公式法 若函数 $y=g(x)$ 是单调函数，且在其值域内导数恒不为 0，可用下式求出 Y 的概率密度

$$f_Y(y)=\begin{cases}f_X[h(y)]\ |\ h'(y)\ |, & \alpha<y<\beta,\\ 0, & \text{其他},\end{cases}$$

其中 $x=h(y)$ 是 $y=g(x)$ 的反函数，而 $\alpha=\min(g(-\infty),g(\infty))$，$\beta=\max(g(-\infty),g(\infty))$. 若 $f_X(x)$ 在有限区间 $[\alpha,\ \beta]$ 上大于 0，而在其他点处皆为 0，则上式化为

$$\alpha=\min(g(a),g(b)),\qquad \beta=\max(g(a),g(b)).$$

（3）正态分布线性性质法 若随机变量 X 服从正态分布，还可以利用下面几个正态随机变量线性函数的重要性质求解其函数的概率密度：

① 如果 $X\sim N(\mu,\sigma^2)$，则 $Y=\dfrac{X-\mu}{\sigma}\sim N(0,1)$；

② 如果 $X\sim N(\mu,\sigma^2)$，则 $Y=aX+b$ $(a\neq0)$ 也服从正态分布，且

$$Y=aX+b\sim N(a\mu+b,\ (a\sigma)^2);$$

③ 有限个相互独立的正态随机变量 $X_i\sim N(\mu_i,\sigma_i^2)(i=1,2,\cdots,n)$ 的线性组合仍然服从正态分布，且有 $\sum\limits_{i=1}^{n}a_iX_i\sim N\left(\sum\limits_{i=1}^{n}a_i\mu_i,\sum\limits_{i=1}^{n}(a_i\sigma_i)^2\right)$.

三、强化练习题

☆ A题 ☆

1. 填空题

(1) 一射手对同一目标独立地进行4次射击，若至少击中一次的概率为$\frac{80}{81}$，则该射手的命中率为________.

(2) 设$X \sim N(\mu,\sigma^2)(\sigma>0)$，且二次方程$y^2+4y+X=0$无实根的概率为$\frac{1}{2}$，则$\mu=$________.

(3) 设随机变量X只能取四个值1,2,3,4，相应的概率分别是$\frac{1}{2},\frac{3}{4a},\frac{5}{8a},\frac{1}{8a}$，则$a=$________.

(4) 设随机变量X服从正态分布$N(2,\sigma^2)$，且$P(2<X<4)=0.3$，则$P(X<0)=$________.

(5) 设$F_1(x),F_2(x)$分别是X_1,X_2的分布函数，$F(x)=aF_1(x)-bF_2(x)$，要使$F(x)$也为分布函数，则a,b应满足关系式________.

2. 选择题

(1) 设$F(x)$是随机变量X的分布函数，则________.

(A) $F(x)$一定连续　　(B) $F(x)$一定右连续

(C) $F(x)$是单调不增函数　　(D) $F(x)$一定左连续

(2) 随机变量$Y=aX+b\ (a\neq 0)$与随机变量X服从同一名称分布，则X服从________.

(A) 二项分布　(B) 泊松分布　(C) 正态分布　(D) 指数分布

(3) 在下列函数中，可以作为某个随机变量的分布函数的是________.

(A) $F(x)=\frac{1}{1+x^2}$　　(B) $F(x)=\int_{-\infty}^{x} f(t)\mathrm{d}t$，其中$\int_{-\infty}^{+\infty} f(t)\mathrm{d}t=1$

(C) $F(x)=\frac{1}{\pi}\arctan x+\frac{1}{2}$　　(D) $F(x)=\begin{cases}\frac{1-\mathrm{e}^{-x}}{2}, & x>0,\\ 0, & x\leqslant 0\end{cases}$

(4) 设随机变量X的概率密度函数为$f(x)=\begin{cases}\frac{1}{3}, & 0\leqslant x\leqslant 1,\\ \frac{2}{9}, & 3\leqslant x\leqslant 6,\\ 0, & 其他,\end{cases}$若$P(X\geqslant k)=\frac{2}{3}$，则$k$的取值范围为________.

(A) [0, 3]　(B) [1, 3]　(C) [−1, 1]　(D) [3, 6]

(5) 设随机变量X的分布函数为$F(x)$，概率密度函数$f(x)=af_1(x)+bf_2(x)$，其中$f_1(x)$是$N(0,\sigma^2)$的密度函数，$f_2(x)$是参数为λ的指数分布的密度函数，已知$F(0)=\frac{1}{8}$，则________.

(A) $a=1,b=0$　(B) $a=\frac{3}{4},b=\frac{1}{4}$　(C) $a=\frac{1}{2},b=\frac{1}{2}$　(D) $a=\frac{1}{4},b=\frac{3}{4}$

3. 计算题

(1) 设 X 的分布律为 $X \sim \begin{bmatrix} -1 & 0 & 1 & 2 & \frac{5}{2} \\ \frac{1}{5} & \frac{1}{10} & \frac{1}{10} & \frac{3}{10} & \frac{3}{10} \end{bmatrix}$，试求：①$2X$ 的分布律；② X^2 的分布律.

(2) 盒中装有大小相等的球 10 个，编号为 0,1,2,…,9. 从中任取一个，观察号码是“小于 5”、“等于 5”、“大于 5”的情况，试定义一个随机变量，求其分布律和分布函数.

(3) 设 X 的分布函数为 $F(x)=P(X\leqslant x)=\begin{cases} 0, & x<-1, \\ 0.4, & -1\leqslant x<1, \\ 0.8, & 1\leqslant x<3, \\ 1, & x\geqslant 3, \end{cases}$ 求 X 的概率分布.

(4) 设随机变量 X 的分布律为 $X\sim\begin{bmatrix} -1 & 0 & 1 & 2 & 3 \\ 0.25 & 0.15 & a & 0.35 & b \end{bmatrix}$，当 $a=0.2$ 时，求① X 的分布函数 $F(x)$；②$P(X^2>1)$，$P(X\leqslant 0)$，$P(X=1.2)$的值；③$Y=X^2-1$ 的分布.

(5) 设随机变量 X 的分布函数为 $F(x)=\begin{cases} A+Be^{-\frac{x^2}{2}}, & x>0, \\ 0, & x\leqslant 0, \end{cases}$ 求 $P(-1<X\leqslant 1)$.

(6) 设随机变量 X 在区间 $[2,5]$ 服从均匀分布，现对 X 进行三次独立观测，试求至少有两次观测值大于 3 的概率.

(7) 设每次试验中事件 A 发生的概率为 p，为了使事件 A 在独立试验序列中至少发生一次的概率不小于 α，问需进行多少次试验？

(8) 设随机变量 $X\sim N(3,2^2)$.

① 求 $P(2<X\leqslant 5)$,$P(|X|>2)$,$P(X>3)$；

② 确定 c，使得 $P(X>c)=P(X\leqslant c)$；

③ 设 d 满足 $P\{X>d\}\geqslant 0.9$，问 d 至多为多少？

(9) 设随机变量 $X\sim N(0,1)$，求① $Y=e^X$；② $Y=2X^2+1$；③ $Y=|X|$的概率密度 $f_Y(y)$.

(10) 设随机变量 X 的概率密度为

① $f(x)=\begin{cases} 2\left(1-\frac{1}{x^2}\right), & 1\leqslant x\leqslant 2, \\ 0, & \text{其他}; \end{cases}$　　② $f(x)=\begin{cases} x, & 0\leqslant x<1, \\ 2-x, & 1\leqslant x<2, \\ 0, & \text{其他}. \end{cases}$

求 X 的分布函数.

☆ **B 题** ☆

(1) 一批产品共 10 件，其中 7 件正品和 3 件次品，每次从这批产品中任取一件，在下述三种情况下，分别求直至取得正品所需次数 X 的概率分布：

① 每次取出的产品不再放回去；

② 每次取出的产品仍放回去；

③ 每次取出一件产品后，总是另取一件正品放回到这批产品中.

(2) 设随机变量 X 服从 $[a,b](a>0)$ 上的均匀分布，且 $P(0<X<3)=\frac{1}{4}$，$P(X>4)=\frac{1}{2}$，求 X 的概率密度.

(3) 设平面区域 D_1 是由 $x=1$，$y=0$，$y=x$ 所围成，今向 D_1 内随机地投入 10 个点，求这 10 个点中至少有 2 个点落在由曲线 $y=x^2$ 与 $y=x$ 所围成的区域 D 内的概率.

(4) 假设随机变量 X 的概率密度函数为 $f(x)=\mathrm{e}^{-x^2+bx+c}$ $(x\in\mathbf{R}$，b,c 为常数)在 $x=1$ 处取最大值 $1/\sqrt{\pi}$，求概率 $P(1-\sqrt{2}<X<1+\sqrt{2})$.

(5) 设 $X\sim e(2)$，证明：$Y=1-\mathrm{e}^{-2X}\sim U(0,1)$.

(6) 设随机变量 X 的概率密度为 $f(x)=\begin{cases}\dfrac{1}{3\sqrt[3]{x^2}}, & x\in[1,8],\\ 0, & \text{其他},\end{cases}$ 求 $Y=F(X)$的分布函数 $G_Y(y)$.

(7) 设 $f(x)=(ax^2+bx+c)^{-1}$，$-\infty<x<\infty$，为使 $f(x)$为概率密度函数，系数 a，b，c 应满足什么条件?

(8) 设电源电压 X 在不超过 200V，200～240V 和超过 240V 三种情况下，某种电子元件损坏的概率分别为 0.1，0.001 和 0.2，假设电源电压服从正态分布 $X\sim N(220,25)$，试求：

① 该电子元件损坏的概率 α；

② 该电子元件损坏时，电源电压在 200～240V 的概率 β.

四、强化练习题参考答案

☆A 题☆

1.(1) $\frac{2}{3}$；　(2) 4；　(3) 3；　(4) 0.2；　(5) $a-b=1$.

2.(1) B；　(2) C；　(3) C；　(4) B；　(5) D.

3.(1) ① $2X\sim\begin{bmatrix}-2 & 0 & 2 & 4 & 5\\ \frac{1}{5} & \frac{1}{10} & \frac{1}{10} & \frac{3}{10} & \frac{3}{10}\end{bmatrix}$；② $X^2\sim\begin{bmatrix}0 & 1 & 4 & \frac{25}{4}\\ \frac{1}{10} & \frac{3}{10} & \frac{3}{10} & \frac{3}{10}\end{bmatrix}$.

(2) 设随机变量 X 取值为 0，1，2，且 X 取每个值的概率为

$$\begin{cases}P(X=0)=P(\text{取出球小于 }5)=5/10,\\ P(X=1)=P(\text{取出球等于 }5)=1/10,\\ P(X=2)=P(\text{取出球大于 }5)=4/10,\end{cases}$$

X 的分布律为　$X\sim\begin{bmatrix}0 & 1 & 2\\ \frac{5}{10} & \frac{1}{10} & \frac{4}{10}\end{bmatrix}$，$F(x)=\begin{cases}0, & x<0,\\ \frac{5}{10}, & 0\leqslant x<1,\\ \frac{6}{10}, & 1\leqslant x<2,\\ 1, & x\geqslant 2.\end{cases}$.

(3) $X\sim\begin{bmatrix}-1 & 1 & 3\\ 0.4 & 0.4 & 0.2\end{bmatrix}$.

(4) $F(x)=\begin{cases}0, & x<-1\\ 0.25, & -1\leqslant x<0,\\ 0.4, & 0\leqslant x<1,\\ 0.6, & 1\leqslant x<2,\\ 0.95, & 2\leqslant x<3,\\ 1, & x\geqslant 3;\end{cases}$

$P(X^2>1)=0.4$，$P(X\leqslant 0)=0.4$，$P(X=1.2)=0$；

$$Y=X^2-1\sim\begin{bmatrix}-1 & 0 & 3 & 8\\ 0.15 & 0.45 & 0.35 & 0.05\end{bmatrix}.$$

(5) $1-\mathrm{e}^{-\frac{1}{2}}$

(6) $\frac{20}{27}$ $\left[\text{提示：}P(X>3)=\int_2^5\frac{1}{3}\mathrm{d}x=\frac{2}{3}\right.$， $Y\sim b\left(3,\frac{2}{3}\right)$，于是所求概率为 $P(Y\geqslant 2)=C_3^2\left(\frac{2}{3}\right)^2\left(\frac{1}{3}\right)+C_3^3\left(\frac{2}{3}\right)^3\left(\frac{1}{3}\right)^0=\left.\frac{20}{27}\right]$.

(7) $n>\left[\frac{\ln(1+\alpha)}{\ln(1-p)}\right]+1$，其中 $[x]$ 表示不超过 x 的最大整数.

(8) ①$P(2<X\leqslant 5)=0.5328$，$P(|X|>2)=0.6977$，$P(X>3)=0.5$；②$c=3$；③ d 至多取 0.436.

(9) ① $f_Y(x)=\begin{cases}\frac{1}{y\sqrt{2\pi}}\mathrm{e}^{-\frac{(\ln y)^2}{2}}, & y>0,\\ 0, & y\leqslant 0;\end{cases}$ ② $f_Y(x)=\begin{cases}\frac{1}{2\sqrt{\pi(y-1)}}\mathrm{e}^{-\frac{y-1}{4}}, & y>1,\\ 0, & y\leqslant 1;\end{cases}$

③ $f_Y(x)=\begin{cases}\sqrt{\frac{2}{\pi}}\mathrm{e}^{-\frac{y^2}{2}}, & y>0,\\ 0, & y\leqslant 0.\end{cases}$

(10) ① $F(x)=\begin{cases}0, & x<1,\\ 2\left(x+\frac{1}{x}-2\right), & 1\leqslant x<2,\\ 1, & x\geqslant 2;\end{cases}$ ② $F(x)=\begin{cases}0, & x<0,\\ \frac{x^2}{2}, & 0\leqslant x<1,\\ -\frac{x^2}{2}+2x-1, & 1\leqslant x<2,\\ 1, & x\geqslant 2.\end{cases}$

☆B 题☆

(1) ①X 的可能取值是 1,2,3,4，取这些值的概率分别为

$P(X=1)=\frac{7}{10}$；　　$P(X=2)=\frac{3}{10}\times\frac{7}{9}=\frac{7}{30}$；

$P(X=3)=\frac{3}{10}\times\frac{2}{9}\times\frac{7}{8}=\frac{7}{120}$；　　$P(X=4)=\frac{3}{10}\times\frac{2}{9}\times\frac{1}{8}\times\frac{7}{7}=\frac{1}{120}$；

②X 的可能取值是 $1,2,\cdots,k,\cdots$，相应的取值概率是

$$P(X=k)=\left(\frac{7}{10}\right)\left(\frac{3}{10}\right)^{k-1}\quad(k=1,2,\cdots)；$$

③ 与情况①类似，X 的可能取值是 1,2,3,4，而其相应概率为

$$P(X=1)=\frac{7}{10};\qquad P(X=2)=\frac{3}{10}\times\frac{8}{10}=\frac{24}{100};$$

$$P(X=3)=\frac{3}{10}\times\frac{2}{10}\times\frac{9}{10}=\frac{54}{1000};\qquad P(X=4)=\frac{3}{10}\times\frac{2}{10}\times\frac{1}{10}\times\frac{10}{10}=\frac{6}{1000}.$$

(2) $\left.\begin{array}{l}\dfrac{1}{4}=P(0<X<3)=\dfrac{3-a}{b-a}\\ \dfrac{1}{2}=P(X>4)=\dfrac{b-4}{b-a}\end{array}\right\}\Rightarrow\begin{cases}a=2,\\ b=6,\end{cases}$ 即 $X\sim U[2,6]$，故 $f(x)=\begin{cases}\dfrac{1}{4}, & 2\leqslant x\leqslant 6,\\ 0, & \text{其他}.\end{cases}$

(3) 10 个点可看作 10 次随机试验，设 10 个点中落入 D 内的点数为 X，则 $X\sim b(n,p)=b(10,\frac{1}{3})$，则 $P_{10}(X\geqslant 2)=1-P_{10}(X=0)-P_{10}(X=1)=1-\left(\frac{2}{3}\right)^{10}-C_{10}^{1}\times\frac{1}{3}\times\left(\frac{2}{3}\right)^{9}$.

(4) $P(1-\sqrt{2}<X<1+\sqrt{2})=2\Phi(2)-1=0.9544$.

(5) $f_X(x)=\begin{cases}2e^{-2x}, & x>0,\\ 0, & x\leqslant 0,\end{cases}$ $x\in(0,1)\Rightarrow 0<e^{-2x}<1$

$$\Rightarrow F_Y(y)=P\{Y\leqslant y\}=P(1-e^{-2x}\leqslant y)=P(e^{-2x}\geqslant 1-y)=P\left(x\leqslant -\frac{1}{2}\ln(1-y)\right).$$

又 $0<y=1-e^{-2x}<1$

$$\Rightarrow P(e^{-2x}\geqslant 1-y)=\begin{cases}1, & y>1,\\ 0, & y\leqslant 1.\end{cases}$$

所以，只需考虑区间 $y\in(0,1)$，此时

$$F_Y(y)=\int_0^{-\frac{1}{2}\ln(1-y)}f_X(x)\,dx\Rightarrow f_Y(y)=F'_Y(y)=\frac{1}{2(1-y)}\cdot f_X\left[-\frac{1}{2}\ln(1-y)\right],$$

$$=\frac{1}{1-y}e^{\ln(1-y)}=1，故\ f_Y(y)\sim U(0,1).$$

(6) $G_Y(y)=\begin{cases}0, & y<0,\\ y, & 0\leqslant y<1,\\ 1, & y\geqslant 1.\end{cases}$

(7) 若 $f(x)$ 为概率密度函数，则 $f(x)\geqslant 0$，故 $ax^2+bx+c>0$，

令 $h(x)=ax^2+bx+c$，则 $h'(x)=2ax+b$，$h''(x)=2a$，

当 $h''(x)=2a>0$ 时，$h(x)$ 有最小值 $c-\dfrac{b^2}{4a}$，

从而当且仅当 $c-\dfrac{b^2}{4a}>0$，$h(x)=ax^2+bx+c>0$，而

$$\int_{-\infty}^{+\infty}f(x)\,dx=\int_{-\infty}^{+\infty}\frac{2}{\sqrt{4ac-b^2}}\frac{d\left[\dfrac{2a\left(x+\frac{b}{2a}\right)}{\sqrt{4ac-b^2}}\right]}{1+\left[\dfrac{2a\left(x+\frac{b}{2a}\right)}{\sqrt{4ac-b^2}}\right]^2}=\frac{2}{\sqrt{4ac-b^2}}\arctan\left[\frac{2a\left(x+\frac{b}{2a}\right)}{\sqrt{4ac-b^2}}\right]_{-\infty}^{+\infty}$$

$$= \frac{2\pi}{\sqrt{4ac-b^2}}.$$

由 $f(x)$ 为概率密度函数知，$\frac{2\pi}{\sqrt{4ac-b^2}}=1$，即 $4ac-b^2=4\pi^2$.

综上所述，要使 $f(x)$ 为概率密度函数，系数 a,b,c 应满足下列条件

$$a>0,\quad c-\frac{b^2}{4a}>0,\quad 4ac-b^2=4\pi^2.$$

(8) 设 $A_1=\{X\leqslant 200\text{V}\}$，$A_2=\{200\text{V}<X\leqslant 240\text{V}\}$，$A_3=\{X>240\text{V}\}$，$B=\{$电子元件损坏$\}$. 则 A_1,A_2,A_3 两两互不相容，且 $A_1+A_2+A_3=S$，

$$P(A_1)=P\{X\leqslant 200\text{V}\}=P\left\{\frac{X-220}{25}\leqslant\frac{200-220}{25}\right\}=\Phi(-0.8)=0.212,$$

$$P(A_2)=P\{200\text{V}<X\leqslant 240\text{V}\}=P\left\{\frac{200-220}{25}<\frac{X-220}{25}\leqslant\frac{240-220}{25}\right\}$$
$$=\Phi(0.8)-\Phi(-0.8)=0.576,$$

$$P(A_3)=1-P(A_1)-P(A_2)=0.212.$$

且由题知 $P(B|A_1)=0.1$，$P(B|A_2)=0.001$，$P(B|A_3)=0.2$.

① 由全概率公式得

$$\alpha=P(B)=\sum_{i=1}^{3}P(A_i)P(B|A_i)=0.212\times0.1+0.576\times0.001+0.212\times0.2=0.0642$$

.

② 由贝叶斯公式得

$$\beta=P(A_2|B)=\frac{P(A_2)P(B|A_2)}{P(B)}=\frac{0.576\times0.001}{0.0642}\approx0.009.$$

第三章　多维随机变量及其分布

本章基本要求

1. 了解多维随机变量的概念.

2. 理解二维随机变量的联合分布函数及其性质，并会用这些性质计算有关事件的概率.

3. 掌握二维离散型随机变量及二维连续型随机变量的边缘分布的计算.

4. 理解随机变量独立性的概念，掌握运用随机变量的独立性进行计算.

5. 会求两个独立随机变量的简单函数的分布.

6. 了解二维均匀分布和二维正态分布.

一、内容要点

(一) 基本定义

定义 1　二维随机变量：设随机试验 E 的样本空间为 S，如果对于每个 $e\in S$，$X=X(e)$，$Y=Y(e)$为 S 上的随机变量，由它们构成的一个向量(X,Y)，叫做二维随机变量.

定义 2　二维随机变量(X,Y)的分布函数（随机变量 X 和 Y 的联合分布函数）：设(X,Y)是二维随机变量，$\forall x,y\in(-\infty,+\infty)$，函数 $F(x,y)=P(X\leqslant x,Y\leqslant y)$称为二维随机变量$(X,Y)$的分布函数.由定义知

$$P(x_1<X\leqslant x_2,y_1<Y\leqslant y_2)=F(x_2,y_2)-F(x_2,y_1)+F(x_1,y_1)-F(x_1,y_2).$$

定义 3　二维离散型随机变量：如果二维随机变量(X,Y)的全部可能取到的值是有限对或可列无限多对，则(X,Y)叫做二维离散型随机变量.

定义 4　二维离散型随机变量的分布列：如果二维离散型随机变量(X,Y)的全部可能取到的值为$(x_i,y_j)(i,j=1,2,\cdots)$，称 $P(X=x_i,Y=y_j)=p_{ij}(i,j=1,2,\cdots)$为二维离散型随机变量$(X,Y)$的分布列.

注意　(1) p_{ij} 应满足：① $0\leqslant p_{ij}\leqslant 1$，$i,j=1,2,\cdots$；② $\sum\limits_{i=1}^{\infty}\sum\limits_{j=1}^{\infty}p_{ij}=1$.

(2) (X,Y)的分布列的常用形式如下.

①

X \ Y	y_1	y_2	$\cdots$	y_j	$\cdots$
x_1	p_{11}	p_{12}	$\cdots$	p_{1j}	$\cdots$
x_2	p_{21}	p_{22}	$\cdots$	p_{2j}	$\cdots$
$\vdots$	$\vdots$	$\vdots$		$\vdots$	$\vdots$
x_i	p_{i1}	p_{i2}	$\cdots$	p_{ij}	$\cdots$
$\vdots$	$\vdots$	$\vdots$		$\vdots$	$\vdots$

②

$$\begin{pmatrix} (X,Y) & (x_1,y_1) & \cdots & (x_1,y_j) & \cdots & (x_2,y_1) & \cdots & (x_2,y_j) & \cdots & (x_i,y_1) & \cdots & (x_i,y_j) & \cdots \\ p & p_{11} & \cdots & p_{1j} & \cdots & p_{21} & \cdots & p_{2j} & \cdots & p_{i1} & \cdots & p_{ij} & \cdots \end{pmatrix}$$

(3) $P(X=x_i,Y=y_j)=P(X=x_i|Y=y_j)P(Y=y_j)=P(Y=y_j|X=x_i)P(X=x_i)$.

定义 5 二维连续型随机变量的联合概率密度：如果对于二维随机变量(X,Y)，存在非负二元函数$f(x,y)$，使得对$\forall x,y\in(-\infty,+\infty)$，有

$$F(x,y)=P(X\leqslant x,Y\leqslant y)=\int_{-\infty}^{x}\int_{-\infty}^{y}f(u,v)\mathrm{d}u\mathrm{d}v,$$

则称$f(x,y)$为二维连续型随机变量(X,Y)的联合概率密度，简称概率密度.

注意 (1) $f(x,y)$的基本性质是：① $f(x,y)\geqslant 0$；

② $\int_{-\infty}^{+\infty}\int_{-\infty}^{+\infty}f(x,y)\mathrm{d}x\mathrm{d}y=F(\infty,\infty)=1$.

(2) $P[(X,Y)\subset D]=\iint\limits_{D}f(x,y)\mathrm{d}x\mathrm{d}y$，其中$D$为平面区域.

(3) 若$f(x,y)$连续，则$\dfrac{\partial^2F(x,y)}{\partial x\partial y}=f(x,y)$.

定义 6 二维随机变量(X,Y)的边缘分布函数：

(1) $F_X(x)=P(X\leqslant x)=P(X\leqslant x,Y<+\infty)=F(x,+\infty)$；

(2) $F_Y(y)=P(Y\leqslant y)=P(X<+\infty,Y\leqslant y)=F(+\infty,y)$.

定义 7 二维离散型随机变量(X,Y)的边缘分布律：

(1) (X,Y)关于X的边缘分布律 $p_{i\cdot}=\sum\limits_{j=1}^{\infty}p_{ij}=P(X=x_i),i=1,2,\cdots$；

(2) (X,Y)关于Y的边缘分布律 $p_{\cdot j}=\sum\limits_{i=1}^{\infty}p_{ij}=P(Y=y_j),j=1,2,\cdots$.

定义 8 二维连续型随机变量(X,Y)的边缘概率密度：

(1) (X,Y)关于X的边缘概率密度 $f_X(x)=\int_{-\infty}^{+\infty}f(x,y)\mathrm{d}y$；

(2) (X,Y)关于Y的边缘概率密度 $f_Y(y)=\int_{-\infty}^{+\infty}f(x,y)\mathrm{d}x$.

定义 9 二维连续型随机变量(X,Y)的边缘分布函数：

(1) (X,Y)关于X的边缘分布函数 $F_X(x)=\int_{-\infty}^{x}f_X(x)\mathrm{d}x$；

(2) (X,Y)关于Y的边缘分布函数 $F_Y(y)=\int_{-\infty}^{y}f_Y(y)\mathrm{d}y$.

定义 10 变量X和Y是相互独立的随机变量.

定义法 1 $F(x,y)=F_X(x)F_Y(y)$，其中$F(x,y),F_X(x),F_Y(y)$分别是二维随机变量(X,Y)的分布函数及边缘分布函数.

定义法 2 $f(x,y)=f_X(x)f_Y(y)$，其中$f(x,y),f_X(x),f_Y(y)$分别是二维随机变量(X,Y)的联合概率密度及边缘概率密度.

（二）基本公式

1. 两个随机变量的函数的分布

设(X,Y)的联合概率密度是$f(x,y)$，$Z=g(X,Y)$是(X,Y)的函数，求Z的概率密度$f_Z(z)$的方法是

$$F_Z(z)=P(Z\leqslant z)=P[g(X,Y)\leqslant z]=\iint\limits_{g(x,y)\leqslant z} f(x,y)\mathrm{d}x\mathrm{d}y\text{；}f_Z(z)=[F_Z(z)]'.$$

具体函数结论如下.

(1) 若 $Z=X+Y$，则 $f_Z(z)=\int_{-\infty}^{+\infty}f(x,z-x)\mathrm{d}x=\int_{-\infty}^{+\infty}f(z-y,y)\mathrm{d}y$，当 X 和 Y 是相互独立时

$$f_Z(z)=\int_{-\infty}^{+\infty}f_X(x)f_Y(z-x)\mathrm{d}x=\int_{-\infty}^{+\infty}f_X(z-y)f_Y(y)\mathrm{d}y.$$

(2) 若 $Z=\dfrac{X}{Y}$，则 $f_Z(z)=\int_{-\infty}^{+\infty}|y|f(yz,y)\mathrm{d}y$，

当 X 和 Y 是相互独立时 $f_Z(z)=\int_{-\infty}^{+\infty}|y|f_X(yz)f_Y(y)\mathrm{d}y$.

(3) 若 $M=\max\{X,Y\}$，X 和 Y 是相互独立，则 $F_M(z)=F_X(z)F_Y(z)$.

(4) 若 $N=\min\{X,Y\}$，X 和 Y 是相互独立，则 $F_N(z)=1-[1-F_X(z)][1-F_Y(z)]$.

(5) 正态分布具有可加性，即若 $X_i\sim N(\mu_i,\sigma_i^2)(i=1,2)$，相互独立，则它们的和或差 $Z=X_1\pm X_2\sim N(\mu_1\pm\mu_2,\sigma_1^2+\sigma_2^2)$.

2.多个随机变量的函数的分布

设 n 个随机变量 $X_1,X_2,\cdots,X_n$ 相互独立，则以下结论成立.

(1) 若 $X_i\sim N(\mu_i,\sigma_i^2)(i=1,2,\cdots,n)$，则它们的线性和

$Z=c_1X_1+c_2X_2+\cdots+c_nX_n\sim N(c_1\mu_1+c_2\mu_2+\cdots+c_n\mu_n,c_1^2\sigma_1^2+c_2^2\sigma_2^2+\cdots+c_n^2\sigma_n^2)$.

(2) 若 $M=\max\{X_1,X_2,\cdots,X_n\}$，则其分布函数为

$$F_M(z)=F_{X_1}(z)\cdot F_{X_2}(z)\cdots F_{X_n}(z).$$

当随机变量 $X_1,X_2,\cdots,X_n$ 具有相同的分布函数 $F(x)$ 时，$F_M(z)=[F(z)]^n$.

(3) 若 $N=\min\{X_1,X_2,\cdots,X_n\}$，则其分布函数为

$$F_N(z)=1-[1-F_{X_1}(z)]\cdot[1-F_{X_2}(z)]\cdots[1-F_{X_n}(z)].$$

当随机变量 $X_1,X_2,\cdots,X_n$ 具有相同的分布函数 $F(x)$ 时，$F_N(z)=1-[1-F(z)]^n$.

二、精选题解析

1.用性质进行简单计算

【例 1】 设随机变量 $X\sim N(3,1)$，$Y\sim N(2,1)$，且 X 和 Y 相互独立，令 $Z=X-2Y$，则概率 $P(Z\leqslant 1)=$ ________.

(A) $\Phi\left(\dfrac{2}{\sqrt{5}}\right)$　　(B) $\Phi(0)$　　(C) $\Phi\left(\dfrac{1}{\sqrt{5}}\right)$　　(D) $\Phi\left(\dfrac{-1}{\sqrt{5}}\right)$

【解析】 $X\sim N(3,1)$，$Y\sim N(2,1)$，

$$Z=X-2Y\sim N(3-2\times 2,1+2^2\times 1)=N(-1,5),$$

得 $\dfrac{Z-(-1)}{\sqrt{5}}\sim N(0,1)$，$P(Z\leqslant 1)=P\left(\dfrac{Z-(-1)}{\sqrt{5}}\leqslant\dfrac{1-(-1)}{\sqrt{5}}\right)=\Phi\left(\dfrac{2}{\sqrt{5}}\right)$. 应选(A).

评注　相互独立的正态分布的线性组合仍然服从正态分布.

【例 2】 设随机变量 X 和 Y 相互独立，分布函数分别是 $F_X(x)$，$F_Y(y)$，则 $M=\max\{X,Y\}$ 的分布函数是________.

(A) $F_M(z)=\max\{F_X(z),F_Y(z)\}$　　(B) $F_M(z)=\max\{|F_X(z)|,|F_Y(z)|\}$

(C) $F_M(z)=F_X(z)F_Y(z)$　　(D) $F_M(z)=1-[1-F_X(z)][1-F_Y(z)]$

【解析】 选(C).

【例 3】 设随机变量 X 和 Y 相互独立，且都在 $[0,\ 1]$ 上服从均匀分布，则下列服从平面区域上均匀分布的是________.

(A) $X-Y$　　(B) $X+Y$　　(C) $X\times Y$　　(D) (X,Y)

【解析】 $f(x,y)=f_X(x)f_Y(y)=\begin{cases}1, & 0\leqslant x,y\leqslant 1,\\ 0, & 其他.\end{cases}$

可见 (X,Y) 在 $[0,1]\times[0,1]$ 上服从均匀分布.

评注　若二维随机变量 X 和 Y 的概率密度为

$$f(x,y)=\begin{cases}1/S, & (x,y)\in D,\\ 0, & 其他.\end{cases}\text{其中 } S \text{ 为 } D \text{ 的面积.}$$

则称 (X,Y) 在 D 上服从均匀分布. 可以看成一维均匀分布随机变量的推广.

【例 4】 设随机变量 X 和 Y 相互独立，且 $X\sim N(0,1),Y\sim N(1,1)$，则下列成立的是________.

(A) $P(X+Y\leqslant 1)=\dfrac{1}{2}$　　(B) $P(X+Y\leqslant 0)=\dfrac{1}{2}$

(C) $P(X-Y\geqslant 0)=\dfrac{1}{2}$　　(D) $P(X-Y\leqslant 0)=\dfrac{1}{2}$

【解析】 因为 $X\sim N(0,1),Y\sim N(1,1)$，所以 $X+Y\sim N(1,2)$，即 $\mu=1$，从而 $P(X+Y\leqslant 1)=\dfrac{1}{2}$，选 (A).

评注　X 和 Y 相互独立的条件不能去掉.

【例 5】 设 X 为连续型随机变量，$Y=X$，则 $P(X=Y)=$________.

(A) 1　　(B) 0.5　　(C) 0　　(D) 不能确定

【解析】 $P(X=Y)=P(X=X)=1$. 选(A).

【例 6】 设随机变量 X 和 Y 相互独立，概率分布列分别为 $P(X=-1)=\dfrac{1}{2}$，$P(X=1)=\dfrac{1}{2}$，$P(Y=1)=\dfrac{1}{2}$，$P(Y=-1)=\dfrac{1}{2}$，则________.

(A) $P(X=Y)=1$　(B) $P(X=Y)=0$　(C) $X=Y$　(D) $P(X=Y)=0.5$

【解析】 $P(X=Y)=P(X=1,Y=1$ 或 $X=-1,Y=-1)=0.5\times 0.5+0.5\times 0.5=0.5$.

【例 7】 事件 $\{X\leqslant a,Y\leqslant b\}$ 和事件 $\{X>a,Y>b\}$ 的关系是________.

(A) $P\{X\leqslant a,Y\leqslant b\}>P\{X>a,Y>b\}$

(B) $P\{X\leqslant a,Y\leqslant b\}<P\{X>a,Y>b\}$

(C) $P\{X\leqslant a,Y\leqslant b\}+P\{X>a,Y>b\}=1$

(D) $P\{X\leqslant a,Y\leqslant b\}+P\{X>a,Y>b\}\leqslant 1$

【解析】 $P\{X\leqslant a,Y\leqslant b\}+P\{X\leqslant a,Y>b\}+P\{X>a,Y\leqslant b\}+P\{X>a,Y>b\}=1$，应该选(D).

评注　这里的事件 $\{X\leqslant a,Y\leqslant b\}$ 和 $\{X>a,Y>b\}$ 是互斥事件，不是对立事件.

【例 8】 边缘分布为正态分布的二维随机变量的联合分布的情况是________.

(A) 必为二维正态分布　(B) 必为均匀分布　(C) 不一定　(D) 可以由边缘分布唯一确定

【解析】 二维正态分布的边缘分布仍为正态分布，反之未必. 例如，设 (X,Y) 的联合概

率密度是 $f(x,y)=\frac{1}{2\pi}e^{-\frac{1}{2}(x^2+y^2)}(1+\sin x\sin y)$，相应的边缘概率密度为

$$f_X(x)=\frac{1}{\sqrt{2\pi}}e^{-\frac{x^2}{2}},\quad f_Y(y)=\frac{1}{\sqrt{2\pi}}e^{-\frac{y^2}{2}},$$

但是联合分布不是正态分布，选(C).

评注　在熟练应用定义的基础上，通过计算随机变量的概率密度，来确定其分布类型.

2.二维离散型随机变量分布律的计算

【例 9】 已知随机变量 X,Y 的概率分布列分别为

$$X\sim\begin{pmatrix}-1 & 0 & 1\\ \frac{1}{4} & \frac{1}{2} & \frac{1}{4}\end{pmatrix},Y\sim\begin{pmatrix}0 & 1\\ \frac{1}{2} & \frac{1}{2}\end{pmatrix}，且 P(XY=0)=1.$$

(1) 求 (X,Y) 的联合分布列；　(2) 问 X,Y 是否相互独立?

【解析】 (1) 由于 $P(XY=0)=1$，所以

$$P(X=-1,Y=1)=0,\quad P(X=1,Y=1)=0.$$

同时所给的 X,Y 的概率分布列可以看作 (X,Y) 的联合分布列的边缘分布列，从而得到下表.

Y \ X	−1	0	1	$p_{\cdot j}$
0	p_{11}	p_{21}	p_{31}	1/2
1	0	p_{22}	0	1/2
$p_{i\cdot}$	1/4	1/2	1/4	1

根据二维离散型随机变量的联合分布列和边缘分布列的数据关系，

$$\sum_{i=1}^{3}p_{ij}=\frac{1}{2},j=1,2;\quad \sum_{j=1}^{2}p_{1j}=\frac{1}{4},\quad \sum_{j=1}^{2}p_{2j}=\frac{1}{2},\quad \sum_{j=1}^{2}p_{3j}=\frac{1}{4},$$

顺次可得 $$p_{22}=\frac{1}{2},p_{21}=0,p_{11}=\frac{1}{4},p_{31}=\frac{1}{4}.$$

综合可得 (X,Y) 的联合分布列为

Y \ X	−1	0	1	$p_{\cdot j}$
0	1/4	0	1/4	1/2
1	0	1/2	0	1/2
$p_{i\cdot}$	1/4	1/2	1/4	1

(2) 因为 $p_{11}=\frac{1}{4}$，$p_{1\cdot}p_{\cdot 1}=\frac{1}{4}\times\frac{1}{2}=\frac{1}{8}$，不满足 $p_{ij}=p_{i\cdot}p_{\cdot j}$，所以 X,Y 不相互独立.

评注　根据二维离散型随机变量的联合分布列和边缘分布列的数据关系，利用已知数

据，依次计算未知概率.

【例 10】 设随机变量 X 服从参数为 $\theta=1$ 的指数分布，定义随机变量

$X_i=\begin{cases}0, & X\leqslant i,\\1, & X>i\end{cases}$ $(i=1,2)$，求 (X_1,X_2) 的联合分布列.

【解析】 $X\sim E(1)$，具有概率密度 $f(x)=\begin{cases}e^{-x}, & x>0,\\0, & x\leqslant 0,\end{cases}$ 由此计算概率

$$P(X_1=0,X_2=0)=P(X\leqslant 1,X\leqslant 2)=P(X\leqslant 1)=\int_0^1 e^{-x}\,dx=1-e^{-1},$$

$$P(X_1=0,X_2=1)=P(X\leqslant 1,X>2)=0,$$

$$P(X_1=1,X_2=0)=P(X>1,X\leqslant 2)=P(1<X\leqslant 2)=\int_1^2 e^{-x}\,dx=e^{-1}-e^{-2},$$

$$P(X_1=1,X_2=1)=P(X>1,X>2)=P(X>2)=\int_2^{+\infty} e^{-x}\,dx=e^{-2}.$$

所以 (X_1,X_2) 的联合分布列为

X_1 \ X_2	0	1
0	$1-e^{-1}$	0
1	$e^{-1}-e^{-2}$	e^{-2}

评注　本题旨在通过基本的指数分布随机变量来构造简单的离散型随机变量，求其分布.

【例 11】 设随机事件 A,B 满足 $P(A)=\frac{1}{3}$，$P(B|A)=P(A|B)=\frac{1}{2}$，定义随机变量

$$X=\begin{cases}0, & A\text{ 不发生},\\1, & A\text{ 发生},\end{cases}\qquad Y=\begin{cases}0, & B\text{ 不发生},\\1, & B\text{ 发生},\end{cases}$$

求 (X,Y) 的联合分布列.

【解析】 由 $P(A)=\frac{1}{3}$，$P(B|A)=\frac{P(AB)}{P(A)}=\frac{1}{2}$，得 $P(AB)=\frac{1}{6}$，又因为

$$P(A|B)=\frac{P(AB)}{P(B)}=\frac{1}{2},$$

所以 $P(B)=\frac{1}{3}$. 故

$$\begin{aligned}P(X=0,Y=0)&=P(\overline{A}\,\overline{B})=P(\overline{A\cup B})=1-P(A\cup B)\\&=1-P(A)-P(B)+P(AB)=1-\frac{1}{3}-\frac{1}{3}+\frac{1}{6}=\frac{1}{2}.\end{aligned}$$

$$P(X=1,Y=0)=P(A\overline{B})=P(A)-P(AB)=\frac{1}{3}-\frac{1}{6}=\frac{1}{6}.$$

$$P(X=0,Y=1)=P(\overline{A}B)=P(B)-P(AB)=\frac{1}{3}-\frac{1}{6}=\frac{1}{6}.$$

$$P(X=1,Y=1)=P(AB)=\frac{1}{6}.$$

可见 (X,Y) 的联合分布列为

X \ Y	0	1
0	1/2	1/6
1	1/6	1/6

评注　本题借助基本的古典概型概率知识确定构造的新变量的概率分布.

【例 12】 设二维离散型随机变量 (X,Y) 的联合分布列为

X \ Y	0	1	2
0	1/8	1/16	1/16
1	1/6	1/12	1/12
2	1/24	1/48	1/48
3	1/6	1/12	1/12

求 (1) $P(X\leqslant 1)$；(2) $P(X=Y)$；(3) $P(X\geqslant Y)$.

【解析】 (1)
$$P(X\leqslant 1)=P(X=0,Y=0)+P(X=0,Y=1)+P(X=0,Y=2)+P(X=1,Y=0)+P(X=1,Y=1)+P(X=1,Y=2)$$
$$=\frac{1}{8}+\frac{1}{16}+\frac{1}{16}+\frac{1}{6}+\frac{1}{12}+\frac{1}{12}=\frac{7}{12};$$

(2)
$$P(X=Y)=P(X=0,Y=0)+P(X=1,Y=1)+P(X=2,Y=2)=\frac{1}{8}+\frac{1}{48}+\frac{1}{12}=\frac{11}{48};$$

(3)
$$P(X\geqslant Y)=P(X=0,Y=0)+P(X=1,Y=1)+P(X=2,Y=2)+P(X=1,Y=0)+P(X=2,Y=0)+P(X=2,Y=1)+P(X=3,Y=0)+P(X=3,Y=1)+P(X=3,Y=2)$$
$$=\frac{9}{24}.$$

【例 13】（1999 年考研题）设二维离散型随机变量 X 和 Y 是相互独立的，下表给出了 (X,Y) 的联合分布列及边缘分布律的若干数据，试将表中其余数据填入空白处.

X \ Y	y_1	y_2	y_3	$p_{i\cdot}$
x_1		1/8		
x_2	1/8			
$p_{\cdot j}$	1/6			

【解析】 因为 X 和 Y 相互独立，有

$$P(X=x_i,Y=y_j)=P(X=x_i)P(Y=y_j)=p_{ij}\quad (i=1,2;j=1,2,3).$$

由此得

$$\frac{1}{8}=p_{21}=P(X=x_2)P(Y=y_1)=P(X=x_2)\times\frac{1}{6},$$

$$P(X=x_2)=p_{2\cdot}=\frac{3}{4};$$

$$P(Y=y_1)=p_{11}+p_{21}, \quad p_{11}=\frac{1}{6}-\frac{1}{8}=\frac{1}{24};$$

$$\frac{1}{24}=p_{11}=P(X=x_1)P(Y=y_1)=\frac{1}{6}\times P(X=x_1);$$

$$p_{13}=\frac{1}{4}-p_{11}-p_{12}=\frac{1}{4}-\frac{1}{24}-\frac{1}{8}=\frac{1}{12};$$

$$p_{13}=P(X=x_1)P(Y=y_3), \quad P(Y=y_3)=p_{\cdot 3}=\frac{1}{3}; \quad P(X=x_1)=p_{1\cdot}=\frac{1}{4};$$

$$p_{23}=p_{\cdot 3}-p_{13}=\frac{1}{3}-\frac{1}{12}=\frac{1}{4}; \quad p_{22}=p_{2\cdot}-p_{21}-p_{23}=\frac{3}{4}-\frac{1}{8}-\frac{1}{4}=\frac{3}{8};$$

$$p_{\cdot 2}=p_{12}+p_{22}=\frac{1}{8}+\frac{3}{8}=\frac{1}{2}.$$

综上所述，(X,Y) 的联合分布列及边缘分布律为

X \ Y	y_1	y_2	y_3	$p_{i\cdot}$
x_1	1/24	1/8	1/12	1/4
x_2	1/8	3/8	1/4	3/4
$p_{\cdot j}$	1/6	1/2	1/3	1

评注　透彻理解并熟练运用联合分布列及边缘分布律的知识解决基本概率计算，经常是考察离散型变量的简捷有效形式.

3. 二维连续型随机变量的概率计算

【例 14】 设二维连续型随机变量 (X,Y) 的联合分布函数为

$$F(x,y)=A\left(B+\arctan\frac{x}{2}\right)\left(C+\arctan\frac{y}{3}\right), \quad x,y\in\mathbf{R}.$$

(1) 求系数 A,B,C；

(2) 求 (X,Y) 的联合概率密度；

(3) 求 X 和 Y 的边缘分布函数及边缘概率密度；

(4) 问 X 与 Y 是否相互独立？

【解析】 (1) 根据分布函数的性质，$F(+\infty,+\infty)=1$，$F(x,-\infty)=0$，$F(-\infty,y)=0$，于是有

$$\begin{cases} A\left(B+\frac{\pi}{2}\right)\left(C+\frac{\pi}{2}\right)=1, \\ A\left(B+\arctan\frac{x}{2}\right)\left(C-\frac{\pi}{2}\right)=0, \\ A\left(B-\frac{\pi}{2}\right)\left(C+\arctan\frac{y}{3}\right)=0, \end{cases}$$

可以解得　$A=\frac{1}{\pi^2}$，$B=\frac{\pi}{2}$，$C=\frac{\pi}{2}$.

(2) (X,Y) 的联合概率密度

$$f(x,y)=\frac{\partial^2 F(x,y)}{\partial x\partial y}=\frac{\partial^2}{\partial x\partial y}\left[\frac{1}{\pi^2}\left(\frac{\pi}{2}+\arctan\frac{x}{2}\right)\left(\frac{\pi}{2}+\arctan\frac{y}{3}\right)\right]=\frac{6}{\pi^2(4+x^2)(9+y^2)}.$$

(3) X 和 Y 的边缘分布函数

$$F_X(x)=F(x,+\infty)=\frac{1}{\pi^2}\left(\frac{\pi}{2}+\arctan\frac{x}{2}\right)\left(\frac{\pi}{2}+\frac{\pi}{2}\right)=\frac{1}{2}+\frac{1}{\pi}\arctan\frac{x}{2}, \quad -\infty<x<+\infty;$$

$$F_Y(y)=F(+\infty,y)=\frac{1}{\pi^2}\left(\frac{\pi}{2}+\frac{\pi}{2}\right)\left(\frac{\pi}{2}+\arctan\frac{y}{3}\right)=\frac{1}{2}+\frac{1}{\pi}\arctan\frac{y}{3},\ -\infty<y<+\infty.$$

边缘概率密度

$$f_X(x)=[F_X(x)]'=\frac{2}{\pi(4+x^2)},\ -\infty<x<+\infty;$$

$$f_Y(y)=[F_Y(y)]'=\frac{3}{\pi(9+y^2)},\ -\infty<y<+\infty.$$

(4) 由 (3) 可知 $f(x,y)=f_X(x)f_Y(y)$满足独立性的定义，因此 X 与 Y 相互独立.

评注 利用联合分布（概率密度）函数的性质是求解函数中参数的关键；(3) 中的边缘概率密度 $f_X(x)$，$f_Y(y)$ 也可用积分法得到

$$f_X(x)=\int_{-\infty}^{+\infty}f(x,y)\mathrm{d}y,\quad f_Y(y)=\int_{-\infty}^{+\infty}f(x,y)\mathrm{d}x.$$

【例 15】 设二维连续型随机变量 (X,Y) 的联合概率密度函数为

$$f(x,y)=\begin{cases}Ay(1-x), & 0\leqslant x\leqslant 1,0\leqslant y\leqslant x,\\ 0, & \text{其他},\end{cases}$$

(1) 确定常数 A；

(2) 分别就 $0\leqslant x<1,0\leqslant y\leqslant x$ 及 $x\geqslant 1,0\leqslant y<1$ 时，求 (X,Y) 的联合分布函数；

(3) 求 X 和 Y 的边缘概率密度；

(4) 问 X 与 Y 是否相互独立?

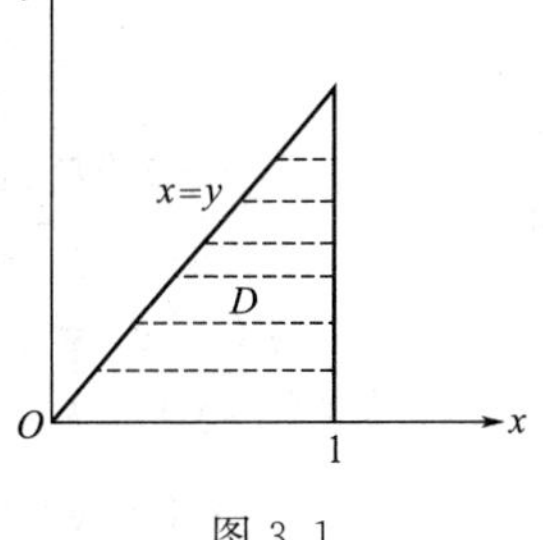

图 3.1

【解析】 满足 $0\leqslant x<1,0\leqslant y\leqslant x$ 的区域 D 如图 3.1 所示.

(1) 概率密度在整个区域 D 上的积分应为 1. 于是有

$$1=\iint\limits_D f(x,y)\mathrm{d}x\mathrm{d}y=\int_0^1\mathrm{d}x\int_0^x Ay(1-x)\mathrm{d}y=A\int_0^1\frac{x^2}{2}(1-x)\mathrm{d}x=\frac{A}{24},\ \text{得}\ A=24.$$

(2) 当 $0\leqslant x<1,0\leqslant y\leqslant x$ 时，有 $(x,y)\in D$，如图 3.2 所示，

$$F(x,y)=P(X\leqslant x,Y\leqslant y)=\int_0^y\mathrm{d}v\int_v^x 24v(1-u)\mathrm{d}u$$
$$=12\left(x-\frac{x^2}{2}\right)y^2-8y^3+3y^4.$$

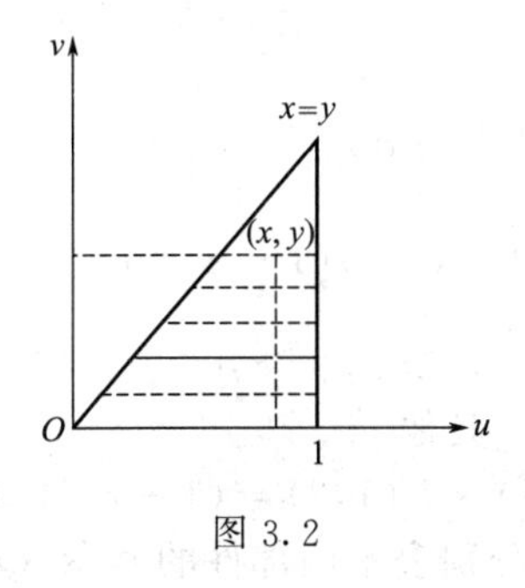

图 3.2

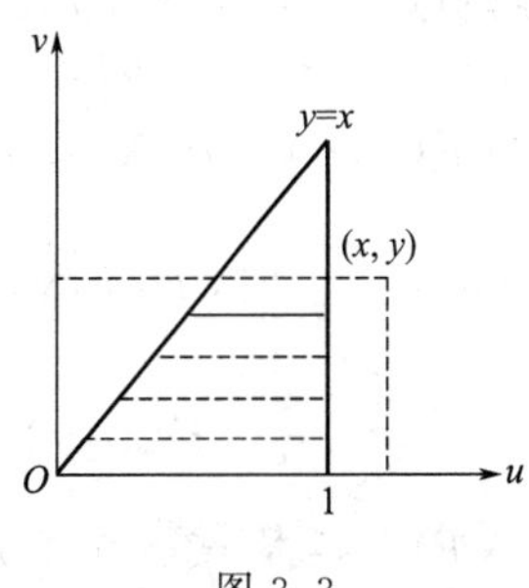

图 3.3

当 $x\geqslant 1,0\leqslant y<1$ 时，如图 3.3 所示.

$$F(x,y)=P(X\leqslant x,Y\leqslant y)=\int_0^y\mathrm{d}v\int_v^1 24v(1-u)\mathrm{d}u$$
$$=6y^2+8y^3+3y^4.$$

(3) $f_X(x)=\int_{-\infty}^{+\infty} f(x,y)\mathrm{d}y.=\begin{cases}\int_0^x 24y(1-x)\mathrm{d}y, & 0\leqslant x\leqslant 1,\\ 0, & \text{其他}.\end{cases}$

$$=\begin{cases}12x^2(1-x), & 0\leqslant x\leqslant 1,\\ 0, & \text{其他}.\end{cases}$$

$f_Y(y)=\int_{-\infty}^{+\infty} f(x,y)\mathrm{d}x=\begin{cases}\int_y^1 24y(1-x)\mathrm{d}x, & 0\leqslant y\leqslant 1,\\ 0, & \text{其他}\end{cases}$

$$=\begin{cases}12y(1-y)^2, & 0\leqslant y\leqslant 1,\\ 0, & \text{其他}.\end{cases}$$

(4) 由于 $f(x,y)\neq f_X(x)f_Y(y)$，因而变量 X 和 Y 不是相互独立的随机变量.

评注　要求结合分布函数中自变量的讨论范围，熟练计算二重积分和广义积分.

【例 16】 设变量 X 和 Y 是相互独立的随机变量，试证明它的两个定义式 $F(x,y)=F_X(x)F_Y(y)$ 与 $f(x,y)=f_X(x)f_Y(y)$ 等价.

【解析】 若 $F(x,y)=F_X(x)F_Y(y)$，则有

$$\frac{\partial^2 F(x,y)}{\partial x\partial y}=f(x,y),$$

且
$$\frac{\partial^2[F_X(x)F_Y(y)]}{\partial x\partial y}=f_X(x)\frac{\partial[F_Y(y)]}{\partial y}=f_X(x)f_Y(y),$$

于是
$$f(x,y)=f_X(x)f_Y(y).$$

反之，若 $f(x,y)=f_X(x)f_Y(y)$，则有

$$F(x,y)=\int_{-\infty}^{x}\int_{-\infty}^{y} f(u,v)\mathrm{d}u\mathrm{d}v=\int_{-\infty}^{x}\int_{-\infty}^{y} f_X(u)f_Y(v)\mathrm{d}u\mathrm{d}v$$

$$=\int_{-\infty}^{x} f_X(x)\mathrm{d}x\int_{-\infty}^{y} f_Y(y)\mathrm{d}y=F_X(x)F_Y(y).$$

评注　学会应用高等数学中利用积分和导数的关系原理，理解分布函数和概率密度的关系的证明.

【例 17】 设二维连续型随机变量 (X,Y) 的联合概率密度函数为

$$f(x,y)=\begin{cases}k\mathrm{e}^{-3x-4y} & x\geqslant 0,y\geqslant 0,\\ 0, & \text{其他},\end{cases}$$

(1) 确定常数 k；(2) 求 (X,Y) 的联合分布函数；(3) $P(0<X<1,0<Y<2)$.

【解析】 (1) $1=\iint\limits_D f(x,y)\mathrm{d}x\mathrm{d}y=\int_0^{+\infty}\mathrm{d}x\int_0^{+\infty} k\mathrm{e}^{-3x-4y}\mathrm{d}y=\dfrac{k}{12}$，$k=12$.

(2) $F(x,y)=P(X\leqslant x,Y\leqslant y)=\int_{-\infty}^{x}\int_{-\infty}^{y} 12\mathrm{e}^{-3u-4v}\mathrm{d}u\mathrm{d}v$.

当 $x\geqslant 0,y\geqslant 0$ 时，$F(x,y)=\int_0^x\int_0^y 12\mathrm{e}^{-3u-4v}\mathrm{d}u\mathrm{d}v=(1-\mathrm{e}^{-3x})(1-\mathrm{e}^{-4y})$.

所以
$$F(x,y)=\begin{cases}(1-\mathrm{e}^{-3x})(1-\mathrm{e}^{-4y}), & x\geqslant 0,y\geqslant 0\\ 0, & \text{其他}\end{cases}.$$

(3) $P(0<X<1,0<Y<2)=P(X<1,Y<2)=F(1,2)=(1-\mathrm{e}^{-3})(1-\mathrm{e}^{-8})$.

【例 18】 一电子仪器由两个部件构成，以 X 和 Y 分别表示两部件的寿命（单位：kh)，已知 X 和 Y 的联合分布函数为

$$F(x,y)=\begin{cases}1-\mathrm{e}^{-0.5x}-\mathrm{e}^{-0.5y}+\mathrm{e}^{-0.5(x+y)}, & x\geqslant 0,y\geqslant 0,\\ 0, & \text{其他}.\end{cases}$$

(1) 问 X 与 Y 是否相互独立？　(2) 求两个部件寿命都超过 100h 的概率.

【解析】 (1) $F_X(x)=F(x,+\infty)=\begin{cases}1-\mathrm{e}^{-0.5x}, & x\geqslant 0,\\ 0, & x<0;\end{cases}$

$$F_Y(y)=F(+\infty,y)=\begin{cases}1-\mathrm{e}^{-0.5y}, & y\geqslant 0,\\ 0, & y<0;\end{cases}$$

当 $x\geqslant 0, y\geqslant 0$ 时，

$F(x,y)=1-\mathrm{e}^{-0.5x}-\mathrm{e}^{-0.5y}+\mathrm{e}^{-0.5(x+y)}=(1-\mathrm{e}^{-0.5x})(1-\mathrm{e}^{-0.5y})=F_X(x)F_Y(y)$；

当 $x<0$，或 $y<0$ 时，

$$F(x,y)=0=0\times 0=F_X(x)F_Y(y).$$

所以对任意的 $x,y\in(-\infty,+\infty)$，$F(x,y)=F_X(x)F_Y(y)$，X 与 Y 相互独立.

(2) 两个部件寿命都超过100h的概率为 $P(X>0.1,Y>0.1)$. 因为 X 与 Y 相互独立，所以

$$\begin{aligned}P(X>0.1,Y>0.1)&=P(X>0.1)P(Y>0.1)\\&=[1-P(X\leqslant 0.1)][1-P(Y\leqslant 0.1)]\\&=[1-F_X(0.1)][1-F_Y(0.1)]=\mathrm{e}^{-0.1}.\end{aligned}$$

评注　注意根据分布函数或者概率密度不同的条件，来确定判断独立性的具体方法.

【例 19】 设二维随机变量 (X,Y) 具有如下联合概率密度函数为

(1) $f(x,y)=\begin{cases}\dfrac{2\mathrm{e}^{-y+1}}{x^3}, & x>1,y>1,\\ 0, & \text{其他};\end{cases}$　(2) $f(x,y)=\begin{cases}\dfrac{1}{\pi}\mathrm{e}^{-\frac{x^2+y^2}{2}}, & xy\leqslant 0,\\ 0, & \text{其他}.\end{cases}$

试分别求 X 和 Y 的边缘概率密度.

【解析】 根据公式 $f_X(x)=\int_{-\infty}^{+\infty}f(x,y)\mathrm{d}y$，$f_Y(x)=\int_{-\infty}^{+\infty}f(x,y)\mathrm{d}x$. 得

(1) 当 $x>1$ 时，$f_X(x)=\int_1^{+\infty}\dfrac{2\mathrm{e}^{-y+1}}{x^3}\mathrm{d}y=\dfrac{2}{x^3}$，于是 $f_X(x)=\begin{cases}\dfrac{2}{x^3}, & x>1,\\ 0, & \text{其他};\end{cases}$

当 $y>1$ 时，$f_Y(y)=\int_1^{+\infty}\dfrac{2\mathrm{e}^{-y+1}}{x^3}\mathrm{d}x=\mathrm{e}^{-y+1}$，于是 $f_Y(y)=\begin{cases}\mathrm{e}^{-y+1}, & y>1,\\ 0, & \text{其他}.\end{cases}$

(2) 当 $x>0$ 时，$f_X(x)=\int_{-\infty}^{0}\dfrac{1}{\pi}\mathrm{e}^{-\frac{x^2+y^2}{2}}\mathrm{d}y=\dfrac{1}{\sqrt{2\pi}}\mathrm{e}^{-\frac{x^2}{2}}$；

当 $x\leqslant 0$ 时，　$f_X(x)=\int_{0}^{+\infty}\dfrac{1}{\pi}\mathrm{e}^{-\frac{x^2+y^2}{2}}\mathrm{d}y=\dfrac{1}{\sqrt{2\pi}}\mathrm{e}^{-\frac{x^2}{2}}$.

于是
$$f_X(x)=\frac{1}{\sqrt{2\pi}}\mathrm{e}^{-\frac{x^2}{2}},\ x\in(-\infty,+\infty).$$

类似可得，
$$f_Y(y)=\frac{1}{\sqrt{2\pi}}\mathrm{e}^{-\frac{y^2}{2}},\ y\in(-\infty,+\infty).$$

【例 20】 设二维连续型随机变量 (X,Y) 的联合概率密度函数为

$$f(x,y)=\begin{cases}24y(1-x), & 0\leqslant x\leqslant 1, 0\leqslant y\leqslant x,\\ 0, & \text{其他}.\end{cases}$$

令 $Z=X+Y$，求 Z 的概率密度 $f_Z(z)$.

【解析】 $f_Z(z)=\int_{-\infty}^{+\infty}f(x,z-x)\mathrm{d}x$，要 $f(x,z-x)\neq 0$，

应有 $\begin{cases}0\leqslant x\leqslant 1,\\ 0\leqslant z-x\leqslant x,\end{cases}$ 即是 $\begin{cases}0\leqslant x\leqslant 1,\\ x\leqslant z\leqslant 2x,\end{cases}$ 如图 3.4 所示.

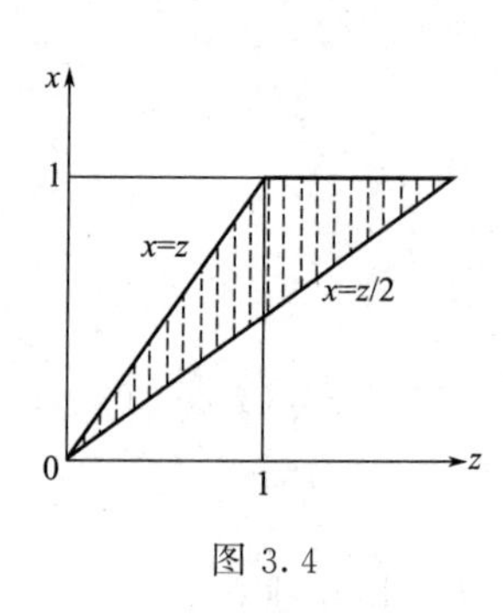

图 3.4

在求 $f_Z(z)=\int_{-\infty}^{+\infty}f(x,z-x)\mathrm{d}x$ 时，z 对积分而言，应视为常量.

当 $0<z<1$ 时，x 的积分区间为 $\frac{z}{2}$ 到 z，从而

$$f_Z(z)=\int_{\frac{z}{2}}^{z}24(z-x)(1-x)\mathrm{d}x=3z^2-2z^3;$$

当 $1\leqslant z\leqslant 2$ 时，x 的积分区间为 $\frac{z}{2}$ 到 1，从而

$$f_Z(z)=\int_{\frac{z}{2}}^{1}24(z-x)(1-x)\mathrm{d}x=2z^3-9z^2+12z-4.$$

综合可得

$$f_Z(z)=\begin{cases}3z^2-2z^3, & 0\leqslant z<1,\\ 2z^3-9z^2+12z-4, & 1\leqslant z\leqslant 2,\\ 0, & \text{其他}.\end{cases}$$

评注 应用卷积公式 $f_Z(z)=\int_{-\infty}^{+\infty}f(x,z-x)\mathrm{d}x$ 时，最好先求出被积式非零的区域并画出图形，据此讨论积分限.

【例 21】（2005 年考研题） 设二维随机变量 (X,Y) 的概率密度为

$$f(x,y)=\begin{cases}1, & 0<x<1,\quad 0<y<2x,\\ 0, & \text{其他}.\end{cases}$$

求 (1) (X,Y) 的边缘概率密度 $f_X(x)$，$f_Y(y)$；(2) $Z=2X-Y$ 的概率密度 $f_Z(z)$.

【解析】 先解出 $0<z<2$，类似于例 20，可得

$$f_X(x)=\begin{cases}\int_0^{2x}1\mathrm{d}y=2x, & 0<x<1,\\ 0, & \text{其他};\end{cases}\quad f_Y(y)=\begin{cases}\int_{y/2}^{1}1\mathrm{d}x=1-\frac{y}{2}, & 0<y<2,\\ 0, & \text{其他};\end{cases}$$

$$f_Z(z)=\begin{cases}1-\frac{z}{2}, & 0\leqslant z<2,\\ 0, & \text{其他}.\end{cases}$$

【例 22】 设 X 在 $[0,3]$，Y 在 $[2,4]$ 上服从均匀分布，且相互独立，求 (1) $M=\max\{X,Y\}$的概率密度；(2) $N=\min\{X,Y\}$的概率密度；(3) $Z=\frac{X}{Y}$的概率密度.

【解析】 若 X 在区间$[a,b]$上服从均匀分布，则其分布函数

$$F(x)=\begin{cases}0, & x<a,\\ \frac{x-a}{b-a}, & a\leqslant x\leqslant b,\\ 1, & x>b.\end{cases}$$

因此，由 X 在 $[0,3]$，Y 在 $[2,4]$ 上服从均匀分布，得

$$F_X(x)=\begin{cases}0, & x<0,\\ \frac{x}{3}, & 0\leqslant x\leqslant 3,\\ 1, & x>3;\end{cases}\quad F_Y(y)=\begin{cases}0, & y<2,\\ \frac{y-2}{2}, & 2\leqslant x\leqslant 4,\\ 1, & x>4.\end{cases}$$

(1) $M=\max\{X,Y\}$，X 和 Y 相互独立，则 $F_M(z)=F_X(z)F_Y(z)$.

当 $z<2$ 时，$F_M(z)=0$；

当 $2 \leqslant z \leqslant 3$ 时，$F_M(z)=F_X(z)F_Y(z)=\frac{z}{3}\times\frac{z-2}{2}=\frac{z^2-2z}{6}$；

当 $3 < z \leqslant 4$ 时，$F_M(z)=F_X(z)F_Y(z)=1\times\frac{z-2}{2}$；

当 $z > 4$ 时，$F_M(z)=1$.

因此

$$F_M(z)=\begin{cases}0, & z<2,\\ \frac{z^2-2z}{6}, & 2\leqslant z\leqslant 3,\\ \frac{z-2}{2}, & 3<z\leqslant 4,\\ 1, & z>4,\end{cases}\quad \text{求导得 } f_M(z)=\begin{cases}\frac{z-1}{3}, & 2\leqslant z\leqslant 3,\\ \frac{1}{2}, & 3<z\leqslant 4,\\ 0, & \text{其他}.\end{cases}$$

(2) $N=\min\{X,Y\}$，X 和 Y 是相互独立，则

$$F_N(z)=1-[1-F_X(z)][1-F_Y(z)].$$

当 $z<0$ 时，$F_N(z)=0$；

当 $0\leqslant z<2$ 时，$F_N(z)=1-[1-F_X(z)][1-F_Y(z)]=1-\left(1-\frac{z}{3}\right)(1-0)=\frac{z}{3}$；

当 $2\leqslant z\leqslant 3$ 时，$F_N(z)=1-\left(1-\frac{z}{3}\right)\left(1-\frac{z-2}{2}\right)=-\frac{z^2}{6}+\frac{7}{6}z-1$；

当 $3<z\leqslant 4$ 时，$F_N(z)=1-(1-1)\left(1-\frac{z-2}{2}\right)=1$；当 $z>4$ 时，$F_N(z)=1$.

因此

$$F_N(z)=\begin{cases}0, & z<0,\\ \frac{z}{3}, & 0\leqslant z<2,\\ -\frac{z^2}{6}+\frac{7}{6}z-1, & 2\leqslant z\leqslant 3,\\ 1, & z>3.\end{cases}\quad \text{求导得 } f_N(z)=\begin{cases}\frac{1}{3}, & 0\leqslant z<2,\\ -\frac{z}{3}+\frac{7}{6}, & 2\leqslant z\leqslant 3,\\ 0, & \text{其他}.\end{cases}$$

(3) 由题意知，$f_X(x)=\begin{cases}\frac{1}{3}, & 0\leqslant x\leqslant 3,\\ 0, & \text{其他};\end{cases}$ $f_Y(x)=\begin{cases}\frac{1}{2}, & 2\leqslant x\leqslant 4,\\ 0, & \text{其他}.\end{cases}$

$Z=\frac{X}{Y}$，X 和 Y 是相互独立时，

$$f_Z(z)=\int_{-\infty}^{+\infty}|y|f_X(yz)f_Y(y)\mathrm{d}y.$$

要被积函数函数不等于零，必须使得 $\begin{cases}0\leqslant yz\leqslant 3\\ 2\leqslant y\leqslant 4\end{cases}$，即 $\begin{cases}0\leqslant z\leqslant \frac{3}{y}\\ 2\leqslant y\leqslant 4\end{cases}$，如图 3.5 所示.

当 $0\leqslant z<\frac{3}{4}$ 时，$f_Z(z)=\int_2^4\frac{y}{6}\mathrm{d}y=1$；

当 $\frac{3}{4}\leqslant z\leqslant\frac{3}{2}$ 时，$f_Z(z)=\int_2^{\frac{3}{z}}\frac{y}{6}\mathrm{d}y=\frac{3}{4z^2}-\frac{1}{3}$.

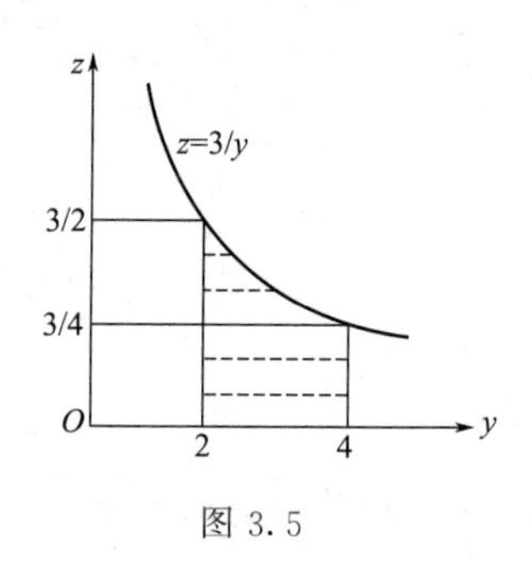

图 3.5

综上得

$$f_Z(z)=\begin{cases}1, & 0\leqslant z<\dfrac{3}{4},\\ \dfrac{3}{4z^2}-\dfrac{1}{3}, & \dfrac{3}{4}\leqslant z\leqslant\dfrac{3}{2},\\ 0, & 其他.\end{cases}$$

评注　一般来说，两个随机变量和的分布比较难求，但是，对于其和、最大、最小、商的随机变量的基本公式应熟练掌握.

三、强化练习题

☆ A 题 ☆

1. 填空题

（1）设二维随机变量 (ξ,η) 的联合概率分布为

ξ \ η	0	1	2
0	0.1	0.2	0
1	0.3	0.1	0.1
2	0.1	0	0.1

则 $P\{\xi\eta=0\}=$________.

（2）设二维随机变量 (ξ,η) 的概率密度为

$$\varphi(x,y)=\begin{cases}e^{-y}, & 0<x<y,\\ 0, & 其他,\end{cases}$$

而 η 的边缘密度为 $\varphi_\eta(y)$，则 $\varphi_\eta(2)=$________.

（3）设二维随机变量 (ξ,η) 的概率密度为

$$\varphi(x,y)=\begin{cases}1, & 0<x<1,0<y<1,\\ 0, & 其他,\end{cases}$$

则概率 $P\{\xi<0.5,\eta<0.6\}=$________.

（4）设二维随机变量 (ξ,η) 的概率密度为

$$\varphi(x,y)=\begin{cases}4xy, & 0<x<1,0<y<1,\\ 0, & 其他,\end{cases}$$

则 $P\left\{0<\xi<\frac{1}{2},\frac{1}{4}<\eta<1\right\}=$________，$P\{\xi=\eta\}=$________，$P\{\xi<\eta\}=$________.

（5）设随机变量 ξ 与 η 相互独立，其概率分布为

ξ	-1	1
P	2/5	a

η	-1	1
P	b	2/3

则 $a=$________，$b=$________，$P\{\xi=\eta\}=$________.

（6）已知随机变量 ξ,η 的联合概率分布为

ξ \ η	0	1	2
-1	1/5	t	1/5
1	s	1/5	3/10

则当 $s=$________，$t=$________时，ξ,η 相互独立.

(7) 设相互独立的随机变量 ξ,η 的联合概率分布为

ξ \ η	y_1	y_2	y_3	$P\{\xi=x_i\}$
x_1	p_1	1/8	p_2	p_5
x_2	1/8	p_3	p_4	p_6
$P\{\eta=y_j\}$	1/6	p_7	p_8	

则 $p_1=$________，$p_2=$________，$p_3=$________，$p_4=$________，$p_5=$________，$p_6=$________，$p_7=$________，$p_8=$________.

(8) 若 ξ,η 相互独立，已知 $\xi\sim U(0,2)$，$\eta\sim N(1,1)$，则(ξ,η)的联合概率密度 $\varphi(x,y)=$________.

(9) 设相互独立的两个随机变量 ξ,η 具有同一概率分布，且 ξ 的概率分布为

ξ	0	1
P	0.5	0.5

则 $\zeta=\max\{\xi,\eta\}$ 的概率分布为________.

(10) 设 ξ_1,ξ_2 相互独立，均服从 0—1 分布，且 $P\{\xi_1=1\}=P\{\xi_2=1\}=0.6$，则 $\eta=\min\{\xi_1,\xi_2\}$ 的概率分布为________.

(11) 设相互独立的两个随机变量 ξ 与 η 具有相同的分布，且 ξ 的概率分布为

ξ	-1	1	2
P	0.2	0.2	0.6

则随机变量 $\zeta=\max\{\xi^2,\eta^2\}$ 的概率分布为________.

2. 选择题

(1) 设 ξ,η 为随机变量，则事件 $\{\xi\leqslant 1,\eta\leqslant 1\}$ 的逆事件为（　　）.

(A) $\{\xi>1,\eta>1\}$　　(B) $\{\xi>1,\eta\leqslant 1\}$

(C) $\{\xi\leqslant 1,\eta>1\}$　　(D) $\{\xi>1\}\cup\{\eta>1\}$

(2) $p_{ij}=P\{\xi=x_i,\eta=y_j\}(i,j=1,2,\cdots)$ 是离散型二维随机变量 (ξ,η) 的（　　）.

(A) 联合概率分布　　(B) 联合分布函数

(C) 概率密度　　(D) 边缘概率分布

(3) 设随机变量 (ξ,η) 的分布函数为 $F(x,y)$，其边缘分布函数 $F_\xi(x)$ 是（　　）.

(A) $\lim\limits_{y\to-\infty}F(x,y)$　　(B) $\lim\limits_{y\to+\infty}F(x,y)$　　(C) $F(x,0)$　　(D) $F(0,x)$

(4) 设随机变量 (ξ,η) 的分布函数为 $F(x,y)=A\left(\arctan\frac{x}{2}+B\right)\left(\arctan\frac{y}{3}+\frac{\pi}{2}\right)$，则 A,B 的值分别为（　　）.

(A) $\frac{1}{\pi},\frac{\pi}{2}$　　(B) $\frac{1}{\pi^2},\frac{2}{\pi}$　　(C) $\frac{1}{\pi},\frac{\pi}{4}$　　(D) $\frac{1}{\pi^2},\frac{\pi}{2}$

(5) 设随机变量 ξ 与 η 相互独立，服从相同的 0—1 分布

ξ	0	1
P	0.4	0.6

η	0	1
P	0.4	0.6

则下列结论正确的是（　　）.

(A) $P\{\xi=\eta\}=0$　　(B) $P\{\xi=\eta\}=0.5$

(C) $P\{\xi=\eta\}=0.52$　　(D) $P\{\xi=\eta\}=1$

(6) 设二维随机变量 (ξ,η) 的联合概率分布为

ξ \ η	0	2
0	1/3	a
2	b	1/6

已知事件 $\{\xi=0\}$ 与事件 $\{\xi+\eta=2\}$ 相互独立，则 a,b 的值分别为（　　）.

(A) $a=\dfrac{1}{6},\ b=\dfrac{1}{3}$　　(B) $a=\dfrac{1}{2},\ b=\dfrac{1}{2}$

(C) $a=\dfrac{1}{3},\ b=\dfrac{1}{6}$　　(D) $a=\dfrac{1}{4},\ b=\dfrac{1}{4}$

(7) 随机变量 ξ 与 η 服从相同的分布，则（　　）.

(A) 必有 $\xi=\eta$

(B) 对每个实数 a，$P\{\xi\leqslant a\}=P\{\eta\leqslant a\}$

(C) 事件 $\{\xi\leqslant a\}$ 与事件 $\{\eta\leqslant a\}$ 不相互独立

(D) 只对某些实数 a，事件 $\{\xi\leqslant a\}$ 与事件 $\{\eta\leqslant a\}$ 相互独立

(8) 设 $\xi\sim N(1,3)$，$\eta\sim N(1,3)$，且 ξ 与 η 相互独立，则 $\xi+\eta\sim$（　　）.

(A) $N(2,8)$　　(B) $N(2,6)$　　(C) $N(1,18)$　　(D) $N(2,18)$

(9) 设 ξ 与 η 是相互独立的随机变量，且 $\xi\sim N(0,1)$，$\eta\sim N(1,1)$，则（　　）.

(A) $P\{\xi+\eta\leqslant 0\}=P\{\xi-\eta\leqslant 0\}$　　(B) $P\{\xi+\eta\leqslant 1\}=P\{\xi-\eta\leqslant 1\}$

(C) $P\{\xi+\eta\leqslant 0\}=P\{\xi-\eta\leqslant 1\}$　　(D) $P\{\xi+\eta\leqslant 1\}=P\{\xi-\eta\leqslant -1\}$

(10) 设随机变量 ξ 与 η 相互独立，且均服从标准正态分布 $N(0,1)$，则下列正确的是（　　）.

(A) $P\{\xi+\eta\geqslant 0\}=\dfrac{1}{4}$　　(B) $P\{\xi-\eta\geqslant 0\}=\dfrac{1}{4}$

(C) $P\{\max(\xi,\eta)\geqslant 0\}=\dfrac{1}{4}$　　(D) $P\{\min(\xi,\eta)\geqslant 0\}=\dfrac{1}{4}$

(11) 已知随机变量 ξ 和 η 相互独立，其分布函数分别为 $F_\xi(x)$ 与 $F_\eta(y)$，则随机变量 $\zeta=\max(\xi,\eta)$ 的分布函数 $F_\zeta(z)$ 等于（　　）.

(A) $\max\{F_\xi(z),F_\eta(z)\}$　　(B) $F_\xi(z)F_\eta(z)$

(C) $\dfrac{1}{2}[F_\xi(z)+F_\eta(z)]$　　(D) $F_\xi(z)+F_\eta(z)-F_\xi(z)F_\eta(z)$

3. 计算题

(1) 在一个箱子中装有 12 只开关，其中 2 只是次品，在其中取两次，每次任取一只，考虑两种试验：① 放回抽样；② 不放回抽样. 定义随机变量 X,Y 如下.

$$X=\begin{cases}0, & \text{第一次取出的是正品,}\\ 1, & \text{第一次取出的是次品;}\end{cases}\qquad Y=\begin{cases}0, & \text{第二次取出的是正品,}\\ 1, & \text{第二次取出的是次品.}\end{cases}$$

试分别就①,② 两种情况，写出 (X,Y) 的联合分布列.

(2) 试就第 (1) 题的条件写出 (X,Y) 的边缘分布律，并判断 X 与 Y 是否相互独立.

(3) 袋中有 2 只白球，3 只黑球，现进行有放回及无放回二次摸球. 定义随机变量如下

$$\xi=\begin{cases}1, & \text{第一次摸到白球}, \\ 0, & \text{第一次摸到黑球};\end{cases} \quad \eta=\begin{cases}1, & \text{第二次摸到白球}, \\ 0, & \text{第二次摸到黑球}.\end{cases}$$

求 (ξ,η) 的分布列.

(4) 设二维连续型随机变量 (X,Y) 的联合概率密度为

$$f(x,y)=\begin{cases}4.8y(2-x), & 0\leqslant x\leqslant 1, 0\leqslant y\leqslant x, \\ 0, & \text{其他},\end{cases}$$

求 X 和 Y 的边缘概率密度.

(5) 设二维连续型随机变量 (X,Y) 的概率密度为

$$f(x,y)=\begin{cases}e^{-y}, & 0<x<y \\ 0, & \text{其他}\end{cases},$$

求 X 和 Y 的边缘概率密度.

(6) 设二维连续型随机变量 (X,Y) 的联合概率密度函数为

$$f(x,y)=\begin{cases}cx^2y, & x^2\leqslant y\leqslant 1, \\ 0, & \text{其他},\end{cases}$$

① 确定常数 c ；　　② 求 X 和 Y 的边缘概率密度.

(7) 某种商品一周的需要量是一个随机变量，其概率密度为

$$f(t)=\begin{cases}te^{-t}, & t>0, \\ 0, & t\leqslant 0.\end{cases}$$

设各周的需要量是相互独立的，试求：① 两周的需求量的概率密度；② 三周的需要量的概率密度.

(8) 设二维随机变量 (X,Y) 的概率密度函数为

$$f(x,y)=\begin{cases}\dfrac{1}{2}(x+y)e^{-(x+y)}, & x>0, y>0, \\ 0, & \text{其他}.\end{cases}$$

① 问 X 与 Y 是否相互独立？　　② 求随机变量 $Z=X+Y$ 概率密度.

(9) (2006 年考研题) 设二维随机变量 (X, Y) 的概率分布为

X \ Y	-1	0	1
-1	a	0	0.2
0	0.1	b	0.2
1	0	0.1	c

其中 a,b,c 为常数，且 X 的数学期望 $EX=-0.2$，$P\{x\leqslant 0, y\leqslant 0\}=0.5$，记 $Z=X+Y$. 求① a,b,c 的值；② $P\{X=Z\}$.

(10) 设二维随机变量 (X,Y) 的概率密度为

$$f(x,y)=\begin{cases}2-x-y, & 0<x<1, 0<y<1, \\ 0, & \text{其他}.\end{cases}$$

① 求 $P\{X>2Y\}$ ；　② 求 $Z=X+Y$ 的概率密度 $f_Z(z)$.

☆ B 题 ☆

1. 填空题

(1)(1995 年考研题)设 X 和 Y 为两个随机变量，$P\{X\geqslant 0,Y\geqslant 0\}=\frac{3}{7}$，$P\{X\geqslant 0\}=P\{Y\geqslant 0\}=\frac{4}{7}$，则 $P\{\max(X,Y)\geqslant 0\}=$________.

(2)(1998 年考研题)设平面区域 D 由曲线 $y=\frac{1}{x}$ 及直线 $y=0$，$x=1$，$x=\mathrm{e}^2$ 所围成，二维随机变量(X,Y)在区域 D 上服从均匀分布，则(X,Y)关于 X 的边缘概率密度在 $x=2$ 处的值为________.

(3)(2005 年考研题)从数 1,2,3,4 中任取一个数，记为 X，再从 $1,\cdots,X$ 中任取一个数，记为 Y，则 $P\{Y=2\}=$________.

(4)(2006 年考研题)设随机变量 X 与 Y 相互独立，且均服从区间 $[0,3]$ 上的均匀分布，则 $P\{\max\{X,Y\}\leqslant 1\}=$________.

(5)(2005 年考研题)设二维随机变量 (X,Y) 的概率分布为

X \ Y	0	1
0	0.4	a
1	b	0.1

若随机事件 $\{X=0\}$ 与 $\{X+Y=1\}$ 互相独立，则 $a=$________，$b=$________.

2. 选择题

(1)(1997 年考研题)设两个随机变量 X 与 Y 相互独立且同分布，$P(X=-1)=P(Y=-1)=\frac{1}{2}$，$P(X=1)=P(Y=1)=\frac{1}{2}$，则下列各式成立的是(　　).

(A) $P(X=Y)=\frac{1}{2}$　　(B) $P(X=Y)=1$

(C) $P(X+Y=0)=\frac{1}{4}$　　(D) $P(XY=1)=\frac{1}{4}$

(2)(1998 年考研题)设 $F_1(x)$与 $F_2(x)$分别为随机变量 X_1 与 X_2 的分布函数. 为使 $F(x)=a_1F_1(x)-bF_2(x)$ 是某一随机变量的分布函数，在下列给定的各组数值中应取(　　).

(A) $a=\frac{3}{5}$，$b=-\frac{2}{5}$　　(B) $a=\frac{2}{3}$，$b=\frac{2}{3}$

(C) $a=\frac{1}{2}$，$b=\frac{3}{2}$　　(D) $a=\frac{1}{2}$，$b=-\frac{3}{2}$

(3)(1999 年考研题)设随机变量 $X_i\sim\begin{pmatrix}-1 & 0 & 1\\ 1/4 & 1/2 & 1/4\end{pmatrix}(i=1,2)$，且满足 $P\{X_1X_2=0\}=1$，则 $P\{X_1=X_2\}$ 等于(　　).

(A) 0　　(B) $\frac{1}{4}$　　(C) $\frac{1}{2}$　　(D) 1

(4)(2002 年考研题)设 X_1 和 X_2 是任意两个相互独立的连续型随机变量，它们的概率密度分别为 $f_1(x)$ 和 $f_2(x)$，分布函数分别为 $F_1(x)$ 和 $F_2(x)$，则(　　).

(A) $f_1(x)+f_2(x)$ 必为某一随机变量的概率密度

(B) $F_1(x)F_2(x)$ 必为某一随机变量的分布函数

(C) $F_1(x)+F_2(x)$ 必为某一随机变量的分布函数

(D) $f_1(x)f_2(x)$ 必为某一随机变量的概率密度

(5)(1999年考研题)设两个相互独立的随机变量 X 和 Y 分别服从正态分布 $N(0,1)$ 和 $N(1,1)$，则

(A) $P\{X+Y\leqslant 0\}=\frac{1}{2}$　　　(B) $P\{X+Y\leqslant 1\}=\frac{1}{2}$

(C) $P\{X-Y\leqslant 0\}=\frac{1}{2}$　　　(D) $P\{X-Y\leqslant 1\}=\frac{1}{2}$

3. 计算题

(1) 将一枚硬币抛掷3次，以 X 表示在3次中出现正面的次数，以 Y 表示在3次中出现正面、反面次数之差的绝对值，试写出①(X,Y) 的联合分布律；②(X,Y) 的边缘分布律.

(2) 设二维随机变量 (ξ,η) 的联合分布列为

η \ ξ	1	2	3	$P_{\cdot j}$
1	$\frac{1}{8}$	a	$\frac{1}{24}$	
2	b	$\frac{1}{4}$	$\frac{1}{8}$	$\frac{3}{8}+b$
$P_{i\cdot}$		$\frac{1}{4}+a$		

① 求 a,b 应满足的条件；

② 若 ξ 与 η 相互独立，求 a,b 的值.

(3) 设二维随机变量 (X,Y) 的联合密度函数为

$$f(x,y)=\begin{cases}Axy^2, & 0<x<2,0<y<1,\\ 0, & \text{其他}.\end{cases}$$

求① 参数 A；　　② X 和 Y 的边缘分布并判断 X 和 Y 是否相互独立；

③ $P\{X\geqslant 1,Y\leqslant 0.5\}$.

(4) 设随机变量 X 和 Y 相互独立，X 在区间 $[0,1]$ 上服从均匀分布，Y 的概率密度为

$$f_Y(y)=\begin{cases}\frac{1}{2}\mathrm{e}^{-y/2}, & y>0,\\ 0, & y\leqslant 0.\end{cases}$$

① 求 (X,Y) 的联合概率密度函数；

② 设含有 a 的二次方程为 $a^2+2Xa+Y=0$，试求方程有实根的概率.

(5) 已知二维随机变量 (ξ,η) 具有密度函数

$$P(x,y)=\begin{cases}c\mathrm{e}^{-2(x+y)}, & 0<x<\infty,0<y<\infty,\\ 0, & \text{其他}.\end{cases}$$

试求：① 常数 c，$F(x,y)$ 及 $F_\xi(x),F_\eta(y),f_\xi(x),f_\eta(y)$；

② $P\{(\xi,\eta)\in D\}$，其中 D 由 $x=0,y=0$ 及 $x+y\leqslant 1$ 围成.

(6) 二维随机变量 (X,Y) 在由 $y=x^2-1$ 和 $y=-x^2+1$ 围成的区域 G 内服从均匀分布. 求① $f(x,y)$；② $f_X(x)$ 和 $f_Y(y)$；③ 判别 X，Y 是否相互独立.

(7) 设随机变量 X 和 Y 相互独立，其概率密度分别为

$$f_X(x)=\begin{cases}1, & 0\leqslant x\leqslant 1,\\ 0, & \text{其他};\end{cases}\quad f_Y(y)=\begin{cases}e^{-y}, & y>0,\\ 0, & y\leqslant 0.\end{cases}$$

求随机变量 $Z=X+Y$ 概率密度.

(8) 设二维随机变量 (X,Y) 的概率密度函数为

$$f(x,y)=\begin{cases}be^{-(x+y)}, & 0<x<1,y>0,\\ 0, & \text{其他}.\end{cases}$$

求① 常数 b；② X 和 Y 的边缘概率密度；③ $M=\max\{X,Y\}$ 的分布函数.

(9) 火箭返回地球的时候，落入一半径为 R 的圆形区域内，落入该区域任何地点都是等可能的，设该圆形区域的中心为坐标圆点，目标出现点 (x,y) 在屏幕上按均匀分布，求① X 和 Y 的联合分布密度函数；② X 与 Y 的边际分布密度函数；③ X 与 Y 是否相互独立.

(10)(2006 年考研题) 随机变量 X 的概率密度为

$$f_X(x)=\begin{cases}\frac{1}{2}, & -1<x<0,\\ \frac{1}{4}, & 0\leqslant x<2,\text{令 } Y=X^2,\\ 0, & \text{其他}.\end{cases}$$

$F(x,y)$ 为二维随机变量 (X, Y) 的分布函数. 求① Y 的概率密度 $f_Y(y)$；② $F\left(-\frac{1}{2},4\right)$.

四、强化练习题参考答案

☆A 题☆

1.(1) 0.7；　(2) $2e^{-2}$；　(3) 0.3；　(4) $\frac{15}{64}$，0，$\frac{1}{2}$；

(5) $\frac{3}{5}$，$\frac{1}{3}$，$\frac{2}{5}b+\frac{2}{3}a=\frac{8}{15}$；　(6) $\frac{1}{10}$，$\frac{2}{15}$；　(7) $\frac{1}{24}$，$\frac{1}{12}$，$\frac{3}{8}$，$\frac{1}{4}$，$\frac{1}{4}$，$\frac{3}{4}$，$\frac{1}{2}$，$\frac{1}{3}$；

(8) $\varphi(x,y)=\begin{cases}\frac{1}{2\sqrt{2\pi}}e^{-\frac{(y-1)^2}{2}}, & 0\leqslant x\leqslant 2,-\infty<y<+\infty,\\ 0 & \text{其他};\end{cases}$

(9)

ζ	0	1
p	0.25	0.75

；

(10) $P\{\eta=1\}=0.36,P\{\eta=0\}=0.64$；

(11)

ζ	1	4；
p	0.16	0.84

2.(1) D；　(2) A；　(3) B；　(4) D；　(5) C；　(6) C；　(7) B；　(8) D；　(9) D；　(10) D；　(11) B

3.(1) ① 放回抽样时，(X,Y) 的联合分布列为

X \ Y	0	1
0	25/36	5/36
1	5/36	1/36

②不放回抽样时，(X,Y) 的联合分布列为

X \ Y	0	1
0	45/66	10/66
1	10/66	1/66

（2）根据第（1）题的结论，容易得到

① 放回抽样时，X,Y 的边缘分布律分别为

X	0	1
p_i	5/6	1/6

Y	0	1
p_j	5/6	1/6

由于 $P(X=x_i,\ Y=y_j)=P(X=x_i)\times P(Y=y_j)$，因此 X 与 Y 相互独立.

② 不放回抽样时，X,Y 的边缘分布律分别为

X	0	1
p_i	5/6	1/6

Y	0	1
p_j	5/6	1/6

由于 $P(X=0,Y=0)=45/66\neq P(X=0)\times P(Y=0)=25/36$，因此 X 与 Y 不是相互独立的.

（3）有放回情形

η \ ξ	0	1	$p_{\cdot j}$
0	$\frac{3}{5}\times\frac{3}{5}$	$\frac{2}{5}\times\frac{3}{5}$	$\frac{3}{5}$
1	$\frac{3}{5}\times\frac{2}{5}$	$\frac{2}{5}\times\frac{2}{5}$	$\frac{2}{5}$
$p_{i\cdot}$	$\frac{3}{5}$	$\frac{2}{5}$	

无放回情形

η \ ξ	0	1	$p_{\cdot j}$
0	$\frac{2}{4}\times\frac{3}{5}$	$\frac{2}{5}\times\frac{2}{4}$	$\frac{3}{5}$
1	$\frac{2}{4}\times\frac{3}{5}$	$\frac{2}{5}\times\frac{1}{4}$	$\frac{2}{5}$
$p_{i\cdot}$	$\frac{3}{5}$	$\frac{2}{5}$	

（4）满足 $0\leqslant x\leqslant 1$，$0\leqslant y\leqslant x$ 的区域如图 3.1 所示.

$$f_X(x)=\int_{-\infty}^{+\infty}f(x,y)\mathrm{d}y=\begin{cases}\int_0^x 4.8y(2-x)\mathrm{d}y, & 0\leqslant x\leqslant 1,\\ 0, & \text{其他}\end{cases}=\begin{cases}2.4x^2(2-x), & 0\leqslant x\leqslant 1;\\ 0, & \text{其他};\end{cases}$$

$$f_Y(y)=\int_{-\infty}^{+\infty}f(x,y)\mathrm{d}x=\begin{cases}\int_y^1 4.8y(2-x)\mathrm{d}x, & 0\leqslant y\leqslant 1,\\ 0, & \text{其他}\end{cases}=\begin{cases}2.4y(3-4y+y^2), & 0\leqslant y\leqslant 1,\\ 0, & \text{其他}.\end{cases}$$

（5）$0<x<y$ 的区域如图 3.6 所示.

$$f_X(x)=\int_{-\infty}^{+\infty}f(x,y)\mathrm{d}y=\begin{cases}\int_x^{+\infty}\mathrm{e}^{-y}\mathrm{d}y, & 0<x,\\ 0, & x\leqslant 0\end{cases}=\begin{cases}\mathrm{e}^{-x}, & x>0,\\ 0, & x\leqslant 0;\end{cases}$$

$$f_Y(y)=\int_{-\infty}^{+\infty}f(x,y)\mathrm{d}x=\begin{cases}\int_0^y \mathrm{e}^{-y}\mathrm{d}x, & y>0\\ 0, & y\leqslant 0\end{cases}=\begin{cases}y\mathrm{e}^{-y}, & y>0,\\ 0, & y\leqslant 0.\end{cases}$$

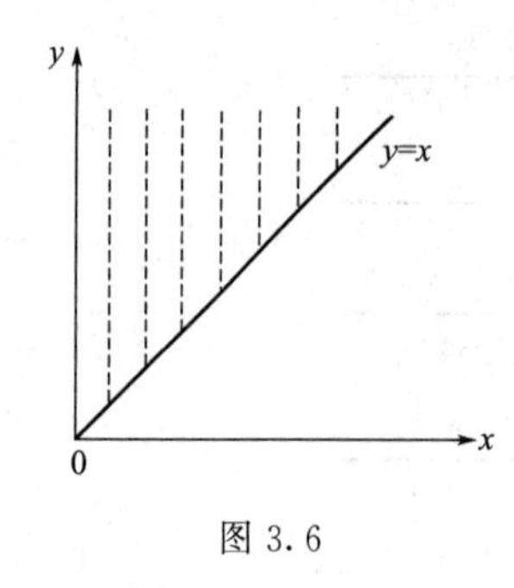

图 3.6

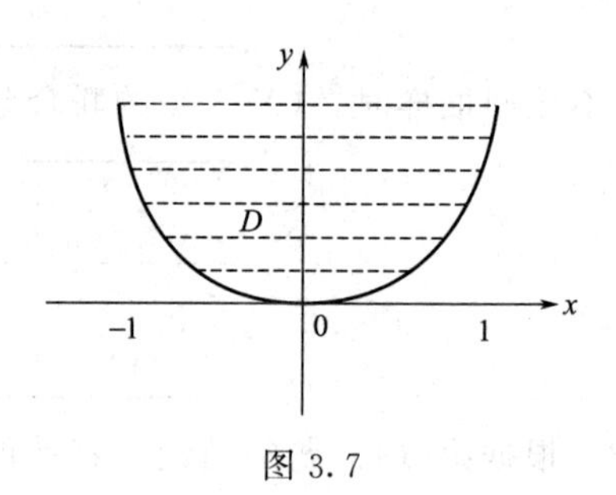

图 3.7

(6) 满足 $x^2\leqslant y\leqslant 1$ 的区域 D 如图 3.7 所示.

① 概率密度在整个区域 D 上的积分应为 1.

于是有 $1=\iint\limits_D f(x,y)\mathrm{d}x\mathrm{d}y=\int_{-1}^{1}\mathrm{d}x\int_{x^2}^{1}cx^2y\mathrm{d}y$，得 $c=\dfrac{21}{4}$.

② $f_X(x)=\begin{cases}\int_{x^2}^{1}\dfrac{21}{4}x^2y\mathrm{d}y, & -1\leqslant x\leqslant 1,\\ 0, & 其他\end{cases}=\begin{cases}\dfrac{21}{4}x^2(1-x^4), & -1\leqslant x\leqslant 1,\\ 0, & 其他;\end{cases}$

$$f_Y(y)=\begin{cases}\int_{-\sqrt{y}}^{\sqrt{y}}\dfrac{21}{4}x^2y\mathrm{d}x, & 0\leqslant y\leqslant 1,\\ 0, & 其他\end{cases}=\begin{cases}\dfrac{7}{2}y^{\frac{5}{2}}, & 0\leqslant y\leqslant 1,\\ 0, & 其他.\end{cases}$$

(7) ①设第一、二周的需要量分别为 X，Y. 则

$$f_X(x)=\begin{cases}x\mathrm{e}^{-x}, & x>0,\\ 0, & x\leqslant 0;\end{cases}\quad f_Y(y)=\begin{cases}y\mathrm{e}^{-y}, & y>0,\\ 0, & y\leqslant 0.\end{cases}$$

若 X,Y 相互独立，则两周的需要量 $Z=X+Y$ 的概率密度为

$$f_Z(z)=\int_{-\infty}^{+\infty}f_X(x)f_Y(z-x)\mathrm{d}x,$$

要使被积函数非零，应满足 $\begin{cases}x>0,\\ z-x>0,\end{cases}$ 区域如图 3.8 所示.

当 $z>0$ 时

$$f_Z(z)=\int_0^z x\mathrm{e}^{-x}(z-x)\mathrm{e}^{-(z-x)}\mathrm{d}x=\frac{z^3\mathrm{e}^{-z}}{6};$$

$$f_Z(z)=\begin{cases}\dfrac{z^3\mathrm{e}^{-z}}{6}, & z>0,\\ 0, & z\leqslant 0.\end{cases}$$

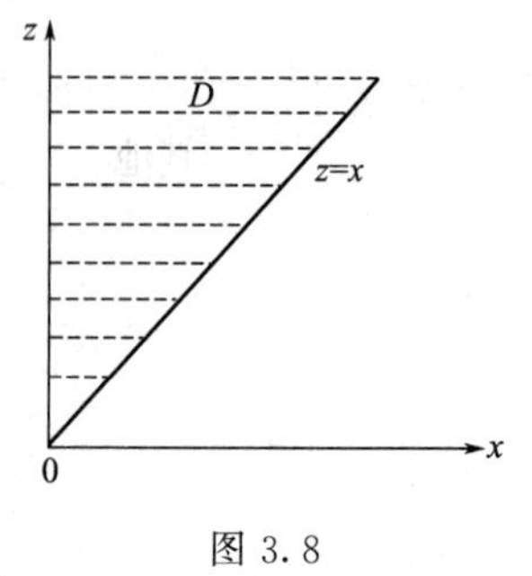

图 3.8

② 设第三周的需要量为 W，则三周的需要量 $M=Z+W$. Z，W 相互独立.

$f_M(m)=\int_{-\infty}^{+\infty}f_Z(z)f_W(m-z)\mathrm{d}z$，应满足 $\begin{cases}z>0,\\ m-z>0.\end{cases}$

当 $m>0$ 时，$f_M(m)=\int_0^m\dfrac{z^3\mathrm{e}^{-z}}{6}(m-z)\mathrm{e}^{-(m-z)}\mathrm{d}z=\dfrac{\mathrm{e}^{-m}m^5}{120}$.

于是 $f_M(m)=\begin{cases}\dfrac{e^{-m}m^5}{120}, & m>0,\\ 0, & m\leqslant 0.\end{cases}$

(8) ① 当 $x>0$ 时，$f_X(x)=\int_{-\infty}^{+\infty}f(x,y)\mathrm{d}y=\int_0^{+\infty}\dfrac{1}{2}(x+y)e^{-(x+y)}\mathrm{d}y=\dfrac{1}{2}e^{-x}(x+1)$；

当 $x\leqslant 0$ 时，$f_X(x)=0$.

当 $y>0$ 时，$f_Y(y)=\dfrac{1}{2}e^{-y}(y+1)$；当 $y\leqslant 0$ 时，$f_Y(y)=0$.

X 与 Y 不是相互独立的.

② 要使 $f(x,z-x)\neq 0$，应有 $\begin{cases}x>0,\\ z-x>0,\end{cases}$ 区域如图 3.8 所示.

当 $z>0$ 时，$f_Z(z)=\int_0^z f(x,z-x)\mathrm{d}x=\int_0^z\dfrac{1}{2}(x+z-x)e^{-(x+z-x)}\mathrm{d}x=\dfrac{1}{2}z^2e^{-z}$；

当 $z\leqslant 0$ 时，$f_Z(z)=0$. 因此 $Z=X+Y$ 的概率密度为 $f_Z(z)=\begin{cases}\dfrac{1}{2}z^2e^{-z}, & z>0,\\ 0, & z\leqslant 0.\end{cases}$

(9) ① $a=0.2$，$b=0.1$，$c=0.1$；② $P\{X=Z\}=0.2$.

(10) ① $P\{X>2Y\}=\iint\limits_{x>2y}f(x,y)\mathrm{d}x\mathrm{d}y=\int_0^{\frac{1}{2}}\mathrm{d}y\int_{2y}^1(2-x-y)\mathrm{d}x=\dfrac{7}{24}$.

② 方法一　Z 的分布函数 $F_Z(z)=P(X+Y\leqslant Z)=\iint\limits_{x+y\leqslant z}f(x,y)\mathrm{d}x\mathrm{d}y$.

当 $z<0$ 时，$F_Z(z)=0$；

当 $0\leqslant z<1$ 时，$F_Z(z)=\iint\limits_{D_1}f(x,y)\mathrm{d}x\mathrm{d}y=\int_0^z\mathrm{d}y\int_0^{z-y}(2-x-y)\mathrm{d}x=z^2-\dfrac{1}{3}z^3$；

当 $1\leqslant z<2$ 时，$F_Z(z)=1-\iint\limits_{D_2}f(x,y)\mathrm{d}x\mathrm{d}y=1-\dfrac{1}{3}(2-z)^3$；

当 $z\geqslant 2$ 时，$F_Z(z)=1$.

故 $Z=X+Y$ 的概率密度为

$$f_Z(z)=F'_Z(z)=\begin{cases}2z-z^2, & 0<z<1,\\ (2-z)^2, & 1\leqslant z<2,\\ 0, & \text{其他}.\end{cases}$$

方法二　$f_Z(z)=\int_{-\infty}^{+\infty}f(x,z-x)\mathrm{d}x$，

$$f(x,z-x)=\begin{cases}2-x-(z-x), & 0<x<1,0<z-x<1,\\ 0, & \text{其他}.\end{cases}$$

$$=\begin{cases}2-z, & 0<x<1,x<z<1+x,\\ 0, & \text{其他}.\end{cases}$$

当 $z\leqslant 0$ 或 $z\geqslant 2$ 时，$f_Z(z)=0$；

当 $0<z<1$ 时，$f_Z(z)=\int_0^z(2-z)\mathrm{d}x=z(2-z)$；

当 $1\leqslant z<2$ 时，$f_Z(z)=\int_{z-1}^1(2-z)\mathrm{d}x=(2-z)^2$.

故 $Z=X+Y$ 的概率密度为

$$f_Z(z)=\begin{cases}2z-z^2, & 0<z<1,\\ (z-2)^2, & 1\leqslant z<2,\\ 0, & \text{其他}.\end{cases}$$

☆B 题☆

1.（1）$\frac{5}{7}$；（2）$\frac{1}{4}$；（3）$\frac{13}{48}$；（4）$\frac{1}{9}$；（5）$a=0.4$，$b=0.1$.

2.（1）A；（2）A；（3）A；（4）B；（5）A.

3.（1）① X 的所有可能的取值为 0,1,2,3，Y 的所有可能的取值为 1,3.

(X,Y) 的联合分布律为

Y \ X	0	1	2	3
1	0	3/8	3/8	0
3	1/8	0	0	1/8

② X,Y 的边缘分布律分别为

X	0	1	2	3
p_j	1/8	3/8	3/8	1/8

Y	0	3
p_j	3/4	1/4

（2）① 根据非负性和规范性可知：$a>0$，$b>0$ 且 $a+b=\frac{11}{24}$；

② 因为 ξ 与 η 相互独立，则知 $p_{ij}=p_{i}.p_{\cdot j}$，

故 $\begin{cases}p_{22}=\frac{1}{4}=(\frac{1}{4}+a)(\frac{3}{8}+b),\\ a+b=\frac{11}{24}\end{cases}\Rightarrow\begin{cases}a=\frac{1}{12},\\ b=\frac{9}{24}.\end{cases}$

（3）① $\int_{-\infty}^{+\infty}\int_{-\infty}^{+\infty}f(x,y)\mathrm{d}y\mathrm{d}x=1\Rightarrow A=\frac{3}{2}$；

② $f_\xi(x)=\int_{-\infty}^{+\infty}f(x,y)\mathrm{d}y=\int_0^1\frac{3}{2}xy^2\mathrm{d}y=\frac{x}{2}$，$0<x<2$，

$f_\eta(y)=\int_{-\infty}^{+\infty}f(x,y)\mathrm{d}x=\int_0^2\frac{3}{2}xy^2\mathrm{d}x=3y^2$，$0<y<1$，

$f_\xi(x)\cdot f_\eta(y)=\frac{3}{2}xy^2=f(x,y)$，所以独立.

③ $P\{X\geqslant 1,Y\leqslant 0.5\}=\int_1^2\mathrm{d}x\int_0^{0.5}f(x,y)\mathrm{d}y=0.09375.$

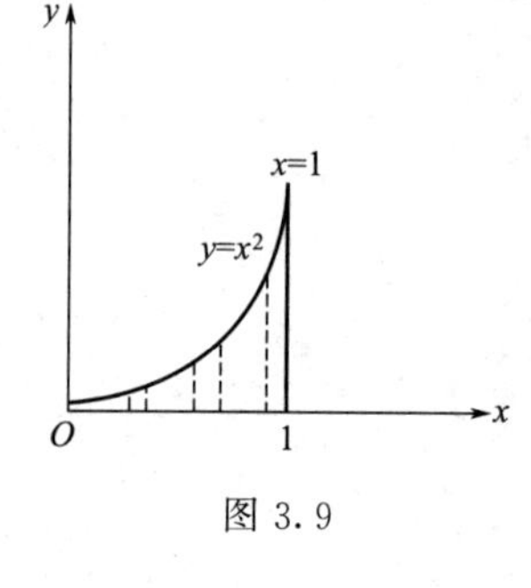

图 3.9

（4）① 因为 X 在区间 $[0,1]$ 上服从均匀分布，所以 X 的概率密度为

$f_X(x)=\begin{cases}1, & 0<x<1,\\ 0, & \text{其他},\end{cases}$ 又因为 X 和 Y 相互独立，所以 (X,Y) 的联合概率密度为

$$f(x,y)=\begin{cases}\frac{1}{2}\mathrm{e}^{-y/2}, & 0<x<1,y>0,\\ 0, & \text{其他}.\end{cases}$$

② 方程有实根，等价于 $a^2+2Xa+Y=0$ 的判别式 $\Delta=4X^2-4Y\geqslant 0$，如图 3.9 所示. 因此方程有实根的概率为

$$P(X^2\geqslant Y)=\iint_D f(x,y)\mathrm{d}x\mathrm{d}y=\int_0^1\mathrm{d}x\int_0^{x^2}\frac{1}{2}\mathrm{e}^{-y/2}\mathrm{d}y$$

$$=1-\sqrt{2\pi}[\Phi(1)-\Phi(0)]=0.1445.$$

(5) ① 由规范性，得 $c=4$.

故 $F(x,y)=\begin{cases}\int_{-\infty}^{x}\int_{-\infty}^{y}4\mathrm{e}^{-2(u+v)}\mathrm{d}u\mathrm{d}v=(1-\mathrm{e}^{-2x})(1-\mathrm{e}^{-2y}), & x>0,y>0,\\ 0, & \text{其他}.\end{cases}$

而 $F_\xi(x)=F(x,+\infty)=\begin{cases}\int_0^x\int_0^{\infty}4\mathrm{e}^{-2(u+v)}\mathrm{d}u\mathrm{d}v=1-\mathrm{e}^{-2x}, & x>0,\\ 0, & x\leqslant 0,\end{cases}$

所以 $f_\xi(x)=F_\xi'(x)=\begin{cases}2\mathrm{e}^{-2x}, & x>0,\\ 0, & x\leqslant 0.\end{cases}$

同理 $F_\eta(y)=\begin{cases}1-\mathrm{e}^{-2y}, & y>0,\\ 0, & y\leqslant 0;\end{cases}$　$f_\eta(y)=F_\eta'(y)=\begin{cases}2\mathrm{e}^{-2y}, & y>0,\\ 0, & y\leqslant 0.\end{cases}$

② $P\{(\xi,\eta)\in D\}=\iint_D f(x,y)\mathrm{d}x\mathrm{d}y=\int_0^1\left(\int_0^{1-y}4\mathrm{e}^{-2(x+y)}\mathrm{d}x\right)\mathrm{d}y$

$$=\int_0^1 2\mathrm{e}^{-2y}(1-\mathrm{e}^{-2(1-y)})\mathrm{d}y=1-3\mathrm{e}^{-2}.$$

(6) ① 因为 $S=\int_{-1}^{1}(2-2x^2)\mathrm{d}x=\frac{8}{3}$，

所以 $f(x,y)=\begin{cases}\frac{3}{8}, & 0\leqslant x\leqslant 1, x^2-1\leqslant y\leqslant -x^2+1,\\ 0, & \text{其他}.\end{cases}$

② $f_X(x)=\int_{-\infty}^{+\infty}f(x,y)\mathrm{d}y=\frac{3}{8}\int_{x^2-1}^{-x^2+1}\mathrm{d}y=\frac{3}{8}(2-2x^2)$，$-1\leqslant x\leqslant 1$，

$f_Y(y)=\int_{-\infty}^{+\infty}f(x,y)\mathrm{d}x=\frac{3}{8}\int_{-\sqrt{1-y}}^{\sqrt{1-y}}\mathrm{d}x=\frac{3}{4}(\sqrt{1-y})$，$0\leqslant y\leqslant 1$，

$f_Y(y)=\int_{-\infty}^{+\infty}f(x,y)\mathrm{d}x$

$$=\frac{3}{8}\int_{-\sqrt{1+y}}^{\sqrt{1+y}}\mathrm{d}x=\frac{3}{4}(\sqrt{1+y}),\quad -1\leqslant y\leqslant 0.$$

③ $f_X(x)f_Y(y)\neq\frac{3}{8}$，所以 X 和 Y 不相互独立.

(7) 因为 X 和 Y 相互独立，所以 $Z=X+Y$ 的概率密度为

$$f_Z(z)=\int_{-\infty}^{+\infty}f_X(x)f_Y(z-x)\mathrm{d}x,$$

要使被积函数非零，应满足 $\begin{cases}0\leqslant x\leqslant 1,\\ z-x>0,\end{cases}$ 区域如图 3.10 所示.

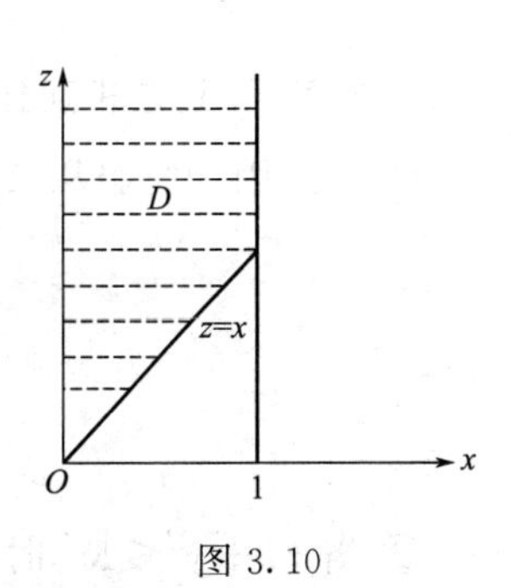

图 3.10

当 $0\leqslant z<1$ 时，$f_Z(z)=\int_{-\infty}^{+\infty} f_X(x)f_Y(z-x)\mathrm{d}x$

$$=\int_0^z \mathrm{e}^{-(z-x)}\mathrm{d}x=1-\mathrm{e}^{-z};$$

当 $z\geqslant 1$ 时，$f_Z(z)=\int_{-\infty}^{+\infty} f_X(x)f_Y(z-x)\mathrm{d}x=\int_0^1 \mathrm{e}^{-(z-x)}\mathrm{d}x=(\mathrm{e}-1)\mathrm{e}^{-z}$.

因此 $Z=X+Y$ 的概率密度为 $f_Z(z)=\begin{cases}1-\mathrm{e}^{-z}, & 0\leqslant z<1,\\ (\mathrm{e}-1)\mathrm{e}^{-z}, & z\geqslant 1,\\ 0, & \text{其他}.\end{cases}$

(8) ① 概率密度在整个区域 D：$0<x<1$，$0<y$ 上的积分应为 1. 于是有

$$1=\iint_D f(x,y)\mathrm{d}x\mathrm{d}y=\int_0^1\mathrm{d}x\int_0^{+\infty} b\mathrm{e}^{-(x+y)}\mathrm{d}y=b\left(1-\frac{1}{\mathrm{e}}\right)，得 b=\frac{\mathrm{e}}{\mathrm{e}-1}.$$

② 当 $0<x<1$ 时，$f_X(x)=\int_{-\infty}^{+\infty} f(x,y)\mathrm{d}y=\int_0^{+\infty}\frac{\mathrm{e}}{\mathrm{e}-1}\mathrm{e}^{-(x+y)}\mathrm{d}x=\frac{\mathrm{e}}{\mathrm{e}-1}\mathrm{e}^{-x}$；

当 $x\leqslant 0$ 或 $x\geqslant 1$ 时，$f_X(x)=0$；当 $y>0$ 时，$f_Y(y)=\mathrm{e}^{-y}$；当 $y\leqslant 0$ 时，$f_Y(y)=0$. 因此 $f(x,y)=f_X(x)f_Y(y)$，X 和 Y 是相互独立的.

③ $f_X(x)=\begin{cases}\dfrac{\mathrm{e}}{\mathrm{e}-1}\mathrm{e}^{-x}, & 0<x<1\\ 0, & \text{其他};\end{cases}$，$f_Y(y)=\begin{cases}\mathrm{e}^{-y}, & y>0,\\ 0, & \text{其他}.\end{cases}$

$$F_X(x)=\int_{-\infty}^x f_X(x)\mathrm{d}x=\begin{cases}0, & x<0,\\ \displaystyle\int_0^x\frac{\mathrm{e}}{\mathrm{e}-1}\mathrm{e}^{-x}\mathrm{d}x, & 0\leqslant x<1,\\ 1, & x\geqslant 1\end{cases}$$

$$=\begin{cases}0, & x<0,\\ \dfrac{\mathrm{e}}{\mathrm{e}-1}(1-\mathrm{e}^{-x}), & 0\leqslant x<1,\\ 1, & x\geqslant 1;\end{cases}$$

$$F_Y(y)=\int_{-\infty}^y f_Y(y)\mathrm{d}y=\begin{cases}0, & y<0,\\ 1-\mathrm{e}^{-y}, & y\geqslant 0.\end{cases}$$

因为 X 和 Y 是相互独立的，所以 $F_M(z)=F_X(z)F_Y(z)$.

(9) ① 因为它服从二维均匀分布，$S=\pi R^2$，所以

$$f(x,y)=\begin{cases}\dfrac{1}{\pi R^2}, & x^2+y^2\leqslant R^2,\\ 0, & x^2+y^2>R^2.\end{cases}$$

② 当 $x^2+y^2\leqslant R^2$ 时，$f_X(x)=\int_{-\sqrt{R^2-x^2}}^{\sqrt{R^2-x^2}}\frac{1}{\pi R^2}\mathrm{d}y=\frac{2}{\pi R^2}\sqrt{R^2-x^2}$，

所以 $f_X(x)=\begin{cases}\dfrac{2}{\pi R^2}\sqrt{R^2-x^2}, & -R\leqslant x\leqslant R,\\ 0, & \text{其他}.\end{cases}$

当 $x^2+y^2\leqslant R^2$ 时，$f_Y(y)=\int_{-\sqrt{R^2-y^2}}^{\sqrt{R^2-y^2}}\dfrac{1}{\pi R^2}\mathrm{d}x=\dfrac{2}{\pi R^2}\sqrt{R^2-y^2}$，

所以 $f_Y(y)=\begin{cases}\dfrac{2}{\pi R^2}\sqrt{R^2-y^2}, & -R\leqslant y\leqslant R,\\ 0, & \text{其他}.\end{cases}$

③ 因为 $f_X(x)f_Y(y)\neq f(x,y)$，所以 X,Y 不独立.

(10) ① $f_Y(y)=\begin{cases}\dfrac{3}{8\sqrt{y}}, & 0<y<1,\\ \dfrac{1}{8\sqrt{y}}, & 1\leqslant y<4,\\ 0, & \text{其他};\end{cases}$　② $\dfrac{1}{4}$.

第四章　随机变量的数字特征

本章基本要求

1. 理解随机变量数字特征（数学期望、方差、协方差、相关系数）的定义及其性质，并会运用数字特征的基本性质计算具体分布的数字特征.

2. 会根据随机变量 X 的概率分布求其函数的数学期望；会根据随机变量 X 和 Y 的联合分布求其函数的数学期望.

3. 掌握常见分布的数字特征.

4. 了解切比雪夫不等式、矩的定义.

一、内容要点

所谓随机变量的数字特征，是指连系于它的分布函数的某些数（如平均值、最大可能值等），它们反映随机变量的某方面的特征. 由第二章学习知，随机变量的分布函数能够完整地描述随机变量的统计特性，但对一般随机变量，要完全确定随机变量的分布函数并非一件易事. 不过在许多实际问题中，往往并不需要求出它的分布函数，只需要知道它的某些数字特征就可以了. 由此可见，随机变量的数字特征的研究具有理论上和实际上的重要意义. 本章将通过一些题目的分析使读者领略如何正确地使用和科学地求出随机变量的一些主要的数字特征.

（一）随机变量的数学期望

1. 数学期望的定义

定义 1　记随机变量 X 的数学期望为 $E(X)$，则

（1）当离散型随机变量 X 的分布律为　$P\{X=x_k\}=p_k\ (k=1,2,\cdots)$，

且级数 $\sum\limits_{k=1}^{\infty}x_k p_k$ 绝对收敛时，有 $E(X)=\sum\limits_{k=1}^{\infty}x_k p_k$.

（2）当连续随机变量 X 的概率密度为 $f(x)(-\infty<x<+\infty)$，

且广义积分 $\int_{-\infty}^{+\infty}xf(x)\mathrm{d}x$ 绝对收敛，有

$$E(X)=\int_{-\infty}^{+\infty}xf(x)\mathrm{d}x .$$

注意　数学期望简称期望，又称为均值.

（3）对于二维随机向量 (X,Y) 的数学期望的定义有下列公式.

如果 (X,Y) 是离散型随机向量，其联合分布律为 $P(X=x_i,Y=y_j)=p_{ij}$，则

$$E(X)=\sum_i\sum_j x_i p_{ij}, \quad E(Y)=\sum_i\sum_j y_i p_{ij} .$$

如果 (X,Y) 是连续型随机向量，其联合密度为 $f(x,y)$，则

$$E(X)=\int_{-\infty}^{+\infty}\int_{-\infty}^{+\infty}xf(x,y)\mathrm{d}x\mathrm{d}y, \quad E(Y)=\int_{-\infty}^{+\infty}\int_{-\infty}^{+\infty}yf(x,y)\mathrm{d}x\mathrm{d}y .$$

2. 随机变量函数的数学期望

定理 1　(1) 设 Y 是随机变量 X 的函数 $Y=g(X)$（g 是连续函数），则

若离散型随机变量 X 的分布律为 $P(X=x_i)=p_i$，$i=1,2,\cdots$，如果 $\sum_{i=1}^{\infty} g(x_i)p_i$ 绝对收敛，则有

$$E(Y)=E[g(X)]=\sum_{i=1}^{\infty} g(x_i)p_i .$$

若连续型随机变量 X 的概率密度函数为 $f(x)$，如果积分 $\int_{-\infty}^{+\infty} g(x)f(x)\mathrm{d}x$ 绝对收敛，则

$$E(Y)=E[g(X)]=\int_{-\infty}^{+\infty} g(x)f(x)\mathrm{d}x .$$

(2) 设 Z 是随机变量 X,Y 的函数　$Z=g(X,Y)$（g 是连续实函数），
若 (X,Y) 是二维离散随机变量，其分布律为 $P(X=x_i,Y=y_j)=p_{ij}(i,j=1,2,\cdots)$ 时，有

$$E(Z)=E[g(X,Y)]=\sum_i\sum_j g(x_i,y_j)p_{ij} .$$

若 (X,Y) 是二维连续型随机变量，其概率密度函数为 $f(x,y)$ 时，有

$$E(Z)=E[g(X,Y)]=\int_{-\infty}^{+\infty}\int_{-\infty}^{+\infty} g(x,y)f(x,y)\mathrm{d}x\mathrm{d}y .$$

其中，$\sum_i\sum_j g(x_i,y_j)p_{ij}$ 和 $\int_{-\infty}^{+\infty}\int_{-\infty}^{+\infty} g(x,y)f(x,y)\mathrm{d}x\mathrm{d}y$ 均绝对收敛.

3. 数学期望的性质

数学期望具有以下重要性质（设所遇到的随机变量的数学期望存在）：

(1) $E(C)=C$（C 为常数）；

(2) $E(CX)=CE(X)$（C 为常数）；

(3) 设 X,Y 是任意两个随机变量，则 $E(X+Y)=E(X)+E(Y)$；

(4) 若 X,Y 是相互独立的随机变量，则 $E(XY)=E(X)E(Y)$.

性质(3)和性质(4)都可以推广到任意有限个随机变量的情形.

(二) 随机变量的方差

1. 方差的定义

定义 2　设 X 是一个随机变量，若 $E(X-EX)^2$ 存在，则称 $E(X-EX)^2$ 为 X 的方差，记为 $D(X)$，即 $D(X)=E(X-EX)^2$. 并称 $\sqrt{D(X)}$ 为随机变量 X 的标准差或均方差.

若 X 为离散型随机变量，其分布律为 $P\{X=X_i\}=p_i(i=1,2,\cdots)$，则

$$D(X)=\sum_{i=1}^{\infty}[x_i-E(X)]^2 p_i .$$

若 X 为连续型随机变量，其概率密度为 $f(x)$，则

$$D(X)=\int_{-\infty}^{+\infty}[x-E(X)]^2 f(x)\mathrm{d}x .$$

若 (X,Y) 是二维离散型随机向量，其分布律为

$$P(X=x_i,Y=y_j)=p_{ij}\quad(i,j=1,2,\cdots),$$

则

$$D(X)=\sum_i\sum_j[x_i-E(X)]^2 p_{ij},\quad D(Y)=\sum_i\sum_j[y_i-E(Y)]^2 p_{ij} .$$

如果 (X,Y) 是连续随机向量，其概率密度函数为 $f(x,y)$，则

$$D(X)=\int_{-\infty}^{+\infty}\int_{-\infty}^{+\infty}[x-E(X)]^2 f(x,y)\mathrm{d}x\mathrm{d}y, D(Y)=\int_{-\infty}^{+\infty}\int_{-\infty}^{+\infty}[y-E(Y)]^2 f(x,y)\mathrm{d}x\mathrm{d}y .$$

注意 通常按以下公式计算方差：$D(X)=E(X^2)-[E(X)]^2$.

2.方差的性质

方差具有以下重要性质(设所遇到的随机变量的方差存在).

(1) $D(C)=0$ (C 为常数).

(2) $D(CX)=C^2D(X)$ (C 为常数).

(3) 设 X,Y 是两个相互独立的随机变量，则有 $D(X\pm Y)=D(X)+D(Y)$.

性质(3)可以推广到任意有限多个相互独立的随机变量.

(4) 设 X,Y 是两个随机变量，则

$$D(X\pm Y)=D(X)+D(Y)\pm 2E[(X-EX)(Y-EY)].$$

(5) $D(X)=0 \Leftrightarrow X$ 以概率 1 取常数 $E(X)$，即 $P(X=E(X))=1$.

定理 2 Chebyshev 不等式 设随机变量 X 具有数学期望 $E(X)=\mu$，方差 $D(X)=\sigma^2$，则对任意正数 ε，有不等式

$$P(|X-\mu|\geqslant\varepsilon)\leqslant\frac{\sigma^2}{\varepsilon^2} \quad 或 \quad P(|X-\mu|<\varepsilon)>1-\frac{\sigma^2}{\varepsilon^2}.$$

(三) 协方差与相关系数

对于二维随机变量 (X,Y)，除了讨论 X 与 Y 的数学期望与方差外，还需要讨论描述 X 与 Y 之间相互关系的数字特征——协方差与相关系数.

定义 3 设 (X,Y) 是二维随机向量，若 $E\{[X-E(X)][Y-E(Y)]\}$ 存在，则称其为随机变量 X 与 Y 的协方差，记为 $\mathrm{Cov}(X,Y)$，并称

$$\rho_{XY}=\frac{\mathrm{Cov}(X,Y)}{\sqrt{D(X)D(Y)}} \quad [D(X)\neq 0, D(Y)\neq 0]$$

为 X 和 Y 的相关系数.

当 $\rho_{XY}\neq 0$ 时，称 X 与 Y 相关；当 $\rho_{XY}=0$ 时，称 X 与 Y 不相关.

设 X,Y 是随机变量，A,B 为常数，则协方差具有下列性质.

(1) $\mathrm{Cov}(X,Y)=\mathrm{Cov}(Y,X)$.

(2) $\mathrm{Cov}(AX,BY)=AB\mathrm{Cov}(X,Y)$.

(3) $\mathrm{Cov}(X_1+X_2,Y)=\mathrm{Cov}(X_1,Y)+\mathrm{Cov}(X_2,Y)$.

(4) $D(X\pm Y)=D(X)+D(Y)\pm 2\mathrm{Cov}(X,Y)$.

(5) $\mathrm{Cov}(X,Y)=E(XY)-E(X)E(Y)$.

注意 (1) ρ_{XY} 就是标准化随机变量 $\dfrac{X-EX}{\sqrt{DX}}$ 与 $\dfrac{Y-EY}{\sqrt{DY}}$ 的协方差.

(2) 若 X 与 Y 相互独立，则 X 与 Y 不相关，反之不然.独立性是比不相关更为严格的条件.独立性反映 X 与 Y 之间不存在任何关系，而不相关只是就线性关系而言的，即使 X 与 Y 不相关，它们之间也还是可能存在函数关系的.

(四) 矩的概念

若 $E(X^k)(k=1,2,\cdots)$ 存在，称其为 X 的 k 阶原点矩.

若 $E[X-E(X)]^k(k=1,2,\cdots)$ 存在，则称其为 X 的 k 阶中心矩.

若 $E(X^kY^l)(k,l=1,2,\cdots)$ 存在，则称其为 X 和 Y 的 $k+l$ 阶混合矩.

若 $E\{[X-E(X)]^k[Y-E(Y)]^l\}(k,l=1,2,\cdots)$ 存在，则称其为 X 和 Y 的 $k+l$ 阶混合中心矩.

显然，X 的数学期望是 X 的一阶原点矩，方差是 X 的二阶中心矩，$\mathrm{Cov}(X,Y)$ 是 X 和 Y 的二阶混合中心矩.

（五）几种常见分布的数学期望和方差

几种常见分布的数学期望和方差如表 4.1 所示.

表 4.1

分布	参数	分布律或概率密度	数学期望	方差
0—1 分布	$0<p<1$	$P\{X=k\}=p^k(1-p)^{1-k},k=0,1$	p	$p(1-p)$
二项分布	$n\geqslant 1$ $0<p<1$	$P\{X=k\}=\binom{n}{k}p^k(1-p)^{n-k},k=0,1,\cdots,n$	np	$np(1-p)$
泊松分布	$\lambda>0$	$P\{X=k\}=\dfrac{\lambda^k e^{-\lambda}}{k!},k=0,1,\cdots$	λ	λ
均匀分布	$a<b$	$f(x)=\begin{cases}\dfrac{1}{b-a}, & a<x<b,\\ 0, & 其他\end{cases}$	$\dfrac{a+b}{2}$	$\dfrac{(b-a)^2}{12}$
正态分布	$\mu,\sigma>0$	$f(x)=\dfrac{1}{\sqrt{2\pi}\sigma}e^{-\frac{(x-\mu)^2}{2\sigma^2}}$	μ	σ^2
指数分布	$\theta>0$	$f(x)=\begin{cases}\dfrac{1}{\theta}e^{-\frac{x}{\theta}}, & x>0,\\ 0, & 其他\end{cases}$	θ	θ^2

二、精选题解析

1. 利用数学期望理论计算

【例 1】 （1）设 X 的分布律为

X	-2	0	2
P	0.4	0.3	0.3

则 $E(X^2)=$________.

（2）设二维随机变量 (X,Y) 服从 $N(\mu,\mu,\sigma^2,\sigma^2,0)$，则 $E(XY^2)=$________.

【解析】 （1）$E(X^2)=(-2)^2\times 0.4+0^2\times 0.3+2^2\times 0.3=2.8$.

（2）由于 $\rho_{XY}=0$，即 X 与 Y 不相关. 在二维正态分布下，X 与 Y 独立. 则

$$E(XY^2)=E(X)E(Y_2)=\mu(\mu^2+\sigma^2).$$

【例 2】 （1）设 X 的数学期望存在，则________成立.

(A) $E(X^2)=[E(X)]^2$　　(B) $E(X^2)\geqslant[E(X)]^2$

(C) $E(X^2)\leqslant[E(X)]^2$　　(D) $E(X^2)\neq[E(X)]^2$

（2）X,Y 相互独立是 $E(XY)-E(X)E(Y)=0$ 的________.

（A）充要条件　（B）必要条件　（C）充分条件　（D）都不对

（3）设随机变量 X 的分布函数为 $F(x)=0.3\Phi(x)+0.7\Phi\left(\dfrac{x-1}{2}\right)$，其中 $\Phi(x)$ 为标准正态分布函数，则 $E(X)=$________.

（A）0　（B）0.3　（C）0.7　（D）1

【解析】 （1）注意到 $D(X)\geqslant 0$ 且 $D(X)=E(X^2)-[E(X)]^2$，只能(B)是对的.

（2）由数学期望的性质知，X 与 Y 独立 $\Rightarrow X$ 与 Y 不相关，但反之不成立，而 $E(XY)-E(X)E(Y)=0\Rightarrow \mathrm{Cov}(X,Y)=0\Rightarrow\rho_{xy}=0\Rightarrow X$ 与 Y 不相关，故（C)对.

(3) $E(X)=\displaystyle\int_{-\infty}^{+\infty}xF'(x)\,dx=0.3\int_{-\infty}^{+\infty}x\,\Phi'(x)\,dx+0.35\int_{-\infty}^{+\infty}x\,\Phi'\left(\frac{x-1}{2}\right)dx$

$=0+0.35\times 2=0.7$,

故(C)对.

【例 3】 已知100个产品中有10个次品，求从中任取出5个产品中的次品数的数学期望.

【解析】 设任取5个产品中的次品数为 X，则 X 服从超几何分布，其分布率为

$$P(X=k)=\frac{\binom{10}{k}\binom{90}{5-k}}{\binom{100}{5}},\ k=0,1,2,3,4,5.$$

一般直接求其数学期望比较麻烦，这问题的一个简便算法是使用下面的技巧.

设
$$X_k=\begin{cases}1, & 第 k 次抽到次品,\\ 0, & 第 k 次抽到正品,\end{cases}$$

显然 $X=X_1+X_2+\cdots+X_n$, $E(X)=E(X_1)+E(X_2)+\cdots+E(X_n)$,

而
$$P(X_k=1)=\frac{10}{100},\quad P(X_k=0)=\frac{90}{100}.$$

所以
$$E(X_k)=1\times\frac{10}{100}+0\times\frac{90}{100}=\frac{1}{10},\quad k=0,1,2,\cdots,n,$$

从而
$$E(X)=\sum_{k=1}^{5}E(X_k)=\sum_{k=1}^{5}\frac{1}{10}=\frac{5}{10}=\frac{1}{2}.$$

评注　在这个解法里，是以下列两点事实为依据的，也是读者应该熟悉的基本知识.

(1) 在含 M 个次品的 N 个产品中，不放回的每次取一个，每次取到次品的概率都是 $\frac{N}{M}$.

(注意：有放回的每次取一个，每次取到次品的概率也都是 $\frac{N}{M}$).

(2) 一次取 n 个产品和不放回地每次取一个取 n 次是等效的.

【例 4】 某公共汽车起点站于每小时的10分、30分、55分发车，设乘客不知发车时间，故在任意时刻乘客都有可能到达车站候车，试求乘客的平均候车时间.

【解析】 由于乘客到达车站的时刻是随机的，而且没有理由表明什么时刻到达的可能性比别的时刻大或者小，因此如果记乘客到达的时刻为 X，则 X 服从均匀分布

$$\varphi(x)=\frac{1}{60-0},\quad 0\leqslant x\leqslant 60.$$

设乘客（任意一个）的候车时间为 Y，显然 Y 随 X 而变也是一个随机变量，即

$$Y=f(X),$$

其中
$$f(x)=\begin{cases}10-x, & 0<x\leqslant 10,\\ 30-x, & 10<x\leqslant 30,\\ 55-x, & 30<x\leqslant 60,\\ 60+10-x, & 55<x\leqslant 60,\end{cases}$$

$$\begin{aligned}E(Y)&=\int_{-\infty}^{+\infty}f(x)\varphi(x)\mathrm{d}x=\frac{1}{60}\int_0^{60}f(x)\mathrm{d}x\\&=\frac{1}{60}\left[\int_0^{10}(10-x)\mathrm{d}x+\int_{10}^{30}(30-x)\mathrm{d}x+\int_{30}^{55}(55-x)\mathrm{d}x+\int_{55}^{60}(70-x)\mathrm{d}x\right]\\&=\frac{625}{60}.\end{aligned}$$

所以乘客平均候车时间为10分25秒.

【例 5】 某工厂生产的某种设备的寿命 X（以年计）服从指数分布，其概率密度为

$$f(x)=\begin{cases}\frac{1}{4}e^{-\frac{x}{4}}, & x>0,\\ 0, & x\leqslant 0.\end{cases}$$

工厂规定，若出售的设备在一年内损坏，则可予以调换. 已知工厂售出一台设备赢利 100 元，调换一台设备厂方需花费 300 元，试求厂方出售一台设备净赢利的数学期望.

【解析】 方法一　净赢利是寿命的函数，寿命是随机的，因此净赢利也是随机的.

设净赢利为 Y，即 $Y=g(X)$，其中 $g(x)=\begin{cases}100, & x>1,\\ 100-300, & 0\leqslant x\leqslant 1,\end{cases}$ 于是

$$E(Y)=\int_{-\infty}^{+\infty}g(x)f(x)\mathrm{d}x=\frac{-200}{4}\int_0^1 e^{\frac{x}{4}}\mathrm{d}x+\frac{100}{4}\int_1^{+\infty}e^{-\frac{x}{4}}\mathrm{d}x$$

$$=200e^{\frac{-x}{4}}\Big|_0^1-100e^{-\frac{x}{4}}\Big|_1^{+\infty}=200e^{-\frac{1}{4}}-200-(0-100e^{-\frac{1}{4}})$$

$$=300e^{-\frac{1}{4}}-200=33.64(\text{元}).$$

故该厂出售一台设备净赢利的数学期望为 33.64 元.

方法二　先求出寿命大于 1 年和不大于 1 年的概率，赢利是按此概率服从两点分布的.

$P\{X>1\}=\int_1^{+\infty}\frac{1}{4}e^{-\frac{x}{4}}\mathrm{d}x=-e^{-\frac{x}{4}}\Big|_1^{+\infty}=e^{-\frac{1}{4}}$，　$P\{0\leqslant x\leqslant 1\}=\int_0^1\frac{1}{4}e^{-\frac{x}{4}}\mathrm{d}x=1-e^{-\frac{1}{4}}$.

设售出一台设备的净赢利为 Y 元，则 Y 的分布率为

Y	100	100−300
P	$e^{-\frac{1}{4}}$	$1-e^{-\frac{1}{4}}$

$$E(Y)=100e^{-\frac{1}{4}}+(100-300)(1-e^{-\frac{1}{4}})=300e^{-\frac{1}{4}}-200=33.64(\text{元}).$$

2. 利用方差理论计算

【例 6】 (1) 某电子元件的寿命 X 服从均值为 100h 的指数分布，$D(X)=$________.

(2) $X\sim U(a,b)$，则$\sqrt{D(X)}=$________.

【解析】 (1) 100^2（利用指数分布的数字特征）.

(2) 因为 $$E(X)=\int_{-\infty}^{+\infty}xf(x)\mathrm{d}x=\int_a^b x\frac{1}{b-a}\mathrm{d}x=\frac{a+b}{2},$$

$$E(X^2)=\int_{-\infty}^{+\infty}x^2f(x)\mathrm{d}x=\int_a^b x^2\frac{1}{b-1}\mathrm{d}x=\frac{b^2+a^2+ab}{3},$$

因而　$D(X)=E(X^2)-[E(X)]^2=\frac{b^2+a^2+ab}{3}-(\frac{a+b}{2})^2=\frac{(b-a)^2}{12}$.

【例 7】 (1) 下列关系式中________是正确的.

(A) $0\leqslant D(X)\leqslant 1$　　(B) $-\infty<D(X)<+\infty$

(C) $0\leqslant D(X)$　　(D) $E(X)<D(X)$

(2) 设 X 的概率密度为 $f(x)=\begin{cases}a+bx, & 0<x<1,\\ 0, & \text{其他},\end{cases}$，又 $E(X)=0.5$，则 $D(X)=$________.

(A) $\frac{1}{2}$　　(B) $\frac{1}{3}$　　(C) $\frac{1}{4}$　　(D) $\frac{1}{12}$

【解析】 (1) 因为 $D(X)=E[X-E(X)]^2$ 只能取非负数，但可以大于 1，所以(A) 与 (B) 均错，而(C) 对；对指数分布，当 $\lambda>1$ 时，有 $E(X)=\frac{1}{\lambda}>D(X)=\frac{1}{\lambda^2}$，所以(D)错.

(2) $\int_{-\infty}^{+\infty} f(x)\,\mathrm{d}x = \int_0^1 (a+bx)\,\mathrm{d}x = a + \frac{b}{2} = 1$，即 $2a+b=2$.

$$E(X)=\int_0^1 x(a+bx)\,\mathrm{d}x=\frac{a}{2}+\frac{b}{3}=0.5,$$

即 $3a+2b=3$，解得 $a=1$，$b=0$.

从而 $X \sim U(0,1)$，于是 $D(X)=\frac{1}{12}$. 故选(D).

【例 8】 对一目标进行连续射击，直到击中目标为止. 如果每次射击的命中率为 p，求射击次数的方差.

【解析】 设 X 为击中目标时已经进行了的射击次数，显然 X 可能取的值为 $1,2,3,\cdots$，且 $P(X=k)=p(1-p)^{k-1}(k=1,2,3,\cdots)$， 即 X 服从几何分布.

$$E(X)=\sum_{k=1}^{\infty}kP(X=k)=kp(1-p)^{k-1}=p\sum_{k=1}^{\infty}k(1-p)^{k-1}$$

$$=p\times\{-\frac{\mathrm{d}\left[\sum\limits_{k=1}^{\infty}(1-p)^k\right]}{\mathrm{d}p}\}=-p\times\frac{\mathrm{d}\left[\frac{1}{1-(1-p)}\right]}{\mathrm{d}p}=\frac{1}{p},$$

$$E(X^2)=\sum_{k=1}^{\infty}k^2p(1-p)^{k-1}=(-p)\frac{\mathrm{d}\left[\sum\limits_{k=1}^{\infty}k(1-p)^k\right]}{\mathrm{d}p}$$

$$=p\times\frac{\mathrm{d}\left\{(p-1)\left[\sum\limits_{k=1}^{\infty}k(1-p)^{k-1}\right]\right\}}{\mathrm{d}p}=p\times\frac{\mathrm{d}\left\{(p-1)\left[\frac{-1}{1-(1-p)}\right]'\right\}}{\mathrm{d}p}$$

$$=p\times\frac{\mathrm{d}\left(\frac{p-1}{p^2}\right)}{\mathrm{d}p}=p\left[\frac{1}{p^2}+\frac{2(1-p)}{p^3}\right]=\frac{2(1-p)}{p^2}+\frac{1}{p}=\frac{2-p}{p^2}.$$

所以
$$D(X)=\frac{2-p}{p^2}-\frac{1}{p^2}=\frac{1-p}{p^2}.$$

【例 9】 某人用 n 把钥匙去开门，只有一把钥匙能打开，今逐个任取一把试开，求要开此门所需试开次数 X 的方差 $D(X)$. 假设：(1) 不能打开者不放回去；(2) 不能打开者仍放回去不加辨认.

【解析】 由于试开不成功不放回，则试开次数 X 是有限的，可能的取值为 $1,2,\cdots,n$，且 "$X=k$" 就是表明前 $k-1$ 次试验不成功，第 k 次才把门打开了. 因此

$$P(X=k)=\frac{n-1}{n}\times\frac{n-2}{n-1}\times\cdots\times\frac{n-k}{n-k+1}\times\frac{1}{n-k}=\frac{1}{n}\quad(k=1,2,\cdots,n),$$

所以
$$E(X)=\sum_{k=1}^{n}k\frac{1}{n}=\frac{1}{n}\frac{n(n+1)}{2}=\frac{n+1}{2},$$

$$E(X^2)=\sum_{k=1}^{n}k^2\frac{1}{n}=\frac{1}{n}\frac{n(n+1)(2n+1)}{6}=\frac{(n+1)(2n+1)}{6},$$

$$D(X)=\frac{(n+1)(2n+1)}{6}-\frac{(n+1)^2}{4}=\frac{n^2-1}{12}.$$

【例 10】 设随机变量 X 服从瑞利分布，$f(x)=\begin{cases}0, & x\leqslant 0\\ \frac{x}{a^2}\mathrm{e}^{-\frac{x^2}{2a^2}}, & x>0\end{cases}$，求 $D(X)$.

【解析】 直接用定义　$E(X)=\int_0^{+\infty}\frac{x^2}{a^2}e^{-\frac{x^2}{2a^2}}dx=\frac{1}{2}\int_{-\infty}^{+\infty}\frac{x^2}{a^2}e^{-\frac{x^2}{2a^2}}dx$.

注意到若 $Y\sim N(0,a^2)$ 时，

$$D(Y)=\frac{1}{\sqrt{2\pi}a}\int_{-\infty}^{+\infty}x^2e^{-\frac{x^2}{2a^2}}dx=a^2,$$

所以

$$E(X)=\sqrt{\frac{\pi}{2}}a,\quad E(X^2)=\frac{1}{a^2}\int_0^{+\infty}x^3e^{-\frac{x^2}{2a^2}}dx,$$

令 $\frac{x^2}{2a^2}=Y$，上式化为

$$E(X^2)=2a^2\int_0^{+\infty}ye^{-y}dy=2a^2\Gamma(2)=2a^2,$$

所以

$$D(X)=E(X^2)-[E(X)]^2=2a^2-\frac{\pi}{2}a^2=\left(2-\frac{\pi}{2}\right)a^2.$$

【例 11】 证明任一事件 A 在一次试验中发生的次数的方差不大于 $\frac{1}{4}$.

【解析】 一个明显的事实是任何一个事件在一次试验中要么发生要么不发生，也就是说在一次试验中发生的次数可能取的值为 1 或 0.

设一次试验中事件 A 发生的次数为 X，则 X 服从“0－1”分布，即

X	0	1
p	$1-p$	p

$$E(X)=0\times(1-p)+1\times p=p,\quad E(X^2)=0^2\times(1-p)+1^2\times p=p,$$

$$D(X)=p-p^2=\frac{1}{4}-\left(p-\frac{1}{2}\right)^2\leqslant\frac{1}{4}.$$

【例 12】 (1) 设 X 与 Y 相互独立，$E(X)=E(Y)=0,D(X)=D(Y)=1$，求 $E[(X+Y)^2]$；(2) 设 X 与 Y 相互独立，其数学期望与方差均为已知值，求 $D(XY)$.

【解析】 (1) $E[(X+Y)^2]=E(X^2+2XY+Y^2)=E(X^2)+2E(XY)+E(Y^2)$
$=D(X)+[E(X)]^2+2E(X)E(Y)+D(Y)+[E(Y)]^2=2$;

(2) $D(XY)=E[(XY)^2]-[E(XY)]^2=E(X^2Y^2)-[E(X)E(Y)]^2$
$=E(X^2)E(Y^2)-[E(X)]^2[E(Y)]^2$
$=\{D(X)+[E(X)]^2\}\{D(Y)+[E(Y)]^2\}-[E(X)]^2[E(Y)]^2$
$=D(X)D(Y)+[E(Y)]^2D(X)+[E(X)]^2D(Y)$.

评注　由已知值导出未知值，通常要熟练掌握相关公式. 使用公式应注意其成立条件，其中独立性这一条件是很重要的.

【例 13】 设随机变量 X 在区间 $(0,\pi)$ 内的概率密度为 $f(x)=\frac{1}{2}\sin x$，在其他区间内为 $f(x)=0$，求函数 $Y=\varphi(X)=X^2$ 的概率密度及方差.

【解析】 首先求 Y 的分布密度 $g(Y)$. 因为 $Y=\varphi(X)=X^2$ 在区间 $(0,\pi)$ 内单调增加，可利用公式 $g(y)=f[h(y)]\cdot|h'(y)|$. 这里 $h(y)=\sqrt{y}$ 是 $y=x^2$ 的反函数，求出 $h(y)$ 的导数，并注意到 $f(x)=\frac{1}{2}\sin x$，$|h'(y)|=\frac{1}{2\sqrt{y}}$，得 $g(y)=\frac{\sin\sqrt{y}}{4\sqrt{y}}$. 还要注意到 X 从 0 变到 π 时 Y 从 0 变到 π^2. 于是有

$$E(Y)=\int_0^{\pi^2}yg(y)dy=\frac{1}{4}\int_0^{\pi^2}\frac{y\sin\sqrt{y}}{\sqrt{y}}dy\overset{y=t^2}{=}\frac{1}{2}\int_0^{\pi}t^2\sin t\,dt=\frac{1}{2}\left[-t^2\cos t\Big|_0^{\pi}+\int_0^{\pi}2t\cos t\,dt\right]$$

$$=\frac{1}{2}[\pi^2+2(t\sin t+\cos t)|_0^{\pi}]=\frac{\pi^2-4}{2};$$

$$E(Y^2)=\int_0^{\pi^2}y^2\frac{\sin\sqrt{y}}{4\sqrt{y}}\mathrm{d}y=\frac{1}{4}\int_0^{\pi^2}y^2\frac{\sin\sqrt{y}}{\sqrt{y}}\mathrm{d}y=\frac{\pi^4}{2}-6\pi^2+24.$$

因此 $$D(Y)=\frac{\pi^2}{2}-6\pi^2+24-\left(\frac{\pi^2-4}{2}\right)^2=\frac{1}{4}\pi^4-4\pi^2+20.$$

3. 利用协方差及相关系数理论计算

【例 14】 (1) 下列命题中________是正确的.

(A) X 与 Y 不独立，则 X 与 Y 必定相关　(B) X 与 Y 不相关，则 X 与 Y 独立

(C) X 与 Y 不独立，则 X 与 Y 不相关　(D) X 与 Y 独立，则 X 与 Y 必定不相关

(2) 将一枚硬币重复掷 n 次，以 X 和 Y 分别表示正面向上和反面向上的次数，则 X 和 Y 相关系数为________.

(A) -1　(B) 0　(C) 1/2　(D) 1

【解析】 (1) 因为 X 与 Y 不独立，也不一定呈线性关系，可能有其他非线性关系，所以(A)错，(C)错；不独立只是反映 X 与 Y 的取值的概率互相影响，但 X 与 Y 之间可能线性相关也可能无线性关系；若 X 与 Y 独立，则 $E(XY)=E(X)E(Y)\Rightarrow\mathrm{Cov}(X,Y)=0\Rightarrow\rho_{xy}=0\Rightarrow X$ 与 Y 不相关，故(D)对.

(2) X 和 Y 的关系为 $X+Y=n$，即 $Y=n-X$. 利用性质：$|\rho_{XY}|=1$ 的充要条件为随机变量 X 和 Y 之间存在线性关系，即 $Y=aX+b$. 当 $a>0$ 时，$\rho_{XY}=1$；当 $a<0$ 时，$\rho_{XY}=-1$. 由此可知，$\rho_{XY}=-1$，故(A)对.

【例 15】 设二维随机向量 (X,Y) 的联合密度为

$$f(x,y)=\begin{cases}4xy\mathrm{e}^{-(x^2+y^2)}, & x>0,y>0,\\ 0, & \text{其他},\end{cases}$$

求 $E(X)$, $E(Y)$, $E(XY)$, $D(XY)$, $\mathrm{Cov}(X,Y)$.

【解析】 先求 X, Y 的边缘分布密度

$$f_x(x)=\int_0^{+\infty}f(x,y)\mathrm{d}y=4x\mathrm{e}^{-x^2}\int_0^{+\infty}y\mathrm{e}^{-y^2}\mathrm{d}y=2x\mathrm{e}^{-x^2}\quad(x>0)$$

同理可得 $$f_y=2y\mathrm{e}^{-y^2}.$$

$$E(X)=\int_{-\infty}^{+\infty}xf_x(x)\mathrm{d}x=\int_0^{+\infty}2x^2\mathrm{e}^{-x^2}\mathrm{d}x=\int_0^{+\infty}-x\mathrm{d}\mathrm{e}^{-x^2}=\int_0^{+\infty}\mathrm{e}^{-x^2}\mathrm{d}x=\frac{\sqrt{\pi}}{2},$$

同理有 $$E(Y)=\frac{\sqrt{\pi}}{2}.$$

$$E(XY)=\int_0^{+\infty}\int_0^{+\infty}xyf(x,y)\mathrm{d}x\mathrm{d}y=\int_0^{+\infty}\int_0^{+\infty}xy(4xy)\mathrm{e}^{-(x^2+y^2)}\mathrm{d}x\mathrm{d}y$$

$$=4\int_0^{+\infty}x^2\mathrm{e}^{-x^2}\mathrm{d}x\int_0^{+\infty}y^2\mathrm{e}^{-y^2}\mathrm{d}y=\frac{\pi}{4},$$

$$E[(XY)^2]=4\int_0^{+\infty}\int_0^{+\infty}x^3y^3\mathrm{e}^{-(x^2+y^2)}\mathrm{d}x\mathrm{d}y=4\int_0^{+\infty}x^3\mathrm{e}^{-x^2}\mathrm{d}x\int_0^{+\infty}y^3\mathrm{e}^{-y^2}\mathrm{d}y,$$

而 $$\int_0^{+\infty}x^3\mathrm{e}^{-x^2}\mathrm{d}x=-\frac{1}{2}\int_0^{+\infty}x^2\mathrm{d}\mathrm{e}^{-x^2}=\frac{1}{2},$$

所以 $$E[(XY)^2]=4\times\frac{1}{2}\times\frac{1}{2}=1,\quad D(XY)=1-\left(\frac{\pi}{4}\right)^2=1-\frac{\pi^2}{16},$$

$\mathrm{Cov}(X,Y)=E(XY)-E(X)E(Y)=\frac{\pi}{4}-\frac{\sqrt{\pi}}{2}\times\frac{\sqrt{\pi}}{2}=0$，由此可知 $\rho_{xy}=0$，这说明 X 与

Y 不相关.

【例 16】 设随机变量 X,Y 的分布律为

Y \ X	−1	0	1
−1	1/8	1/8	1/8
0	1/8	0	1/8
1	1/8	1/8	1/8

讨论 X 与 Y 的相关性和独立性.

【解析】 先求 X,Y 的协方差，为此需求 $E(X)$,$E(Y)$ 和 $E(XY)$.

Y \ X	−1	0	1	p_j
−1	1/8	1/8	1/8	3/8
0	1/8	0	1/8	2/8
1	1/8	1/8	1/8	3/8
p_i	3/8	2/8	3/8	1

$E(X)=(-1)\times\frac{3}{8}+0\times\frac{2}{8}+1\times\frac{3}{8}=0, E(Y)=(-1)\times\frac{3}{8}+0\times\frac{2}{8}+1\times\frac{3}{8}=0,$

$E(XY)=(-1)\times(-1)\times\frac{1}{8}+0+(-1)\times1\times\frac{1}{8}+0+1\times(-1)\times\frac{1}{8}+0+1\times1\times\frac{1}{8}$

$=0,$

$\mathrm{Cov}(X,Y)=E(XY)-E(X)E(Y)=0$，所以 X 与 Y 是不相关的.

但 $P(X=x_i,Y=y_j)\neq P(X=x_i)\times P(Y=y_j)$. 如 $P(X=1,Y=-1)=\frac{1}{8}$，

而 $P(X=1)P(Y=-1)=\frac{3}{8}\times\frac{3}{8}=\frac{9}{64}$，故 X 与 Y 不相互独立.

【例 17】 证明若 $Y=a+bX$ (a,b 为常数，$b\neq0$)，则 $\rho_{XY}=\begin{cases}1, & b>0,\\ -1, & b<0.\end{cases}$

【证明】 利用方差和协方差的定义及数学期望的性质求出 $D(Y)$,$\mathrm{Cov}(X,Y)$ 与 $D(X)$ 的关系，然后利用相关系数的定义求出 ρ_{XY}.

$D(Y)=E[Y-E(Y)]^2=E\{[a+bX-E(a+bX)]^2\}$

$=b^2E\{[X-E(X)]^2\}=b^2D(X),$

$\mathrm{Cov}(X,Y)=E(XY)-E(X)E(Y)=E[X(a+bX)]-E(X)E(a+bX)$

$=E(aX+bX^2)-aE(X)-b[E(X)]^2=aE(X)+bE(X^2)-aE(X)-b[E(X)]^2$

$=b[E(X^2)-[E(X)]^2]=bD(X),$

于是有 $$\rho_{XY}=\frac{\mathrm{Cov}(X,Y)}{\sqrt{D(X)}\sqrt{D(Y)}}=\frac{bD(X)}{\sqrt{D(X)}\sqrt{b^2D(X)}}=\frac{bD(X)}{|b|D(X)}=\frac{b}{|b|}.$$

显然，当 $b>0$ 时，$\rho_{XY}=1$；当 $b<0$ 时，$\rho_{XY}=-1$，即 $\rho_{XY}=\begin{cases}1, & b>0,\\ -1, & b<0.\end{cases}$

三、强化练习题

☆ A 题 ☆

1. 填空题

(1) 设随机变量 X,Y，已知 $D(X)=25$，$D(Y)=36$，$\rho_{XY}=0.4$，则 $D(X-Y)=$ ________.

(2) 设 X,Y 为两个相互独立的随机变量，$D(X)=4$，$D(Y)=3$ 分别为其方差，则 $D(X-Y)=$ ________.

(3) 设 $X\sim B(n,p)$ 且 $E(X)=6$，$D(X)=3.6$，则 $n=$ ________，$p=$ ________.

(4) 设随机变量 X 服从参数为 λ 的指数分布，则 $P\{X>\sqrt{D(X)}\}=$ ________.

(5) 设随机变量 X 的分布为 $P\{X=k\}=\frac{\lambda^k}{k!}e^{-\lambda}$ $(k=0,1,2,\cdots;\ \lambda>0)$，

则 $D(X)=$ ________.

(6) 随机变量 X 服从区间 $[0,2]$ 上的均匀分布，则 $D(X)\div[E(X)]^2=$ ________.

(7) 设 X 为正态分布的随机变量，概率密度 $f(x)=\frac{1}{2\sqrt{2\pi}}e^{-\frac{(x-1)^2}{8}}$，

则 $E(X)=$ ________，$D(X)=$ ________，$E(2X^2-1)=$ ________.

(8) 当 X 与 Y 相互独立时，方差 $D(2X-3Y)=$ ________.

(9) 设随机变量 X 服从泊松分布，则 $\frac{D(X)}{E(X)}=$ ________.

(10) 设随机变量 X 和 Y 的数学期望分别为 -2 和 2，方差分别为 1 和 4，相关系数为 -0.5，则根据切比雪夫不等式 $P\{|X+Y|\geqslant 6\}\leqslant$ ________.

2. 选择题

(1) 设 $X\sim B(n,p)$，则有________.

(A) $D(2X-1)=2np$　　(B) $D(2X-1)=4n(1-p)+1$

(C) $E(2X-1)=4np+1$　　(D) $D(2X-1)=4nP(1-p)$

(2) 设随机变量 X 服从二项分布 $B(n,p)$，则有 $\frac{D(X)}{E(X)}=$ ________.

(A) n　　(B) $1-p$　　(C) p　　(D) $1/(1-p)$

(3) 已知 $E(X)=1$，$D(X)=3$，则 $E[3(X^2-1)]=$ ________.

(A) 9　　(B) 6　　(C) 30　　(D) 36

(4) 设 X 为正态分布的随机变量，概率密度 $f(x)=\frac{1}{2\sqrt{2\pi}}e^{-\frac{(x-2)^2}{8}}$，则 $E(2X^2-1)=$ ________.

(A) 15　　(B) 6　　(C) 4　　(D) 9

(5) 设 X 与 Y 都是正态分布的随机变量，下列命题正确的是________.

(A) $X+Y$ 是正态分布的随机变量　　(B) X 与 Y 不相关，则 X 与 Y 相互独立

(C) X 与 Y 相互独立，则 X 与 Y 不相关　　(D)以上都不对

(6) 设二维随机变量 (X,Y) 的概率分布为

X \ Y	0	1
0	0.4	A
1	B	0.1

已知随机事件 $\{X=0\}$ 与 $\{X+Y=1\}$ 相互独立，则________.

(A) $A=0.2$，$B=0.3$　　(B) $A=0.4$，$B=0.1$

(C) $A=0.3$，$B=0.2$　　(D) $A=0.1$，$B=0.4$

3. 计算题

(1) 设连续型随机变量 X 的分布密度为 $f(x)=\begin{cases} x, & 0<x\leqslant 1, \\ 2-x, & 1<x\leqslant 2, \\ 0, & 其他, \end{cases}$ 求 $E(X)$.

(2) 设用一个匀称的骰子来玩游戏. 在这样的游戏中，若骰子向上为 2，则玩游戏的人赢 20 元，若向上为 4 则赢 40 元，若向上为 6 则输 30 元，若其他的面向上，则玩游戏的人既不赢也不输，求玩游戏的人赢得钱数的期望.

(3) 设 X_1, X_2 分别表示甲、乙手表的日走时误差，则其概率密度分别为

$$f_1(x)=\begin{cases} \frac{1}{20}, & -10<x<10, \\ 0, & 其他, \end{cases} \qquad f_2(x)=\begin{cases} \frac{1}{40}, & -20<x<20, \\ 0, & 其他, \end{cases}$$

问哪一个表走得较好?

(4) 假定国际市场上每年对我国某种出口商品的需求量是随机变量 ξ（单位：千吨），其密度函数为 $p(x)=\begin{cases} \frac{1}{2000}, & 2000\leqslant x\leqslant 4000, \\ 0, & 其他, \end{cases}$ 设每售出这种商品 1 千克，可为国家挣得外汇 3 千万元；但假如销售不了而囤积于仓库，则每吨需花保养费 1 千万元，则需要组织多少货源，才能使国家收益最大?

(5) 设随机变量 (X,Y) 的密度函数为 $f(x,y)=\begin{cases} x+y, & 0\leqslant x\leqslant 1, 0\leqslant y\leqslant 1, \\ 0, & 其他, \end{cases}$ 求 $X+Y, XY$ 的数学期望.

(6) 设 $X\sim N(3,6)$，$Y\sim U[0,1]$　且 X,Y 独立，求 $E(XY), D(XY)$.

(7) 设二维随机变量 (X,Y) 的概率密度为

$$f(x,y)=\begin{cases} A\sin(x+y), 0\leqslant x\leqslant \frac{\pi}{2}, & 0\leqslant y\leqslant \frac{\pi}{2}, \\ 0, & 其他, \end{cases}$$ 求 ρ_{XY}.

(8) 设 $X_1, X_2, \cdots, X_n$ 是相互独立的随机变量. 且有

$$E(X_i)=\mu,\quad D(X)=\sigma^2,\ i=1,2,\cdots,n.$$

记

$$\overline{X}=\frac{1}{n}\sum_{i=1}^{n}X_i,\ S^2=\frac{1}{n-1}\sum_{i=1}^{n}(X_i-\overline{X})^2.$$

① 验证 $E(\overline{X})=\mu$，$D(\overline{X})=\sigma^2/n$；

② 验证 $S^2=\frac{1}{n-1}\left\{\sum_{i=1}^{n}X_i^2-n\overline{X}^2\right\}$；

③ 验证 $E(S^2)=\sigma^2$.

(9) 设 $X\sim N(\mu,\sigma^2)$，$Y\sim N(\mu,\sigma^2)$，且设 X,Y 相互独立. 求 $Z_1=\alpha X+\beta Y$ 和 $Z_2=\alpha X-\beta Y$ 的相关系数（其中 α,β 是不为零的常数）.

☆ B 题 ☆

(1) 某流水生产线上每个产品是不合格的概率为 $p(0<p<1)$，各产品合格与否相互独立，当出现一个不合格产品时即停机检修. 设开机后第一次停机时已生产了的产品个数为 X，求 X 的数学期望 $E(X)$ 和方差 $D(X)$.

(2) 已知甲、乙两箱中装有同种产品，其中甲箱中装有 3 件合格品和 3 件次品，乙箱中仅装有 3 件合格品. 从甲箱中任取 3 件产品放入乙箱后，求乙箱中次品件数 X 的数学期望.

(3) 设随机变量 X 和 Y 的联合分布在以点 $(0,1)$，$(1,0)$，$(1,1)$ 为顶点的三角形区域上服从均匀分布，求随机变量 $Z=X+Y$ 的方差.

(4) 设随机变量 X 的概率密度为 $f(x)=\begin{cases}\frac{1}{2}\cos\frac{x}{2}, & 0\leqslant x\leqslant \pi,\\ 0, & 其他,\end{cases}$ 对 X 独立地重复观察 4 次，用 Y 表示观测值大于 $\frac{\pi}{3}$ 的次数，求 Y^2 的数学期望.

(5) 已知随机变量 X 的分布函数为 $F(x)=\begin{cases}0, & x\leqslant -1,\\ a+b\arcsin x, & -1<x\leqslant 1,\\ 1, & x>1,\end{cases}$ 求 $E(X)$，$D(X)$.

(6) 设平面区域 G 是由直线 $y=x$，$y=-x$，$x=1$ 所围成，(X,Y) 在 G 上服从均匀分布，求 ρ_{XY}.

(7) 设 A,B 为随机事件，且 $P(A)=\frac{1}{4}$，$P(B|A)=\frac{1}{3}$，$P(A|B)=\frac{1}{2}$，令 $X=\begin{cases}1, & A 发生,\\ 0, & A 不发生;\end{cases}$ $Y=\begin{cases}1, & B 发生,\\ 0, & B 不发生.\end{cases}$

求① 二维随机变量 (X,Y) 的概率分布；

② X 和 Y 的相关系数.

(8) 设 (X,Y) 服从单位圆盘上的均匀分布，问 X 与 Y 是否相关？是否独立？为什么？

四、强化练习题参考答案

☆A 题☆

1. (1) $D(X-Y)=25+36-2\times 0.4\times 5\times 6=37$；　(2) $D(X-Y)=7$；

(3) $n=15$，$P=0.4$；　(4) $P\{X>\sqrt{D(X)}\}=P\{X>\frac{1}{\lambda}\}=\int_{\frac{1}{\lambda}}^{+\infty}\lambda e^{-\lambda x}dx=e^{-1}$；

(5) $D(X)=\lambda$；　(6) $D(X)\div[E(X)]^2=\frac{1}{3}$；

(7) $E(X)=1$, $D(X)=4$, $E(2X^2-1)=9$；

(8) $D(2X-3Y)=4D(X)+9D(Y)$；　(9) $\frac{D(X)}{E(X)}=1$；　(10) $\frac{1}{12}$.

2. (1) D；　(2) B；　(3) A；　(4) A；　(5) C；　(6) B.

3. (1) $E(X)=\int_{-\infty}^{+\infty}xf(x)dx=\int_0^1 x^2dx+\int_1^2 x(2-x)dx=\frac{1}{3}x^3\Big|_0^1+(x^2-\frac{1}{3}x^3)\Big|_1^2=1$.

(2) 令 X 为任何一次抛掷中赢得钱数，则 $X \sim \begin{pmatrix} 0 & 20 & 40 & -30 \\ 1/2 & 1/6 & 1/6 & 1/6 \end{pmatrix}$，则由离散型随机变量数学期望的定义可知：$E(X)=0\times\frac{1}{2}+20\times\frac{1}{6}+40\times\frac{1}{6}-30\times\frac{1}{6}=5$.

从而玩游戏的人可期望赢 5 元，因此，在一个公正的游戏中，玩游戏的人为了参加游戏应当付 5 元底金.

(3) $E(X_1)=\int_{-\infty}^{+\infty} x f_1(x)\mathrm{d}x=\frac{1}{20}\int_{-10}^{+10} x\,\mathrm{d}x=0=E(X_2)$，

$$D(X_1)=E(X_1^2)-[E(X_1)]^2=E(X_1^2)=\int_{-\infty}^{+\infty} x^2 p_1(x)\mathrm{d}x=\frac{1}{20}\int_{-10}^{+10} x^2\mathrm{d}x=\frac{100}{3}.$$

同理，$D(X_2)=E(X_2^2)-[E(X_2)]^2=E(X_2^2)=\frac{1}{40}\int_{-20}^{+20} x^2\mathrm{d}x=\frac{400}{3}$，因此 $D(X_1)<D(X_2)$，即 X_1 的偏离程度小，甲手表走得较好.

(4) 设 y 为一年预备出口的该种商品量，由于外国的需求量为 ξ，则国家收入 η（单位：万元）是 ξ 的函数，且 $\eta=g(\xi)=\begin{cases} 3y, & \xi\geqslant y, \\ 3\xi-(y-\xi), & \xi<y, \end{cases}$ η 为随机变量. 若收益达到最大，那么其平均值也达到最大.

而 $E(\eta)=Eg(\xi)=\int_{-\infty}^{+\infty} g(x)p(x)\mathrm{d}x=\frac{1}{2000}\int_{2000}^{4000} g(x)\mathrm{d}x$

$$=\frac{1}{2000}\int_{2000}^{y}[3x-(y-x)]\mathrm{d}x+\frac{1}{2000}\int_{y}^{4000} 3y\mathrm{d}x=\frac{1}{1000}[-y^2+7000y-4\times10^6].$$

当 $y=3500$ 时，$E(\eta)$ 取得最大值. 因此，需组织 3500 千吨该商品，平均说来能使国家的收益最大，这是最好的决策.

(5) $E(X+Y)=\int_{-\infty}^{+\infty}\int_{-\infty}^{+\infty}(x+y)f(x,y)\mathrm{d}x\mathrm{d}y=\int_0^1\int_0^1(x+y)^2\mathrm{d}x\mathrm{d}y=\frac{7}{6}$，

$$E(XY)=\int_{-\infty}^{+\infty}\int_{-\infty}^{+\infty} xyf(x,y)\mathrm{d}x\mathrm{d}y=\int_0^1\int_0^1 xy(x+y)\mathrm{d}x\mathrm{d}y=\frac{1}{3}.$$

(6) $E(X)=3$，$E(Y)=\frac{1}{2}$，$D(X)=6$，$D(Y)=\frac{1}{12}$，由 $D(X)=E(X^2)-[E(X)]^2$ 知

$$E(X^2)=15,\quad E(Y^2)=\frac{1}{3}.$$

由 X,Y 独立$\Rightarrow X^2,Y^2$ 独立，所以 $E(XY)=E(X)E(Y)=\frac{3}{2}$；

$$D(XY)=E(X^2Y^2)-[E(XY)]^2=15\times\frac{1}{3}-\left(\frac{3}{2}\right)^2=\frac{11}{4}.$$

(7) 由 $\int_{-\infty}^{+\infty}\int_{-\infty}^{+\infty} f(x,y)\mathrm{d}x\mathrm{d}y=\int_0^{\frac{\pi}{2}}\mathrm{d}y\int_0^{\frac{\pi}{2}} A\sin(x+y)\mathrm{d}x=2A=1$，得 $A=\frac{1}{2}$.

$$E(X)=\int_0^{\frac{\pi}{2}}\int_0^{\frac{\pi}{2}} x\cdot\frac{1}{2}\sin(x+y)\mathrm{d}x\mathrm{d}y=\frac{\pi}{4},$$

$$E(X^2)=\int_0^{\frac{\pi}{2}}\int_0^{\frac{\pi}{2}} x^2\cdot\frac{1}{2}\sin(x+y)\mathrm{d}x\mathrm{d}y=\frac{\pi^2}{8}+\frac{\pi}{2}-2,$$

$$D(X)=E(X^2)-[E(X)]^2=\frac{\pi^2}{16}+\frac{\pi}{2}-2=0.1876,$$

类似地，$E(Y)=\frac{\pi}{4}$，$D(X)=0.1876$，

$$E(XY)=\int_{-\infty}^{+\infty}\int_{-\infty}^{+\infty}xyf(x,y)\,\mathrm{d}x\mathrm{d}y=\int_0^{\frac{\pi}{2}}\int_0^{\frac{\pi}{2}}xy\cdot\frac{1}{2}\sin(x+y)\,\mathrm{d}x\mathrm{d}y=\frac{\pi}{2}-1,$$

$$\mathrm{Cov}(X,Y)=E(XY)-E(X)E(Y)=-0.046,$$

故
$$\rho_{XY}=\frac{\mathrm{cov}(X,Y)}{\sqrt{D(X)D(Y)}}=-0.245.$$

(8) ① $E(\overline{X})=E\left(\frac{1}{n}\sum_{i=1}^{n}X_i\right)=\frac{1}{n}\sum_{i=1}^{n}E(X_i)=\mu$，

$$D(\overline{X})=D\left(\frac{1}{n}\sum_{i=1}^{n}X_i\right)=\frac{1}{n^2}\sum_{i=1}^{n}D(X_i)=\frac{\sigma^2}{n}.$$

② $S^2=\frac{1}{n-1}\sum_{i=1}^{n}(X_i-\overline{X})^2=\frac{1}{n-1}(\sum_{i=1}^{n}X_i^2-2\overline{X}\sum_{i=1}^{n}X_i+\sum_{i=1}^{n}\overline{X}^2)$

$$=\frac{1}{n-1}(\sum_{i=1}^{n}X_i^2-2n\overline{X}^2+n\overline{X}^2)=\frac{1}{n-1}(\sum_{i=1}^{n}X_i^2-n\overline{X}^2).$$

③ $E(S^2)=E[\frac{1}{n-1}(\sum_{i=1}^{n}X_i^2-n\overline{X}^2)]=\frac{1}{n-1}[\sum_{i=1}^{n}E(X_i^2)-nE(\overline{X}^2)]$

$$=\frac{1}{n-1}\sum_{i=1}^{n}[(\sigma^2+\mu^2)-(\frac{\sigma^2}{n}+\mu^2)]=\frac{1}{n-1}\sum_{i=1}^{n}\frac{n-1}{n}\times\sigma^2=\sigma^2.$$

(9) $E(Z_1)=E(\alpha X+\beta Y)=(\alpha+\beta)\mu$，　$E(Z_2)=E(\alpha X-\beta Y)=(\alpha-\beta)\mu$，

$D(Z_1)=D(\alpha X+\beta Y)=(\alpha^2+\beta^2)\sigma^2$，　$D(Z_2)=D(\alpha X-\beta Y)=(\alpha^2+\beta^2)\sigma^2$，

$E(Z_1Z_2)=E[(\alpha X+\beta Y)(\alpha X-\beta Y)]=\alpha^2E(X^2)-\beta^2E(Y^2)$

$$=\alpha^2(\sigma^2+\mu^2)-\beta^2(\sigma^2+\mu^2)=(\alpha^2-\beta^2)(\sigma^2+\mu^2),$$

$\mathrm{Cov}(X,Y)=(\alpha^2-\beta^2)(\sigma^2+\mu^2)-[(\alpha+\beta)\mu][(\alpha-\beta)\mu]=(\alpha^2-\beta^2)\sigma^2.$

相关系数 $\rho_{Z_1Z_2}=\frac{\mathrm{Cov}(Z_1,Z_2)}{\sqrt{DZ_1DZ_2}}=\frac{(\alpha^2-\beta^2)\sigma^2}{\sqrt{(\alpha^2+\beta^2)\sigma^2(\alpha^2+\beta^2)\sigma^2}}=\frac{(\alpha^2-\beta^2)}{(\alpha^2+\beta^2)}.$

☆B 题☆

(1) 记 $q=1-p$，则 X 的概率分布为 $P\{X=i\}=pq^{i-1}$，$i=1,2,\cdots$.

$$E(X)=\sum_{i=1}^{\infty}ipq^{i-1}=p\sum_{i=1}^{\infty}(q^i)'=p(\sum_{i=1}^{\infty}q^i)'=p\left(\frac{q}{1-p}\right)'=p\,\frac{1}{(1-q)^2}=\frac{1}{p},$$

$$E(X^2)=\sum_{i=1}^{\infty}i^2pq^{i-1}=p\left[q(\sum_{i=1}^{\infty}q^i)'\right]'=p\left(\frac{q}{(1-q)^2}\right)'=p\,\frac{1+q}{(1-q)^3}=\frac{2-p}{p^2},$$

$$D(X)=E(X^2)-[E(X)]^2=\frac{2-p}{p^2}-\frac{1}{p^2}=\frac{1-p}{p^2}.$$

(2) 易知次品件数 X 是个随机变量，X 的取值为 0,1,2,3. X 的概率分布为

$P\{X=k\}=\frac{C_3^kC_3^{3-k}}{C_6^3}$，$k=0,1,2,3$. 即

X	0	1	2	3
P	$\frac{1}{20}$	$\frac{9}{20}$	$\frac{9}{20}$	$\frac{1}{20}$

因此 $E(X)=0\times\frac{1}{20}+1\times\frac{9}{20}+2\times\frac{9}{20}+3\times\frac{1}{20}=\frac{3}{2}$.

(3) 利用 $Eg(X,Y)=\int_{-\infty}^{+\infty}\int_{-\infty}^{+\infty}g(x,y)f(x,y)\mathrm{d}x\mathrm{d}y$.

三角形区域为 $G=\{(x,y)\mid 0\leqslant x\leqslant 1,1-x\leqslant y\leqslant 1\}$，随机变量 X 和 Y 的联合密度为

$$f(x,y)=\begin{cases}2, & (x,y)\in G,\\ 0, & (x,y)\notin G.\end{cases}$$

$$E(Z)=E(X+Y)=\int_{-\infty}^{+\infty}\int_{-\infty}^{+\infty}(x+y)f(x,y)\mathrm{d}x\mathrm{d}y=\frac{4}{3},$$

$$E(Z^2)=E[(X+Y^2)]=\int_{-\infty}^{+\infty}\int_{-\infty}^{+\infty}(x+y)^2f(x,y)\mathrm{d}x\mathrm{d}y=\frac{11}{6},$$

$$D(Z)=E(Z^2)-(EZ)^2=\frac{11}{6}-\frac{16}{9}=\frac{1}{18}.$$

(4) 由于 $P\left\{X>\frac{\pi}{3}\right\}=\int_{\frac{\pi}{3}}^{\pi}\frac{1}{2}\cos\frac{x}{2}\mathrm{d}x=\frac{1}{2}$，所以 $Y\sim B\left(4,\frac{1}{2}\right)$.

$$E(Y)=4\times\frac{1}{2}=2,D(Y)=4\times\frac{1}{2}\times\left(1-\frac{1}{2}\right)=1,$$

故 $E(Y^2)=DY+(EY)^2=1+2^2=5.$

(5) 由 $F(-1+0)=F(-1)$，$F(1+0)=F(1)$，得 $a=\frac{1}{2}$，$b=\frac{1}{\pi}$，从而

$$f(x)=F'(x)=\begin{cases}\dfrac{1}{\pi\sqrt{1-x^2}}, & -1<x<1,\\ 0, & \text{其他},\end{cases}\quad E(X)=\int_{-\infty}^{\infty}xf(x)\mathrm{d}x=0,$$

$E(X^2)=\int_{-\infty}^{\infty}x^2f(x)\mathrm{d}x=\frac{1}{2}$，故 $D(X)=E(X^2)-[E(X)]^2=\frac{1}{2}$.

(6) 随机变量 X 和 Y 的联合密度为 $f(x,y)=\begin{cases}1, & (x,y)\in G,\\ 0, & (x,y)\notin G,\end{cases}$ 则

$$E(X)=\int_{-\infty}^{+\infty}\int_{-\infty}^{+\infty}xf(x,y)\mathrm{d}x\mathrm{d}y=\int_0^1\mathrm{d}x\int_{-x}^{x}x\mathrm{d}y=\frac{2}{3},$$

$$E(Y)=\int_{-\infty}^{+\infty}\int_{-\infty}^{+\infty}yf(x,y)\mathrm{d}x\mathrm{d}y=\iint_G y\mathrm{d}x\mathrm{d}y=0,$$

$$E(XY)=\int_{-\infty}^{+\infty}\int_{-\infty}^{+\infty}xyf(x,y)\mathrm{d}x\mathrm{d}y=\iint_G xy\mathrm{d}x\mathrm{d}y=0,$$

故 $\mathrm{Cov}(X,Y)=E(XY)-E(X)E(Y)=0$，从而 $\rho_{XY}=0$.

(7) ① 由于 $P(AB)=P(A)P(B\mid A)=\frac{1}{12}$，$P(B)=\frac{P(AB)}{P(A\mid B)}=\frac{1}{16}$，

所以 $P\{X=1,Y=1\}=P(AB)=\frac{1}{12}$，

$$P\{X=1,Y=0\}=P(A\overline{B})=P(A)-P(AB)=\frac{1}{16},$$

$$P\{X=0,Y=1\}=P(\overline{A}B)=P(B)-P(AB)=\frac{1}{12}$$

$$P\{X=0,Y=0\}=P(\overline{A}\overline{B})=1-P(A+B)$$

$$=1-P(A)-P(B)+P(AB)=\frac{2}{3}.$$

故(X,Y)的概率分布为

X \ Y	0	1
0	2/3	1/12
1	1/6	1/12

② X 和 Y 的概率分布分别为

X	0	1
P	3/4	1/4

Y	0	1
P	5/6	1/6

则 $$E(X)=\frac{1}{4},\ E(Y)=\frac{1}{6},\ D(X)=\frac{3}{16},\ D(Y)=\frac{5}{36},\ E(XY)=\frac{1}{12}.$$

故 $$\mathrm{Cov}(X,Y)=E(XY)-E(X)E(Y)=\frac{1}{24},$$

从而 $$\rho_{XY}=\frac{\mathrm{Cov}(X,Y)}{\sqrt{DX}\sqrt{DY}}=\frac{\sqrt{15}}{15}.$$

(8) 随机变量 X 和 Y 的联合密度为 $f(x,y)=\begin{cases}\frac{1}{\pi}, & x^2+y^2\leqslant 1,\\ 0, & x^2+y^2>1,\end{cases}$ 则

$$E(X)=\int_{-\infty}^{+\infty}\int_{-\infty}^{+\infty}xf(x,y)\,\mathrm{d}x\mathrm{d}y=\iint\limits_{x^2+y^2\leqslant 1}x\cdot\frac{1}{\pi}\mathrm{d}x\mathrm{d}y=0,$$

$$E(Y)=\int_{-\infty}^{+\infty}\int_{-\infty}^{+\infty}yf(x,y)\,\mathrm{d}x\mathrm{d}y=\iint\limits_{x^2+y^2\leqslant 1}y\cdot\frac{1}{\pi}\mathrm{d}x\mathrm{d}y=0,$$

$$E(XY)=\int_{-\infty}^{+\infty}\int_{-\infty}^{+\infty}xyf(x,y)\,\mathrm{d}x\mathrm{d}y=\iint\limits_{x^2+y^2\leqslant 1}xy\cdot\frac{1}{\pi}\mathrm{d}x\mathrm{d}y=0,$$

从而 $E(XY)=E(X)E(Y)$，故 X 与 Y 不相关；

$$f_X(x)=\int_{-\infty}^{+\infty}f(x,y)\,\mathrm{d}y=\begin{cases}\frac{2\sqrt{1-x^2}}{\pi}, & -1<x<1,\\ 0, & \text{其他},\end{cases}$$

$$f_Y(x)=\int_{-\infty}^{+\infty}f(x,y)\,\mathrm{d}y=\begin{cases}\frac{2\sqrt{1-y^2}}{\pi}, & -1<y<1,\\ 0, & \text{其他},\end{cases}$$

显然 $f(x,y)\neq f(x)f(y)$，故 X 与 Y 不独立.

第五章　大数定律及中心极限定理

本章基本要求

1. 了解依概率收敛的定义.
2. 了解切比雪夫不等式.
3. 了解切比雪夫大数定律、辛钦大数定律(弱大数定律)和伯努利大数定律.
4. 了解列维-林德伯格定律(独立同分布的中心极限定理)和棣莫弗-拉普拉斯定理(二项分布以正态分布为极限分布).

一、内容要点

1. 依概率收敛

定义　设 $Y_1,Y_2,\cdots,Y_n,\cdots$ 是一个随机变量序列，a 为常数，若对任意的 $\varepsilon>0$，有 $\lim\limits_{n\to\infty}P\{|Y_n-a|<\varepsilon\}=1$，则称 $Y_1,Y_2,\cdots,Y_n,\cdots$ 依概率收敛于 a，记为 $Y_n\xrightarrow{P}a$.

性质　若 $X_n\xrightarrow{P}a$，$Y_n\xrightarrow{P}b$，又有函数 $g(x,y)$ 在点 (a,b) 连续，则

$$g(X_n,Y_n)\xrightarrow{P}g(a,b).$$

2. 切比雪夫不等式

设随机变量 X 具有数学期望 $E(X)=\mu$，方差 $D(X)=\sigma^2$，则对于任意正数 ε，不等式

$$P\{|X-\mu|\geqslant\varepsilon\}\leqslant\frac{\sigma^2}{\varepsilon^2}\quad\text{或}\quad P\{|X-\mu|<\varepsilon\}\geqslant1-\frac{\sigma^2}{\varepsilon^2}$$

成立.

3. 大数定律

(1) 切比雪夫大数定律　设 $X_1,X_2,\cdots,X_n,\cdots$ 是相互独立的随机变量序列，$E(X_k)$ 和 $D(X_k)$ 都存在，且 $D(X_k)\leqslant C(k=1,2,\cdots)$，则对任意的 $\varepsilon>0$，有

$$\lim_{n\to\infty}P\left\{\left|\frac{1}{n}\sum_{k=1}^{n}X_k-\frac{1}{n}\sum_{k=1}^{n}E(X_k)\right|<\varepsilon\right\}=1.$$

注意　该定理的结论也可以写成：$\frac{1}{n}\sum\limits_{k=1}^{n}X_k\xrightarrow{P}\frac{1}{n}\sum\limits_{k=1}^{n}E(X_k)$.

(2) 辛钦大数定律(弱大数定理)　设 $X_1,X_2,\cdots,X_n,\cdots$ 是相互独立，服从同一分布的随机变量序列，且具有相同的数学期望 $E(X_k)=\mu(k=1,2,\cdots)$，作前 n 个变量的算术平均 $\frac{1}{n}\sum\limits_{k=1}^{n}X_k$，则对任意的 $\varepsilon>0$，有

$$\lim_{n\to\infty}P\left\{\left|\frac{1}{n}\sum_{k=1}^{n}X_k-\mu\right|<\varepsilon\right\}=1.$$

注意　该定理的结论也可以写成：$\frac{1}{n}\sum_{k=1}^{n}X_k \xrightarrow{P} \mu$.

(3) 贝努利大数定律

设 f_A 是 n 次独立重复试验中事件 A 发生的次数，p 是事件 A 在每次试验中发生的概率，则对任意的 $\varepsilon>0$，有

$$\lim_{n\to\infty}P\left\{\left|\frac{f_A}{n}-p\right|<\varepsilon\right\}=1 \quad 或 \quad \lim_{n\to\infty}P\left\{\left|\frac{f_A}{n}-p\right|\geqslant\varepsilon\right\}=0.$$

注意 (1) 该定理的结论也可以写成：$\frac{f_A}{n}\xrightarrow{P}p$.

(2) 贝努利大数定律的结果表明，对于给定的任意小的正数 ε，在 n 充分大时，事件“频率$\frac{f_A}{n}$与概率 p 的偏差小于 ε”实际上几乎是必定要发生的，这就是频率稳定性的真正含义.

4. 中心极限定理

(1) 独立同分布的中心极限定理（列维-林德伯格定理）. 设随机变量 $X_1,X_2,\cdots,X_n,\cdots$ 相互独立，服从同一分布，且具有数学期望和方差 $E(X_k)=\mu$，$D(X_k)=\sigma^2>0$ ($k=1,2,\cdots$)，则随机变量之和 $\sum_{k=1}^{n}X_k$ 的标准化量

$$Y_n=\frac{\sum_{k=1}^{n}X_k-E(\sum_{k=1}^{n}X_k)}{\sqrt{D(\sum_{k=1}^{n}X_k)}}=\frac{\sum_{k=1}^{n}X_k-n\mu}{\sqrt{n}\sigma}$$

的分布函数 $F_n(x)$，有

$$\lim_{n\to\infty}F_n(x)=\lim_{n\to\infty}P\left\{\frac{\sum_{k=1}^{n}X_k-n\mu}{\sqrt{n}\sigma}\leqslant x\right\}=\int_{-\infty}^{x}\frac{1}{\sqrt{2\pi}}e^{-\frac{t^2}{2}}dt=\Phi(x).$$

注意　该定理十分重要，结论说明：当 n 较大时，给定条件下

$$\frac{\sum_{k=1}^{n}X_k-n\mu}{\sqrt{n}\sigma}\overset{近似}{\sim}N(0,1) \text{ 或 } \frac{\overline{X}-\mu}{\sigma/\sqrt{n}}\overset{近似}{\sim}N(0,1) \text{ 或 } \overline{X}\overset{近似}{\sim}N(\mu,\frac{\sigma^2}{n}).$$

(2) 棣莫弗-拉普拉斯中心极限定理. 设随机变量 η_n ($n=1,2,\cdots$) 服从参数为 n,p ($0<p<1$) 的二项分布，则对任意 x，有

$$\lim_{n\to\infty}P\left\{\frac{\eta_n-np}{\sqrt{np(1-p)}}\leqslant x\right\}=\int_{-\infty}^{x}\frac{1}{\sqrt{2\pi}}e^{-\frac{t^2}{2}}dt=\Phi(x).$$

注意　该定理说明：当 n 较大时，给定条件下有 $\frac{\eta_n-np}{\sqrt{np(1-p)}}\overset{近似}{\sim}N(0,1)$.

二、精选题解析

【例 1】 (2001 年数学考研题) 设随机变量 X 和 Y 的数学期望分别为 -2 和 2，方差分别为 1 和 4，而它们的相关系数为 -0.5，则根据切比雪夫不等式，$P\{|X+Y|\geqslant 6\}\leqslant$ ________.

【解析】 令 $Z=X+Y$，则 $E(Z)=E(X+Y)=E(X)+E(Y)=0$，

$$D(Z)=D(X+Y)=D(X)+D(Y)+2\mathrm{Cov}(X,Y)$$
$$=D(X)+D(Y)+2\rho_{XY}\sqrt{D(X)}\sqrt{D(Y)}=3.$$

于是 $$P\{|X+Y|\geqslant 6\}=P\{|Z-0|\geqslant 6\}\leqslant\frac{D(Z)}{6^2}=\frac{1}{12}.$$

【例 2】 （2001 年数学考研题）设随机变量 X 的方差为 2，则根据切比雪夫不等式，$P\{|X-E(X)|\geqslant 2\}\leqslant$ ________.

【解析】 根据切比雪夫不等式 $P\{|X-\mu|\geqslant\varepsilon\}\leqslant\frac{\sigma^2}{\varepsilon^2}$，将 $\sigma^2=2$，$\varepsilon=2$ 代入，即得 $\frac{1}{2}$.

【例 3】 若随机变量 X 服从 $[-1,\ b]$ 上的均匀分布，且根据切比雪夫不等式有

$P\{|X-1|<\varepsilon\}\geqslant\frac{2}{3}$，则 $b=$ ________，$\varepsilon=$ ________.

【解析】 由均匀分布的数字特征有 $E(X)=(-1+b)/2$，$D(X)=(b+1)^2/12$；根据切比雪夫不等式，$P\{|X-\mu|<\varepsilon\}\geqslant 1-\frac{\sigma^2}{\varepsilon^2}$，与 $P\{|X-1|<\varepsilon\}\geqslant\frac{2}{3}$ 对比有，$E(X)=1=(-1+b)/2\Rightarrow b=3$. 进而 $D(X)=\frac{4}{3}$，则

$$1-\frac{D(X)}{\varepsilon^2}=\frac{2}{3}\Rightarrow\varepsilon=\sqrt{2}.$$

【例 4】 一个部件包括 10 部分，每部分的长度是一个随机变量，它们相互独立，且服从同一分布，其数学期望为 2mm，方差为 0.05mm，规定总长度为（20±1）mm 时产品合格，试求产品合格的概率.

【解析】 设这 10 个部分的长度分别为 $V_k(k=1,2\cdots,10)$，其总长度 $V=\sum_{k=1}^{10}V_k$，由题意知 $E(V_k)=2$，$D(V_k)=0.05(k=1,2,\cdots,10)$，符合独立同分布中心极限定理的条件，于是有

$$\frac{\sum_{i=1}^{10}V_i-10\times 2}{0.05\sqrt{10}}\overset{\text{近似}}{\sim}N(0,1),$$

$$P(19.9<V<20.1)=P\left(\frac{19.9-20}{0.05\sqrt{10}}<\frac{V-20}{0.05\sqrt{10}}<\frac{20.1-20}{0.05\sqrt{10}}\right)$$
$$\approx 2\Phi(0.6325)-1=0.4714.$$

因此产品合格的概率约为 0.4714.

【例 5】 在天平上重复称量一重为 a 的物品，假设各次称量结果相互独立且服从正态分布 $N(a,0.2^2)$，$\overline{X_n}$ 表示 n 次称量结果的算术平均值，则为了使 $P\{|\overline{X_n}-a|<0.1\}\geqslant 0.95$，$n$ 的最小值应不小于多少？

【解析】 由已知条件，$E(\overline{X_n})=a$，$D(\overline{X_n})=\frac{0.04}{n}$，$\overline{X_n}$ 服从 $N(a,\frac{0.04}{n})$，由独立同分布中心极限定理，有

$$P\{|\overline{X_n}-a|<0.1\}=P\left\{\frac{-0.1}{\sqrt{0.04}}\sqrt{n}<\frac{\overline{X_n}-a}{\sqrt{0.04}}\sqrt{n}<\frac{0.1}{\sqrt{0.04}}\sqrt{n}\right\}=2\Phi\left(\frac{\sqrt{n}}{2}\right)-1\geqslant 0.95,$$

进而 $\Phi\left(\frac{\sqrt{n}}{2}\right)\geqslant 0.975$，所以 $n\geqslant 16$.

【例 6】 计算器在进行加法时，将每个加数舍入最靠近它的加数. 设所有舍入误差是独立的，且在 $(-0.5,0.5)$ 上服从均匀分布.

(1) 若将 1500 个数相加，问误差总和的绝对值超过 15 的概率是多少？

(2) 最多可有多少个数相加使得误差总和的绝对值小于 10 的概率不小于 0.90?

【解析】 设每个加数的舍入误差为 $X_i, i=1,2,\cdots,1500$,则 X_i 相互独立,$X_i \sim U(-0.5, 0.5)$,于是

$$E(X_i)=\frac{-0.5+0.5}{2}=0,\quad D(X_i)=\frac{(0.5+0.5)^2}{12}=\frac{1}{12},\quad i=1,2,\cdots,1500.$$

(1) 由独立同分布的中心极限定理有,$\dfrac{\sum\limits_{i=1}^{1500}X_i-1500\times 0}{\sqrt{1500}\sqrt{\frac{1}{12}}}\overset{近似}{\sim}N(0,1)$,所以

$$P\left\{\left|\sum_{i=1}^{1500}X_i\right|>15\right\}=1-P\left\{\left|\sum_{i=1}^{1500}X_i\right|\leqslant 15\right\}=1-P\left\{\frac{-15}{\sqrt{125}}\leqslant\frac{\sum\limits_{i=1}^{1500}X_i}{\sqrt{125}}\leqslant\frac{15}{\sqrt{125}}\right\}$$

$$\approx 2-2\Phi(1.34)=0.1802.$$

(2) 求 n,使 $P\left\{\left|\sum\limits_{i=1}^{n}X_i\right|<10\right\}\geqslant 0.90$. 因为

$$\frac{\sum\limits_{i=1}^{n}X_i-n\times 0}{\sqrt{n}\sqrt{\frac{1}{12}}}\overset{近似}{\sim}N(0,1),$$

所以

$$P\left\{-10<\sum_{i=1}^{n}X_i<10\right\}=P\left\{\frac{-10}{\sqrt{n}\sqrt{\frac{1}{12}}}<\frac{\sum\limits_{i=1}^{n}X_i}{\sqrt{n}\sqrt{\frac{1}{12}}}<\frac{10}{\sqrt{n}\sqrt{\frac{1}{12}}}\right\}$$

$$\approx 2\Phi\left(\sqrt{n}\sqrt{\frac{1}{12}}\right)-1\geqslant 0.90,$$

查表得

$$\frac{10}{\sqrt{n}\sqrt{\frac{1}{12}}}\geqslant 1.645,\quad n\leqslant 443.455.$$

故最多有 443 个数相加使得误差总和的绝对值小于 10 的概率不小于 0.90.

【例 7】 (2001 年数学考研题) 一生产线生产的产品成箱包装,每箱的重量是随机的,假设每箱平均重 50kg,标准差 5kg,若用最大载重量为 5 吨的汽车承运,试利用中心极限定理说明:每辆车最多可以装多少箱,才能保证不超载的概率大于 0.977 [$\Phi(2)=0.977$,其中 $\Phi(x)$ 为标准正态分布的分布函数].

【解析】 设 X_i $(i=1,2,\cdots,n)$ 是装运的第 i 箱的重量(单位:kg),n 是所求的箱数,由条件可以把 $X_1,X_2,\cdots,X_n$ 视为独立同分布的随机变量,而 n 箱的总重量 $T_n=X_1+X_2+\cdots+X_n$ 是相互独立且同分布随机变量之和. 由条件知

$$E(X_i)=50,\ \sqrt{D(X_i)}=5,\ E(T_n)=50n,\ \sqrt{D(T_n)}=5\sqrt{n},$$

根据独立同分布中心极限定理,T_n 近似服从正态分布 $N(50n,25n)$,箱数 n 取决于条件

$$P\{T_n\leqslant 5000\}=P\left\{\frac{T_n-50n}{5\sqrt{n}}\leqslant\frac{5000-50n}{5\sqrt{n}}\right\}\approx\Phi\left(\frac{1000-10n}{\sqrt{n}}\right)>0.977=\Phi(2),$$

由此可以得 $\dfrac{1000-10n}{\sqrt{n}}>2$,从而 $n<98.0199$,即最多可装 98 箱.

【例 8】 独立地掷 10 颗骰子，求掷出的点数之和在 30 到 40 点之间的概率.

【解析】 以 X_i 表示第 i 颗骰子掷出的点数（$i=1,2,\cdots,10$），则

$$P\{X_i=j\}=\frac{1}{6},\quad j=1,2,\cdots,6,$$

从而
$$E(X_i)=\mu=\frac{7}{2},\quad D(X_i)=\sigma^2=\frac{35}{12},$$

于是，由独立同分布的中心极限定理可得

$$P\left\{30\leqslant\sum_{i=1}^{10}X_i\leqslant 40\right\}=P\left\{\frac{30-10\times\frac{7}{2}}{\sqrt{10\times\frac{35}{12}}}\leqslant\frac{\sum_{i=1}^{10}X_i-10\times\frac{7}{2}}{\sqrt{10\times\frac{35}{12}}}\leqslant\frac{40-10\times\frac{7}{2}}{\sqrt{10\times\frac{35}{12}}}\right\}$$

$$\approx\Phi\left[\frac{40-35}{\sqrt{10\times\frac{35}{12}}}\right]-\Phi\left[\frac{30-35}{\sqrt{10\times\frac{35}{12}}}\right]=2\Phi(\sqrt{\frac{6}{7}})-1\approx 0.65.$$

【例 9】 在一家保险公司有一万人参加保险，每年每人付 12 元保险费. 在一年内这些人死亡的概率都为 0.006，死亡后家属可向保险公司领取 1000 元，试求：

（1）保险公司一年的利润不少于 6 万元的概率；

（2）保险公司亏本的概率.

【解析】 设参加保险的一万人中一年内的死亡人数为 X，则 $X\sim b(10000,0.006)$，其分布律为

$$P\{X=k\}=\binom{10000}{k}(0.006)^k(0.994)^{10000-k}\quad(k=0,1,2,\cdots,10000).$$

由题设，公司一年收入保险费 12 万元，付给死者家属 $1000X$ 元，于是，公司一年的利润为

$$120000-1000X=1000(120-X).$$

（1）保险公司一年的利润不少于 6 万元的概率为

$$P\{1000\ (120-X)\geqslant 60000\}=P\{0\leqslant X\leqslant 60\}\approx\Phi(\frac{60-60}{7.72})-\Phi(\frac{0-60}{7.72})\approx 0.5-0=0.5.$$

（2）保险公司亏本的概率为

$$P\{1000(120-X)<0\}=P\{X>120\}=P\left\{\frac{X-60}{7.72}>\frac{120-60}{7.72}\right\}\approx\frac{1}{2\pi}\int_{7.77}^{\infty}\mathrm{e}^{-\frac{t^2}{2}}\mathrm{d}t$$

$$=1-\Phi(7.77)\approx 0.$$

【例 10】 重复投掷硬币 100 次，设每次出现正面的概率均为 0.5，问“正面出现次数小于 61，大于 50”的概率是多少?

【解析】 设出现正面次数为 Y_n，现 $n=100$，$p=0.5$，$np=50$，$\sqrt{npq}=\sqrt{25}=5$，故由棣莫弗—拉普拉斯定理可得

$$P(50<Y_n\leqslant 60)\approx\Phi(\frac{60-50}{5})-\Phi(\frac{50-50}{5})=\Phi(2)-\Phi(0)=0.9772-0.5=0.4772$$

.

【例 11】 以 X 表示将一枚匀称硬币重复投掷 40 次中出现正面的次数，试用正态分布求 $P(X=20)$ 的近似值，再与精确值比较.

【解析】 这里 $n=40$，$p=\frac{1}{2}$，$q=\frac{1}{2}$，故

$$P(X=20)=P(19.5<X\leqslant 20.5)\approx\Phi(\frac{20.5-20}{\sqrt{10}})-\Phi(\frac{19.5-20}{\sqrt{10}})$$

$$=\Phi(0.16)-\Phi(-0.16)=0.1272,$$

而精确解为

$$P(X=20)=C_{40}^{20}\left(\frac{1}{2}\right)^{40}=0.1268.$$

由上可见，对二项分布，当 n 充分大，以致 npq 较大时，正态近似是相当好的近似.在实际中，一般当 $0.1<p<0.9$ 且 $npq>9$ 时，用正态近似；当 $p\leqslant 0.1$(或 $p\geqslant 0.9$) 且 $n\geqslant 10$ 时，用泊松近似.

【例 12】 假设 $X_1,X_2,\cdots,X_n$ 为来自总体 X 的简单随机样本，已知 $E(X^k)=a_k$ $(k=1,2,\cdots,n)$ 并且 $a_4-a_2^2>0$. 试证明：当 n 充分大时，$Z_n=\frac{1}{n}\sum\limits_{i=1}^{n}X_i^2$ 近似服从正态分布，并指出其分布参数.

【解析】 依题意 $X_1,X_2,\cdots,X_n$ 独立同分布，可知 $X_1^2,X_2^2,\cdots,X_n^2$ 也独立同分布，由 $E(X^k)=a_k$ $(k=1,2,3,4)$. 有

$$E(X_i^2)=a_2,\quad D(X_i^2)=E(X_i^4)-E^2(X_i^2)=a_4-a_2^2\quad(i=1,2,\cdots,n).$$

于是

$$E(Z_n)=E\left(\frac{1}{n}\sum_{i=1}^{n}X_i^2\right)=\frac{1}{n}\sum_{i=1}^{n}E(X_i^2)=a_2,$$

$$D(Z_n)=D\left(\frac{1}{n}\sum_{i=1}^{n}X_i^2\right)=\frac{1}{n^2}\sum_{i=1}^{n}D(X_i^2)=\frac{a_4-a_2^2}{n}.$$

因此根据独立同分布的中心极限定理有，当 n 充分大时

$$U_n=\frac{Z_n-a_2}{\sqrt{\frac{a_4-a_2^2}{n}}}\sim N(0,1).$$

故当 n 充分大时，$Z_n=\frac{1}{n}\sum\limits_{i=1}^{n}X_i^2$ 参数为$\left(a_2,\frac{a_4-a_2^2}{n}\right)$.

三、强化练习题

☆ A 题 ☆

(1) 抽样检查产品质量时，如果发现次品多于 10 个，则拒绝接受这批产品.设某批产品的次品率为 10%，问检查时至少应抽取多少个产品才能保证拒绝接受该产品的概率达到 0.9.

(2) 设随机变量 $X_1,X_2,\cdots,X_n,\cdots$ 相互独立同分布，且 $E(X_i)=0,i=1,2,\cdots$，求 $\lim\limits_{n\to+\infty}P\left\{\sum\limits_{i=1}^{n}X_i<n\right\}$.

(3) 设 $X_1,X_2,\cdots,X_n$ 是来自总体 X 的简单随机样本，已知 $E(X^k)=\alpha_k$ $(k=1,2,3,4)$，试证明：当 n 充分大时，随机变量 $Z_n=\frac{T}{n}\sum\limits_{i=1}^{n}X_i^2$ 近似服从正态分布，并指出其分布参数.

(4) 已知某生产线上组装每件成品的时间服从指数分布，统计资料表明该生产线每件成品的组装时间平均为 10min，各件产品的组装时间相互独立.

① 试求组装 100 件成品需要 15～20h 的概率；

② 以 95%的概率在 16h 之内最多可以组装多少件成品？

(5) 设有 2500 个同一年龄段和同一社会阶层的人参加了某保险公司的人寿保险，假设一年中每个人死亡的概率为 0.002，每个人在年初向保险公司交纳保费 120 元，而死亡时家属可以从保险公司领到 20000 元，问：

① 保险公司亏本的概率是多少？

② 保险公司获利不少于 100000 元的概率是多少?

③ 如果保险公司希望 99.9%可能性保证获利不少于 500000 元，问公司至少要发展多少客户?

(6) 一食品店有三种蛋糕出售，由于售出哪一种蛋糕是随机的，因而售出一只蛋糕的价格是一个随机变量，它取 1 元、1.2 元、1.5 元各个值的概率分别为 0.3，0.2，0.5，若售出 300 只蛋糕.

① 求收入至少 400 元的概率;

② 求售出价格为 1.2 元的蛋糕多于 60 只的概率.

☆ **B 题** ☆

(1) (2005 年数学考研题) 设 $X_1,X_2,\cdots,X_n,\cdots$ 为独立同分布的随机变量列，且均服从参数为 λ ($\lambda>1$) 的指数分布，记 $\Phi(x)$ 为标准正态分布函数，则 (　).

(A) $\lim\limits_{n\to\infty} P\left\{\dfrac{\sum\limits_{i=1}^{n} X_i - n\lambda}{\lambda\sqrt{n}} \leqslant x\right\}=\Phi(x)$　(B) $\lim\limits_{n\to\infty} P\left\{\dfrac{\sum\limits_{i=1}^{n} X_i - n\lambda}{\sqrt{n\lambda}} \leqslant x\right\}=\Phi(x)$

(C) $\lim\limits_{n\to\infty} P\left\{\dfrac{\lambda\sum\limits_{i=1}^{n} X_i - n}{\sqrt{n}} \leqslant x\right\}=\Phi(x)$　(D) $\lim\limits_{n\to\infty} P\left\{\dfrac{\sum\limits_{i=1}^{n} X_i - \lambda}{\sqrt{n\lambda}} \leqslant x\right\}=\Phi(x)$

(2) 设 $X_1,X_2,\cdots,X_n$ 相互独立，且均服从均值为 λ 的泊松分布，则下列选项正确的是 (　).

(A) $\lim\limits_{n\to\infty} P\{(\sum\limits_{i=1}^{n} X_i - n\lambda)/\sqrt{n\lambda} \leqslant x\}=\Phi(x)$

(B) 当 n 充分大时，$\sum\limits_{i=1}^{n} X_i$ 近似服从标准正态分布

(C) 当 n 充分大时，$\sum\limits_{i=1}^{n} X_i$ 近似服从正态分布 $N(\lambda,n\lambda)$

(D) 当 n 充分大时，$P(\sum\limits_{i=1}^{n} X_i \leqslant x)=\Phi(x)$

(3) (2002 年数学考研题) 设随机变量 $X_1,X_2,\cdots,X_n,\cdots$ 相互独立，则根据独立同分布中心极限定理，当 n 充分大时，$X_1+X_2+\cdots+X_n$ 近似服从正态分布，只要 X_i ($i=1,2,\cdots$) 满足条件 (　).

(A) 具有相同的数学期望和方差　(B) 服从同一离散型分布

(C) 服从同一连续型分布　(D) 服从同一指数分布

(4) 随机地选取两组学生，每组 80 人，分别在两个实验室里测量某种化合物 pH 值. 每个人测量的结果是随机变量，它们相互独立，且服从同一分布，其数学期望为 5，方差为 0.3，以 $\overline{X}$，$\overline{Y}$ 分别表示第一组和第二组所得结果的算术平均.

① 求 $P\{4.9<\overline{X}<5.1\}$;　② 求 $P\{-0.1<\overline{X}-\overline{Y}<0.1\}$.

(5) 某种电子器件的寿命 (单位：h) 具有数学期望 μ (未知)，方差 $\sigma^2=400$. 为了估算 μ，随机地选取 n 只这种器件，在时刻 $t=0$ 投入测试 (设测试是相互独立的) 直到失效，测得其寿命为 $X_1,X_2,\cdots,X_n$，以 $\overline{X}=\dfrac{1}{n}\sum\limits_{k=1}^{n} X_k$ 作为 μ 的估计. 为了使 $P\{|\overline{X}-\mu|<1\}\geqslant 0.95$，问 n 至少为多少?

(6) 独立地测量一个物理量，每次测量产生的误差都服从区间 $(-1,1)$ 上的均匀

分布.

① 如果取 n 次测量的算术平均值作为测量结果，求它与其真值的差小于一个小的正数 ε 的概率；

② 计算①中当 $n=36$，$\varepsilon=\frac{1}{6}$时的概率的近似值；

③ 取 $\varepsilon=\frac{1}{6}$，要使上述概率不小于 $\alpha=0.95$，应进行多少次测量？

四、强化练习题参考答案

☆ **A 题** ☆

(1) 设 n 为至少应抽取的产品数，X 为其中的次品数，引入随机变量

$$X_k=\begin{cases}1, & \text{第 } k \text{ 次抽查时为次品,}\\ 0, & \text{第 } k \text{ 次抽查时为正品,}\end{cases}$$

则 $X=\sum_{k=1}^{n}X_k$，$E(X_k)=0.1$，$D(X_k)=0.1\times(1-0.1)=0.09$，

由棣莫弗-拉普拉斯定理，有

$$P\{10<X\}=P\left\{\frac{10-n\times 0.1}{\sqrt{n\times 0.1\times 0.9}}<\frac{X-n\times 0.1}{\sqrt{n\times 0.1\times 0.9}}\right\}\approx 1-\Phi\left(\frac{10-0.1n}{0.3\sqrt{n}}\right).$$

由题意 $1-\Phi\left(\frac{10-0.1n}{0.3\sqrt{n}}\right)=0.9\Rightarrow\Phi\left(\frac{10-0.1n}{0.3\sqrt{n}}\right)=0.1\Rightarrow\frac{10-0.1n}{0.3\sqrt{n}}=-1.28\Rightarrow n=147.$

(2) 求解随机事件概率的极限，一般可先求事件的概率再求极限，但本题中 $P\left\{\sum_{i=1}^{n}X_i<n\right\}$ 不容易求出，而随机变量序列 $\{X_i\}$ 相互独立且同分布 ($i=1,2,\cdots$)，有相同数学期望 $E(X_i)=0$ ($i=1,2,\cdots$)，满足辛钦大数定律的条件，故可利用辛钦大数定律进行求解.

$$P\left\{\sum_{i=1}^{n}X_i<n\right\}=P\left\{\frac{1}{n}\sum_{i=1}^{n}X_i<1\right\}$$

因为 $X_1,X_2,\cdots,X_n,\cdots$ 相互独立同分布，且 $E(X_i)=0$ ($i=1,2,\cdots$)，故由辛钦大数定律有

$$\lim_{n\to\infty}P\left\{\left|\frac{1}{n}\sum_{i=1}^{n}X_i-0\right|<1\right\}=1,$$

即

$$\lim_{n\to+\infty}P\left\{\left|\frac{1}{n}\sum_{i=1}^{n}X_i\right|<1\right\}=1,$$

又因为

$$\left\{\left|\frac{1}{n}\sum_{i=1}^{n}X_i\right|<1\right\}\subset\left\{\frac{1}{n}\sum_{i=1}^{n}X_i<1\right\},$$

则有

$$1=\lim_{n\to\infty}P\left\{\left|\frac{1}{n}\sum_{i=1}^{n}X_i\right|<1\right\}\leqslant\lim_{n\to\infty}P\left\{\frac{1}{n}\sum_{i=1}^{n}X_i<1\right\}\leqslant 1.$$

因此

$$\lim_{n\to\infty}P\left\{\sum_{i=1}^{n}X_i<n\right\}=\lim_{n\to\infty}P\left\{\frac{1}{n}\sum_{i=1}^{n}X_i<1\right\}=1.$$

(3) 由题意，$X_1,X_2,\cdots,X_n$ 相互独立且同分布，可见 $X_1^2,X_2^2,\cdots,X_n^2$ 也相互独立且同分布.

由 $E(X^k)=\alpha_k$ $(k=1,2,3,4)$，有

$$E(X_i^2)=\alpha_2,\quad D(X_i^2)=E(X_i^4)-[E(X_i^2)]^2=\alpha_4-\alpha_2^2,$$

$$E(Z_n)=\frac{1}{n}\sum_{i=1}^{n}E(X_i^2)=\alpha_2,\quad D(Z_n)=\frac{1}{n^2}\sum_{i=1}^{n}D(X_i^2)=\frac{\alpha_4-\alpha_2^2}{n},$$

因此，由中心极限定理，

$$U_n=\frac{Z_n-\alpha_2}{\sqrt{(\alpha^4-\alpha_2^2)/n}}\sim N(0,1),$$

即当 n 充分大时，Z_n 近似服从 $N(\alpha_2,(\alpha_4-\alpha_2^2)/n)$．

(4) 设第 i 件成品的组装时间为 X_i $(i=1,2,\cdots,100)$．依题意可知，$X_1,X_2,\cdots,X_{100}$ 相互独立，且 X_i 服从指数分布($\lambda=10$)，则有

$$E(X_i)=10,\quad D(X_i)=100\quad (i=1,2,\cdots,100).$$

① 组装 100 件成品所需时间 $Y=\sum_{i=1}^{100}X_i$，且有

$$E(Y)=E(\sum_{i=1}^{100}X_i)=\sum_{i=1}^{100}E(X_i)=1000,\quad D(Y)=D(\sum_{i=1}^{100}X_i)=\sum_{i=1}^{100}D(X_i)=10000,$$

由独立同分布的中心极限定理可知

$$P\{15\times 60<Y<20\times 60\}=P\left\{\frac{15\times 60-1000}{\sqrt{10000}}<\frac{Y-1000}{\sqrt{10000}}<\frac{20\times 60-1000}{\sqrt{10000}}\right\}$$

$$=\Phi(2)-\Phi(-1)=\Phi(2)+\Phi(1)-1$$

$$=0.9772+0.8413-1=0.8185.$$

② 设最多可以组装 n 件成品，则所需时间为 $Y=\sum_{i=1}^{n}X_i$，且有

$$E(Y)=E(\sum_{i=1}^{n}X_i)=nE(X_i)=10n,\ D(Y)=D(\sum_{i=1}^{n}X_i)=nD(X_i)=100n.$$

由题设知，$P\{Y\leqslant 16\times 60\}=0.95$，由独立同分布的中心极限定理可知

$$0.95=P\{Y\leqslant 16\times 60\}=P\left\{\frac{Y-10n}{\sqrt{100n}}\leqslant\frac{16\times 60-10n}{\sqrt{100n}}\right\}=\Phi\left(\frac{960-10n}{\sqrt{100n}}\right),$$

查表可得 $\dfrac{960-10n}{\sqrt{100n}}=1.645$，$10n+16.45\sqrt{n}-960=0$，解得 $n=81$.

(5) 设 2500 人中死亡的人数为 X，依题意可知，$X\sim b(2500,0.002)$．由棣莫弗—拉普拉斯中心极限定理可知.

① 保险公司亏本的概率为

$$P\{2500\times 120-20000X<0\}=P\{X>15\}=1-P(X\leqslant 15)$$

$$=1-P\left\{\frac{X-2500\times 0.002}{\sqrt{2500\times 0.002\times 0.998}}\leqslant\frac{15-2500\times 0.002}{\sqrt{2500\times 0.002\times 0.998}}\right\}$$

$$=1-\Phi(\frac{10}{\sqrt{4.99}})=1-\Phi(4.4766)=0.000069.$$

② 保险公司获利不少于 100000 元的概率为

$$P\{2500\times 120-2000X\geqslant 100000\}=P\{X\leqslant 10\}$$

$$=P\left\{\frac{X-2500\times 0.002}{\sqrt{2500\times 0.002\times 0.998}}\leqslant\frac{10-2500\times 0.002}{\sqrt{2500\times 0.002\times 0.998}}\right\}$$

$$=\Phi(\frac{5}{\sqrt{4.99}})=\Phi(2.238)=0.9874.$$

③ 设公司至少要发展 n 个客户才能满足要求，则由题设条件可知，

$$0.999 \leqslant P\{120n - 20000X \geqslant 500000\} = P\{X \leqslant 0.006n - 25\}$$

$$= p\left\{\frac{X - 0.002n}{\sqrt{n \times 0.002 \times 0.998}} \leqslant \frac{0.006n - 25 - 0.002n}{\sqrt{n \times 0.002 \times 0.998}}\right\} = \Phi\left(\frac{0.004n - 25}{0.04468\sqrt{n}}\right).$$

查标准正态分布表可得 $\frac{0.004n-25}{0.04468\sqrt{n}} \geqslant 3.01$，即 $0.004n - 0.13448\sqrt{n} - 25 \geqslant 0$，

解得 $n \geqslant 4770.733$. 因为 n 应取整数，故公司至少要发展 4771 个客户.

(6) ① 设 X_i 表示第 i 只蛋糕售出时的价格，则依题意可知 $X_1, X_2, \cdots, X_{300}$ 相互独立且同分布，其分布律为

X_i	1	1.2	1.5
P	0.3	0.2	0.5

则有

$$E(X_i) = 1 \times 0.3 + 1.2 \times 0.2 + 1.5 \times 0.5 = 1.29,$$

$$E(X_i^2) = 1^2 \times 0.3 + 1.2^2 \times 0.2 + 1.5^2 \times 0.5 = 1.713,$$

$$D(X_i) = E(X_i^2) - [E(X_i)]^2 = 1.713 - (1.29)^2 = 0.0489.$$

利用独立同分布中心极限定理可知

$$\frac{\sum_{i=1}^{300} X_i - E\left(\sum_{i=1}^{300} X_i\right)}{\sqrt{D\left(\sum_{i=1}^{300} X_i\right)}} = \frac{\sum_{i=1}^{300} X_i - 300 \times 1.29}{\sqrt{300 \times 0.0489}} = \frac{\sum_{i=1}^{300} X_i - 387}{\sqrt{14.87}} \sim N(0,1)$$

从而有

$$P\left\{\sum_{i=1}^{300} X_i \geqslant 400\right\} = 1 - P\left\{\sum_{i=1}^{300} X_i < 400\right\} = 1 - P\left\{\frac{\sum_{i=1}^{300} X_i - 387}{\sqrt{14.67}} < \frac{400 - 387}{\sqrt{14.67}}\right\}$$

$$= 1 - P\left\{\frac{\sum_{i=1}^{300} X_i - 387}{\sqrt{14.67}} < 3.4\right\}$$

$$= 1 - \Phi(3.4) = 1 - 0.9997 = 0.0003.$$

即售出 300 只蛋糕的收入至少为 400 元的概率为 0.0003.

② 设 Y 表示售出的 300 只蛋糕中价格为 1.2 元的蛋糕个数，则依题意可知 $Y \sim b(300, 0.2)$. 利用棣莫弗-拉普拉斯中心极限定理可得

$$P\{Y \geqslant 60\} = 1 - P\{Y < 60\} = 1 - P\left\{\frac{Y - 300 \times 0.2}{\sqrt{300 \times 0.2 \times 0.8}} \leqslant \frac{60 - 300 \times 0.2}{\sqrt{300 \times 0.2 \times 0.8}}\right\}$$

$$= 1 - \Phi(0) = 0.5,$$

即售出价格为 1.2 元的蛋糕多于 60 只的概率为 0.5.

☆ B 题 ☆

(1) C.　　(2) C.　　(3) D.

(4) ① 依题意可知，$X_i (i = 1, 2, \cdots, 80)$ 相互独立且同分布，其数学期望和方差分别为 $E(X_i) = 5$，$D(X_i) = 0.3$，而 $\overline{X} = \frac{1}{80}\sum_{i=1}^{80} X_i$，则有

$$E(\overline{X})=E(\frac{1}{80}\sum_{i=1}^{80}X_i)=\frac{1}{80}\sum_{i=1}^{80}E(X_i)=5,$$

$$D(\overline{X})=D(\frac{1}{80}\sum_{i=1}^{80}X_i)=\frac{1}{80^2}\sum_{i=1}^{80}D(X_i)=\frac{0.3}{80}=0.00375.$$

由独立同分布中心定理可知，$\frac{\overline{X}-5}{\sqrt{0.00375}}\sim N(0,1)$. 从而有

$$P\{4.9<\overline{X}<5.1\}=P\left\{\frac{4.9-5}{\sqrt{0.00375}}<\frac{\overline{X}-5}{\sqrt{0.00375}}<\frac{5.1-5}{\sqrt{0.00375}}\right\}$$

$$=\Phi(1.633)-\Phi(-1.633)=2\Phi(1.633)-1$$

$$=2\times 0.9484-1=0.8968.$$

② 由①同理可得 $E(\overline{Y})=5$， $D(\overline{Y})=0.00375$.

因为 $\overline{Y}$ 与 $\overline{Y}$ 仍相互独立，则有 $E(\overline{X}-\overline{Y})=E(\overline{X})-E(\overline{Y})=0$，

$$D(\overline{X}-\overline{Y})=D(\overline{X})+D(\overline{Y})=0.00375\times 2=0.0075.$$

由独立同分布中心极限定理可知，$\frac{\overline{X}-\overline{Y}}{\sqrt{0.0075}}\sim N(0,1)$. 从而有

$$P\{-0.1<\overline{X}-\overline{Y}<0.1\}=P\left\{-\frac{0.1}{\sqrt{0.0075}}<\frac{\overline{X}-\overline{Y}}{\sqrt{0.0075}}<\frac{0.1}{\sqrt{0.0075}}\right\}$$

$$=\Phi(1.155)-\Phi(-1.155)=2\Phi(1.155)-1$$

$$=2\times 0.8749-1=0.7498.$$

(5) 由独立同分布中心极限定理可知

$$\frac{\sum_{k=1}^{n}X_i-E(\sum_{i=1}^{n}X_i)}{\sqrt{D(\sum_{i=1}^{n}X_i)}}=\frac{\sum_{i=1}^{n}X_i-n\mu}{\sqrt{400n}}\sim N(0,1).$$

将分子分母上下同除以 n 可得

$$\frac{\frac{1}{n}\sum_{i=1}^{n}X_i-\mu}{\sqrt{\frac{400}{n}}}=\frac{\overline{X}-\mu}{\sqrt{\frac{400}{n}}}\sim N(0,1).$$

由题设条件可知 $P\{|\overline{X}-\mu|<1\}\geqslant 0.95$，从而有

$$P\left\{\frac{|\overline{X}-\mu|}{\sqrt{\frac{400}{n}}}<\frac{1}{\sqrt{\frac{400}{n}}}\right\}\geqslant 0.95,$$

$$2\Phi(\frac{\sqrt{n}}{20})-1\geqslant 0.95,\ \Phi(\frac{\sqrt{n}}{20})\geqslant 0.975,$$

查标准正态分布表可得，$\frac{\sqrt{n}}{20}\geqslant 1.96$，解得 $n\geqslant 1536.64$. 因为 n 应取整数，故 n 至少为 1537 才能使 $P\{|\overline{X}-\mu|<1\}\geqslant 0.95$.

（6）① 用 μ 表示所测量物理量的真值，X_i 表示第 i 次测量值，ε_i 表示第 i 次测量所产生的随机误差（$i=1,2,\cdots,n$），于是 $X_i=\mu+\varepsilon_i$，由题设 $\varepsilon_i\sim U(-1,1)$，所以

$$E(\varepsilon_i)=0,\quad D(\varepsilon_i)=\frac{[1-(-1)]^2}{12}=\frac{1}{3},$$

$$E(X_i)=\mu,\quad D(X_i)=D(\mu+\varepsilon_i)=\frac{1}{3}\quad(i=1,2,\cdots,n).$$

又 $X_1,X_2,\cdots,X_n$ 独立同分布，所以当 n 充分大时，随机变量 $\dfrac{\sum\limits_{i=1}^{n}X_i-n\mu}{\sqrt{\dfrac{n}{3}}}$ 近似服从标准正态分布，于是所求概率为

$$P\left\{\left|\frac{1}{n}\sum_{i=1}^{n}X_i-\mu\right|<\varepsilon\right\}=p\left\{\left|\sum_{i=1}^{n}X_i-n\mu\right|<n\varepsilon\right\}=P\left\{\left|\frac{\sum\limits_{i=1}^{n}X_i-n\mu}{\sqrt{\dfrac{n}{3}}}\right|<\varepsilon\sqrt{3n}\right\}$$

$$\approx 2\Phi(\sqrt{3n}\varepsilon)-1.$$

② 当 $n=36$，$\varepsilon=\dfrac{1}{6}$时，所求概率为

$$P\left\{\left|\frac{1}{36}\sum_{i=1}^{36}X_i-\mu\right|<\frac{1}{6}\right\}\approx 2\Phi(\frac{1}{6}\sqrt{3\times 36})-1=2\Phi(\sqrt{3})-1\approx 2\Phi(1.73)-1=0.92.$$

即当测量 36 次时，测量的平均值与真值之差的绝对值不超过$\dfrac{1}{6}$的概率为 0.92.

③ 要求 n，使得

$$P\left\{\left|\frac{1}{n}\sum_{i=1}^{n}X_i-\mu\right|<\varepsilon\right\}\approx 2\Phi(\sqrt{3n}\varepsilon)-1\geqslant\alpha,$$

即 $\Phi(\sqrt{3n}\varepsilon)\geqslant\dfrac{1+\alpha}{2}$，为此对给定的 α，先查标准正态分布表求 λ，使 $\Phi(\lambda)\geqslant\dfrac{1+\alpha}{2}$，再令 $\varepsilon\sqrt{3n}\geqslant\lambda$，由此确定出 n.

对于 $\alpha=0.95$，$\varepsilon=\dfrac{1}{6}$，查表得 $\lambda=1.96$，从而 $n\geqslant\dfrac{\lambda^2}{3\varepsilon^2}=\dfrac{(1.96)^2}{3\times\dfrac{1}{36}}\approx 46$.

可见，在 $\varepsilon=\dfrac{1}{6}$时，要使概率由 0.92 提高到 0.95 需至少增加 10 次测量.

第六章　样本及抽样分布

本章基本要求

1. 理解总体、简单随机样本、统计量、样本均值、样本方差及样本矩的概念.

2. 了解 χ^2 分布、t 分布和 F 分布的定义及性质，了解上侧分位数的概念并会查表计算.

3. 了解正态总体的某些常用抽样分布.

4. 了解直方图、箱线图和经验分布函数的定义和性质.

一、内容要点

数理统计是研究如何有效地收集和处理带随机性影响数据的一个数学分支. 它以概率论为基础，以观察到的数据为依据，对研究对象（随机变量）的分布及数字特征做出合理的推断，采用的方法是以局部资料推断整体的方法.

本章主要介绍数理统计的基本概念. 总体、样本、统计量是统计推断中常用的概念，必须掌握；而几种重要的统计量的分布在数理统计中起着十分重要的作用.

（一）总体与个体

总体通常是指研究对象的某项指标值的全体，它包括有限总体和无限总体两类. 总体 X 其取值在客观上具有一定的分布，是一个随机变量.

X 可能取的每个值叫个体.

（二）样本

从总体中抽取的一部分个体叫样本，样本中所含个体的个数叫样本的容量.

若随机变量 $X_1,X_2,\cdots,X_n$ 是相互独立的，且每一个 $X_i(i=1,2,\cdots,n)$ 都与总体 X 有相同的分布，则称 $X_1,X_2,\cdots,X_n$ 是容量为 n 的简单随机样本，简称样本. 对应的观察值 x_1，$x_2,\cdots,x_n$ 称为样本值.

若 $X_1,X_2,\cdots,X_n$ 为总体 X 的一组样本，则 $(X_1,X_2,\cdots,X_n)$ 的联合分布函数为 $F(x_1,x_2,\cdots,x_n)=\prod\limits_{i=1}^{n}F(x_i)$；又若总体 X 具有概率密度 f，则 $(X_1,X_2,\cdots,X_n)$ 的联合概率密度为 $f(x_1,x_2,\cdots,x_n)=\prod\limits_{i=1}^{n}f(x_i)$.

（三）直方图

设 $X_1,X_2,\cdots,X_n$ 是取自总体 X 的一组样本，根据样本观察值，可以用直方图来粗略地描述总体 X 的分布. 由于图形比较直观，因此在统计中经常使用. 做直方图的具体步骤：

1. 把样本值进行分组

（1）计算极差 R. $R=\max\{x_1,x_2,\cdots,x_n\}-\min\{x_1,x_2,\cdots,x_n\}$.

（2）确定组数 m. 通常当 $n\geqslant 50$ 时，分 10 组以上，但不宜过多，当 $n<50$ 时，分成 5 组左右.

(3) 组距 d. 通常取$\frac{R}{m}<d<\frac{R}{m-1}$的一个比较整齐的数.

(4) 确定分点. $a_0,a_1,\cdots,a_m$ 满足$a_i=a_{i-1}+d_i$ $(i=1,2,\cdots,m)$，并且 (a_0,a_m) 包含了所有的样本值 $x_1,x_2,\cdots,x_n$.

2. 计算各组的频数和小矩形的高

(1) 计算各组的频数 n_i. 落在 $(a_{i-1},a_i]$ 的频数 n_i.

(2) 计算各小矩形的高 $h_i=\frac{n_i}{d\cdot n}$ $(i=1,2,\cdots,m)$.

(3) 画出直方图. 横坐标表示样本值，纵坐标表示矩形的高，在坐标系中作出 m 个底边为 $(a_{i-1},a_i]$，高为 h_i 的小矩形，这就是直方图.

(4) 根据直方图进行简单的分析.

(四) 箱线图

1. 样本 p 分位数

定义 设有容量为 n 的样本观察值 $x_1,x_2,\cdots,x_n$，样本 p 分位数 $(0<p<1)$ 记为 x_p，它具有以下的性质：① 至少有 np 个观察值小于或等于 x_p；② 至少有 $n(1-p)$ 个观察值大于或等于 x_p.

求解方法如下. 将 $x_1,x_2,\cdots,x_n$ 按从小到大的顺序排列成 $x_{(1)}<x_{(2)}<\cdots<x_{(n)}$.

(1) 若 np 不是整数，则只有一个数据满足定义中的两点要求，这一数据位于大于 np 的最小整数处，即为位于 $[np]+1$ 处的数.

(2) 若 np 是整数，就取位于 $[np]$ 和 $[np]+1$ 处的中位数.

$$\text{综上，}x_p=\begin{cases} x_{([np]+1)}, & np\text{ 不是整数,} \\ \frac{1}{2}\left[x_{(np)}+x_{(np+1)}\right], & np\text{ 是整数.} \end{cases}$$

特别地，当 $p=0.5$ 时，0.5 分位数 $x_{0.5}$ 也记为 Q_2 或 M，称为样本中位数；0.25 分位数 $x_{0.25}$ 称为第一四分位数，又记为 Q_1；0.75 分位数 $x_{0.75}$ 称为第三四分位数，又记为 Q_3.

2. 箱线图

数据集的箱线图是由箱子和直线组成的图形，它是基于以下五个数的图形概括：最小值 Min、第一四分位数 Q_1、中位数 M、第三四分位数 Q_3 和最大值 Max. 它的作法如下.

(1) 画一水平数轴，在轴上标上 Min,Q_1,M,Q_3,Max. 在数轴上方画一个上、下侧平行于数轴的矩形箱子，箱子的左右两侧分别位于 Q_1,Q_3 的上方. 在 M 的上方画一条垂直线段，线段位于箱子内部.

(2) 自箱子左侧引一条水平线 Min，在同一水平高度自箱子右侧引一条水平线直至最大值，如图所示.

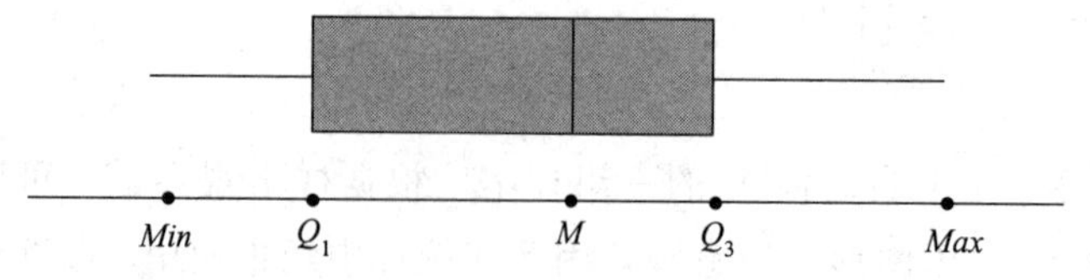

3. 疑似异常值

在数据集中，某一个观察值不寻常地大于或小于该数据集中的其他数据，称为疑似异常值. 第一四分位数 Q_1 与第三四分位数 Q_3 之间的距离 $Q_3-Q_1=IQR$ 称为四分位数间距. 若数据小于 $Q_1-1.5IQR$ 或大于 $Q_3+1.5IQR$，则认为它是疑似异常值.

4. 修正箱线图

修正箱线图的步骤如下.

（1）画一水平数轴，在轴上标上 Min, Q_1, M, Q_3, Max. 在数轴上方画一个上、下侧平行于数轴的矩形箱子，箱子的左右两侧分别位于 Q_1, Q_3 的上方. 在 M 的上方画一条垂直线段，线段位于箱子内部.

（2）计算 $IQR=Q_3-Q_1$，若一个数据小于 $Q_1-1.5IQR$ 或大于 $Q_3+1.5IQR$，则认为它是一个疑似异常值，并以 * 表示；

（3）自箱子左侧引一水平线段直至数据集中除去疑似异常值后的最小值，又自箱子右侧引一水平线直至数据集中除去疑似异常值后的最大值.

（五）统计量

设 $X_1, X_2, \cdots, X_n$ 为总体 X 的一组样本，$g(X_1, X_2, \cdots, X_n)$ 为样本的连续函数，如果 g 中不含任何未知参数，则称 $g(X_1, X_2, \cdots, X_n)$ 为一个统计量，若 $x_1, x_2, \cdots, x_n$ 是 X_1, X_2, …, X_n 的一组观察值，则 $g(x_1, x_2, \cdots, x_n)$ 是 $g(X_1, X_2, \cdots, X_n)$ 的一个观察值.

（六）常用统计量

设 $X_1, X_2, \cdots, X_n$ 是来自总体 X 的样本，$x_1, x_2, \cdots, x_n$ 为样本观察值.

（1）样本平均值 $\overline{X}=\dfrac{1}{n}\sum_{i=1}^{n}X_i$，其观察值 $\overline{x}=\dfrac{1}{n}\sum_{i=1}^{n}x_i$.

（2）样本方差 $S^2=\dfrac{1}{n-1}\sum_{i=1}^{n}(X_i-\overline{X})^2$，其观察值

$$s^2=\frac{1}{n-1}\sum_{i=1}^{n}(x_i-\overline{x})^2=\frac{1}{n-1}\left(\sum_{i=1}^{n}x_i^2-n\overline{x}^2\right).$$

（3）样本标准差 $S=\sqrt{S^2}=\sqrt{\dfrac{1}{n-1}\sum_{i=1}^{n}(X_i-\overline{X})^2}$，其观察值

$$s=\sqrt{\frac{1}{n-1}\sum_{i=1}^{n}(x_i-\overline{x})^2}.$$

（4）样本 k 阶原点矩 $A_k=\dfrac{1}{n}\sum_{i=1}^{n}X_i^k, k=1,2,\cdots$，其观察值

$$a_k=\frac{1}{n}\sum_{i=1}^{n}x_i^k,\quad k=1,2,\cdots.$$

（5）样本 k 阶中心矩 $B_k=\dfrac{1}{n}\sum_{i=1}^{n}(X_i-\overline{X})^k$，$k=2,3,\cdots$. 其观察值

$$b_k=\frac{1}{n}\sum_{i=1}^{n}(x_i-\overline{x})^k,\ k=2,3,\cdots.$$

若总体 X 的 k 阶矩 $E(X^k)=\mu_k$ 存在，则当 $n\to\infty$ 时，$A_k\xrightarrow{P}\mu_k$，$k=1,2,\cdots$. 设 g 为连续函数，由依概率收敛的序列的性质可知，$g(A_1, A_2, \cdots, A_k)\xrightarrow{P}g(\mu_1, \mu_2, \cdots, \mu_k)$.

（七）经验分布函数

定义　设 $x_1, x_2, \cdots, x_n$ 是来自总体 X 的一组样本值，将它们按由小到大排序为 $x_{(1)}\leqslant x_{(2)}\leqslant\cdots\leqslant x_{(n)}$，对任意的实数 x，定义函数

$$F_n(x)=\begin{cases}0, & x<x_{(1)},\\ \dfrac{k}{n}, & x_{(k)}\leqslant x\leqslant x_{(k+1)},\\ 1, & x\geqslant x_{(n)},\end{cases}$$

称 $F_n(x)$ 为总体 X 的经验分布函数.

格里汶科(Glivenko)定理：设总体 X 的分布函数、经验分布函数分别为 $F(x)$，$F_n(x)$，则有

$$P\{\lim_{n\to\infty}\sup_{-\infty<x<\infty}|F_n(x)-F(x)|=0\}=1.$$

上式表明：当 $n\to\infty$ 时，$F_n(x)$ 以概率为1一致收敛于 $F(x)$. 因此可以用 $F_n(x)$ 来近似 $F(x)$，这是利用样本来估计和判断总体的基本理论和依据.

（八）常用统计量分布

1. χ^2 分布

定义 设 $X_1, X_2, \cdots, X_n$ 是来自 $N(0,1)$ 的样本，称统计量 $\chi^2=\sum_{i=1}^{n}X_i^2$ 服从自由度为 n 的 χ^2 分布，记作 $\chi^2\sim\chi^2(n)$.

χ^2 分布的上 α 分位点：对于给定的 α（$0<\alpha<1$），称满足 $P\{\chi^2>\chi^2_\alpha(n)\}=\alpha$ 的点 $\chi^2_\alpha(n)$ 为 χ^2 分布的上 α 分位点. 如图 6.1 所示.

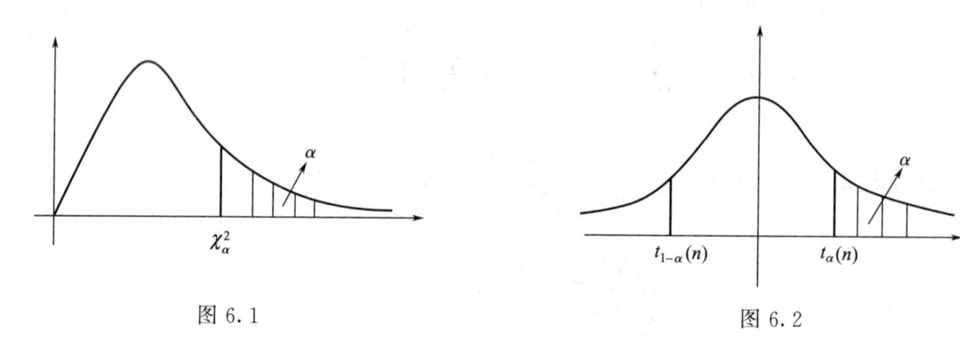

图 6.1　　　　图 6.2

χ^2 分布的性质如下.

（1）若 $\chi^2\sim\chi^2(n)$，则 $E(\chi^2)=n$，$D(\chi^2)=2n$.

（2）可加性：若 $\chi_1^2\sim\chi^2(n_1)$，$\chi_2^2\sim\chi^2(n_2)$，且独立，则 $\chi_1^2+\chi_2^2\sim\chi^2(n_1+n_2)$.

2. t 分布

定义 设 $X\sim N(0,1)$，$Y\sim\chi^2(n)$，且 X，Y 独立，则称统计量 $t=\dfrac{X}{\sqrt{Y/n}}$ 服从自由度为 n 的 t 分布，记作 $t\sim t(n)$.

t 分布的上 α 分位点：对于给定的 α（$0<\alpha<1$），称满足 $P\{t>t_\alpha(n)\}=\alpha$ 的点 $t_\alpha(n)$ 为 t 分布的上 α 分位点. 如图 6.2 所示.

t 分布的性质如下.

（1）t 分布分位点的对称性：$t_\alpha(n)=-t_{1-\alpha}(n)$；

（2）由于 $\lim_{n\to\infty}f(t)=\varphi(t)$，其中 $f(t)$，$\varphi(t)$ 分别为 t 分布、标准正态分布的概率密度函数，当 $n>45$ 时，$t_\alpha(n)\approx z_\alpha$.

3. F 分布

定义　设$U \sim \chi^2(n_1)$，$V \sim \chi^2(n_2)$，且U,V独立，称统计量$F=\dfrac{U/n_1}{V/n_2}$服从自由度为n_1，n_2的F分布，记为$F \sim F(n_1,n_2)$.

F分布的上α分位点：对于给定的α（$0<\alpha<1$），称满足$P\{F>F_\alpha(n_1,n_2)\}=\alpha$的点$F_\alpha(n_1,n_2)$为$F$分布的上$\alpha$分位点. 如图6.3所示.

F分布的性质如下.

(1) 若$F \sim F(n_1,n_2)$，则$\dfrac{1}{F} \sim F(n_2,n_1)$；

(2) $F_\alpha(n_1,n_2)=\dfrac{1}{F_{1-\alpha}(n_2,n_1)}$.

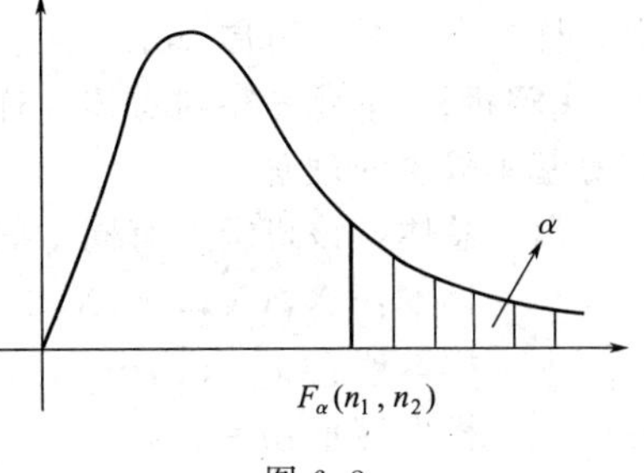

图 6.3

4. 若样本$X_1,X_2,\cdots,X_n$来自总体$X \sim N(\mu,\sigma^2)$，则

(1) $\overline{X} \sim N(\mu,\sigma^2/n)$，$Z=\dfrac{\overline{X}-\mu}{\sigma/\sqrt{n}} \sim N(0,1)$；

(2) $\eta=\dfrac{(n-1)S^2}{\sigma^2} \sim \chi^2(n-1)$；

(3) $T=\dfrac{\overline{X}-\mu}{S/\sqrt{n}} \sim t(n-1)$.

5. 设$X_1,X_2,\cdots,X_{n_1}$和$Y_1,Y_2,\cdots,Y_{n_2}$分别为来自总体$N(\mu_1,\sigma_1^2)$和$N(\mu_2,\sigma_2^2)$的样本，且它们相互独立，则

(1) $F=\dfrac{S_1^2/S_2^2}{\sigma_1^2/\sigma_2^2} \sim F(n_1-1,n_2-1)$.

特别地，当$\sigma_1^2=\sigma_2^2$时，$F=\dfrac{S_1^2}{S_2^2} \sim F(n_1-1,n_2-1)$.

(2) 若$\sigma_1^2=\sigma_2^2=\sigma^2$，则$T=\dfrac{(\overline{X_1}-\overline{X_2})-(\mu_1-\mu_2)}{S_\omega\sqrt{\dfrac{1}{n_1}+\dfrac{1}{n_2}}} \sim t(n_1+n_2-2)$.

其中
$$\overline{X}_1=\frac{1}{n_1}\sum_{i=1}^{n_1}X_i,\quad \overline{X}_2=\frac{1}{n_2}\sum_{i=1}^{n_2}Y_i,\quad S_1^2=\frac{1}{n_1-1}\sum_{i=1}^{n_1}(X_i-\overline{X_1})^2,$$
$$S_2^2=\frac{1}{n_2-1}\sum_{i=1}^{n_2}(X_i-\overline{X_2})^2,\quad S_\omega^2=\frac{(n_1-1)S_1^2+(n_2-1)S_2^2}{n_1+n_2-2}.$$

（九）几种分布中应注意的问题

(1) 当χ^2分布自由度超过45时，有近似表达式$\chi^2(n) \approx \dfrac{1}{2}(z_\alpha+\sqrt{2n-1})^2$；

(2) 当t分布自由度超过45时，可以用正态分布代替，即$t_\alpha(n) \approx z_\alpha$；

(3) 当F分布中α较大时，查表不可求，可以利用倒数关系转换，即

$$F_\alpha(n_1,n_2)=\frac{1}{F_{1-\alpha}(n_2,n_1)}.$$

二、精选题解析

1.关于样本、常用统计量的计算

【例 1】 从某班级的英语期末考试成绩中，随机抽取10名同学的成绩分别为：100，85，70，65，90，95，63，50，77，86.(1) 试写出总体、样本、样本值、样本容量；(2) 求样本均值，样本方差及二阶原点矩.

【解析】 本题考察对总体、样本、样本值、样本容量、样本均值、样本方差及二阶原点矩等基本概念的理解.

(1) 总体：该班级所有同学的英语期末考试成绩 X；

样本：$(X_1,X_2,\cdots,X_n)$，

样本值：$(x_1,x_2,\cdots,x_n)=(100,85,70,65,90,95,63,50,77,86)$，

样本容量：$n=10$；

(2) $$\overline{x}=\frac{1}{10}\sum_{i=1}^{10}x_i=\frac{1}{10}(100+85+\cdots+86)=78.1,$$

$$s^2=\frac{1}{n-1}\sum_{i=1}^{n}(x_i-\overline{x})^2=\frac{1}{9}(21.9^2+6.9^2+\cdots+7.9^2)=252.5,$$

$$a_2=\frac{1}{n}\sum_{i=1}^{n}x_i^2=\frac{1}{10}\sum_{i=1}^{10}x_i^2=\frac{1}{10}(100^2+85^2+70^2+\cdots+86^2)=6326.9.$$

【例 2】 设总体 $X\sim N(75,100)$，X_1,X_2,X_3 是来自 X 的容量为3的样本，求

(1) $P\{\max(X_1,X_2,X_3)<85\}$.(2) $P\{(60<X_1<80)\cup(75<X_3<90)\}$.

(3) $E({X_1}^2{X_2}^2{X_3}^2)$.(4) $D(X_1X_2X_3)$，$D(2X_1-3X_2-X_3)$.

(5) $P\{X_1+X_2\leqslant 148\}$.

【解析】 (1) $P\{\max(X_1,X_2,X_3)<85\}=P\{X_1<85,X_2<85,X_3<85\}$

$=P\{X_1<85\}P\{X_2<85\}P\{X_3<85\}=(P\{X<85\})^3$

$$=\left(P\left\{\frac{X-75}{10}<\frac{85-75}{10}\right\}\right)^3=[\Phi(1)]^3=0.8413^3=0.5955.$$

(2) $P\{(60<X_1<80)\cup(75<X_3<90)\}$

$=P(60<X_1<80)+P(75<X_3<90)-P\{60<X_1<80\}P\{75<X_3<90\}$

$$=P\{\frac{60-75}{10}<\frac{X_1-75}{10}<\frac{80-75}{10}\}+P\{\frac{75-75}{10}<\frac{X_3-75}{10}<\frac{90-75}{10}\}$$

$$-P\{\frac{60-75}{10}<\frac{X_1-75}{10}<\frac{80-75}{10}\}P\{\frac{75-75}{10}<\frac{X_3-75}{10}<\frac{90-75}{10}\}$$

$=[\Phi(0.5)-\Phi(-1.5)]+[\Phi(1.5)-\Phi(0)]-[\Phi(0.5)-\Phi(-1.5)][\Phi(1.5)-\Phi(0)]$

$=[\Phi(0.5)+\Phi(1.5)-1]+[\Phi(1.5)-0.5]-[\Phi(0.5)+\Phi(1.5)-1][\Phi(1.5)-0.5]$

$=(0.6915+0.9332-1)+(0.9332-0.5)-(0.6915+0.9332-1)(0.9332-0.5)$

$=0.6247+0.4332-0.6427\times 0.4332=0.2706.$

(3) $E({X_1}^2{X_2}^2{X_3}^2)=E(X_1^2)E(X_2^2)E(X_3^2)$

$=[D(X)+E^2(X)]^3=(100+75^2)^3=1.8764\times 10^{11}.$

(4) $D(X_1X_2X_3)=E[(X_1X_2X_3)^2]-E^2(X_1X_2X_3)=1.8764\times 10^{11}-[E(X)]^6$

$=1.8764\times 10^{11}-75^6=9.662\times 10^9.$

$D(2X_1-3X_2-X_3)=4D(X_1)+9D(X_2)+D(X_3)=14D(X)=1400$；

（5）因为 $X_1+X_2\sim N(150,200)$，所以

$$P\{X_1+X_2\leqslant 148\}=\Phi(\frac{148-150}{\sqrt{200}})=1-\Phi(\frac{\sqrt{2}}{10})=1-0.5557=0.4443.$$

2.直方图的作法

【例 3】 某食品厂为加强质量管理，对某天生产的食品罐头的重量（单位：g）抽查了如下 100 个数据，试画出直方图，并且推断是否近似服从正态分布.

342	340	348	346	343	342	346	341	344	348
346	346	340	344	342	344	345	340	344	344
343	344	342	343	345	339	350	337	345	349
336	348	344	345	332	342	342	340	350	343
347	340	344	353	340	340	356	346	345	346
340	339	342	352	342	350	348	344	350	335
340	338	345	345	349	336	342	338	343	343
341	347	341	347	344	339	347	348	343	347
346	344	345	350	341	338	343	339	343	346
342	339	343	356	341	346	341	345	344	342

【解析】 （1）极差 $R=\max\{x_1,x_2,\cdots,x_n\}-\min\{x_1,x_2,\cdots,x_n\}=356-332=24$；

（2）取 $m=13$，则 $\frac{24}{13}<d<\frac{24}{12}$，为了整齐，可取 $d=2$.

（3）确定分点时，要比样本值多一位小数，且必须 (a_0,a_m) 包含了所有的样本值 x_1，$x_2,\cdots,x_n$，$a_0=331.5$，$a_1=333.5$，$a_2=335.5$，…，$a_{12}355.5$，$a_{13}=357.5$.

（4）列出频数 n_i 及小矩形的高 h_i 的分布表如下

分组	频数 n_i	$h_i=\frac{n_i}{d\cdot n}=\frac{n_i}{200}$
(331.5,333.5]	1	0.005
(333.5,335.5]	1	0.005
(335.5,337.5]	3	0.015
(337.5,339.5]	8	0.040
(339.5,341.5]	15	0.075
(341.5,343.5]	21	0.105
(343.5,345.5]	21	0.105
(345.5,347.5]	14	0.070
(347.5,349.5]	7	0.035
(349.5,351.5]	6	0.030
(351.5,353.5]	2	0.010
(353.5,355.5]	0	0
(355.5,357.5]	1	0.005

（5）画出直方图

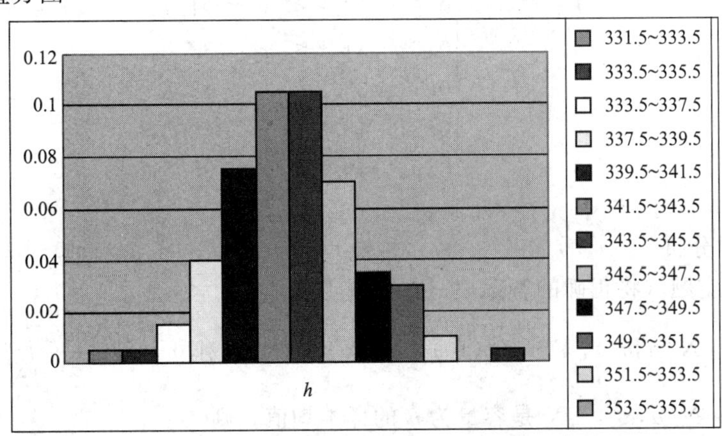

（6）分析：直方图顶部的台阶型曲线近似于总体的概率密度曲线，图中直方图顶部的台阶型曲线两头低，中间高，有一个峰，且关于中心线比较对称，接近于某个正态变量的概率密度曲线. 因此，可以推断是近似服从正态分布.

3. 求经验分布函数

【例 4】 设从总体中随机抽取容量为 10 的样本进行观测，观测数据为：1,2,4,3,3,4,5,6,4,8，试计算样本均值，样本方差和经验分布函数.

【解析】 依题意，样本均值 $\overline{X}=\frac{1}{10}\sum_{i=1}^{10}X_i=4$，样本方差

$$S^2=\frac{1}{n-1}\left(\sum_{i=1}^{n}X_i^2-n\overline{X}^2\right)=4\,.$$

经验分布函数 $F_{10}(x)$ 为

$$F_{10}(x)=\begin{cases}0, & x<0,\\ 0.1, & 1\leqslant x<2,\\ 0.2, & 2\leqslant x<3,\\ 0.4, & 3\leqslant x<4,\\ 0.7, & 4\leqslant x<5,\\ 0.8, & 5\leqslant x<6,\\ 0.9, & 6\leqslant x<8,\\ 1, & x\geqslant 8.\end{cases}$$

【例 5】 某厂从一批荧光灯中抽出 10 个，测其寿命的数据（单位：kh）如下.

95.5， 18.1， 13.1， 26.5， 31.7， 33.8， 8.7， 15.0， 48.8， 48.3.

求该批荧光灯寿命的经验分布函数 $F_n(x)$（观察值）.

【解析】 将数据由小到大排列得

8.7， 13.1， 15.0， 18.1， 26.5， 31.7， 33.8， 48.8， 49.3， 95.5，

则经验分布函数为

$$F_{10}(x)=\begin{cases}0, & x<8.7,\\ 0.1, & 8.7\leqslant x<13.1,\\ 0.2, & 13.1\leqslant x<15.0,\\ 0.3, & 15.0\leqslant x<18.1,\\ 0.4, & 18.1\leqslant x<26.5,\\ 0.5, & 26.5\leqslant x<31.7,\\ 0.6, & 31.7\leqslant x<33.8,\\ 0.7, & 33.8\leqslant x<48.8,\\ 0.8, & 48.8\leqslant x<49.3,\\ 0.9, & 49.3\leqslant x<95.5,\\ 1, & x\geqslant 95.5.\end{cases}$$

4. 常用抽样分布

【例 6】 填空题（将正确的答案填写在横线上方）

（1）设 $X\sim N(\mu,\sigma^2)$，$Y\sim\chi^2(10)$，且 X 与 Y 相互独立，则 $\frac{X-\mu}{\sigma}\Big/\sqrt{\frac{Y}{10}}\sim$ ________；

（2）设 $X\sim N(\mu,\sigma^2)$，$\overline{X}$ 是容量为 n 的样本均值，则

① $\sum_{i=1}^{n}\left(\frac{X_i-\mu}{\sigma}\right)^2 \sim$ ______，　② $\sum_{i=1}^{n}\left(\frac{X_i-\overline{X}}{\sigma}\right)^2 \sim$ ______；

(3) 若 $X_1, X_2, \cdots, X_n$ 是来自正态总体 $N(\mu, \sigma^2)$ 样本，则

① $\left(\frac{1}{n}\sum_{i=1}^{n}X_i-\mu\right)\Big/\frac{\sigma}{\sqrt{n}} \sim$ ______，② $(\overline{X}-\mu)\Big/\sqrt{\frac{1}{n(n-1)}\sum_{i=1}^{n}(X_i-\overline{x})} \sim$ ______.

【解析】 (1) $X \sim N(\mu, \sigma^2)$，将 X 标准化为 $U=\frac{X-\mu}{\sigma} \sim N(0, 1)$，而 $Y \sim \chi^2(10)$，

由 t 分布定义有
$$\frac{U}{\sqrt{\frac{Y}{10}}}=\frac{\frac{X-\mu}{\sigma}}{\sqrt{\frac{Y}{10}}} \sim t(10).$$

(2) ① 因 $X_i \sim N(\mu, \sigma^2)$，将其标准化：$\frac{X_i-\mu}{\sigma} \sim N(0,1)$，

由 χ^2 分布的定义有
$$\sum_{i=1}^{n}\left(\frac{X_i-\mu}{\sigma}\right)^2 \sim \chi^2(n).$$

② 结合样本方差的定义，有
$$\sum_{i=1}^{n}\left(\frac{X_i-\overline{X}}{\sigma}\right)^2=\frac{1}{\sigma}\sum_{i=1}^{n}(X_i-\overline{X})^2=\frac{n-1}{\sigma^2}\frac{1}{n-1}\sum_{i=1}^{n}(X_i-\overline{X})^2$$
$$=\frac{(n-1)S^2}{\sigma^2} \sim \chi^2(n-1).$$

(3) ① 因 $X \sim N(\mu, \sigma^2)$，故有 $\overline{X}=\frac{1}{n}\sum_{i=1}^{n}X_i \sim N(\mu, \sigma^2/n)$，

将其标准化
$$\left(\frac{1}{n}\sum_{i=1}^{n}X_i-\mu\right)\Big/\frac{\sigma}{\sqrt{n}} \sim N(0, 1); \tag{6-1}$$

② 由式 (6-1)，又知 $\frac{(n-1)S^2}{\sigma^2}=\sum_{i=1}^{n}(X_i-\overline{X})^2/\sigma^2 \sim \chi^2(n-1)$，而且两者相互独立，因此由 t 分布的定义有
$$\frac{\left(\frac{1}{n}\sum_{i=1}^{n}X_i-\mu\right)\Big/\frac{\sigma}{\sqrt{n}}}{\sqrt{\frac{1}{(n-1)\sigma^2}\sum_{i=1}^{n}(X_i-\overline{X})^2}}=(\overline{X}-\mu)\Big/\sqrt{\frac{1}{n(n-1)}\sum_{i=1}^{n}(X_i-\overline{X})^2} \sim t(n-1).$$

【例 7】 设 $X_1, X_2, \cdots, X_n$ 是取自总体 X 的一个样本，$\overline{X}, S^2$ 分别是样本均值和样本方差. 在下列三种情形下：① $X \sim B(1,p)$，② $X \sim e(\lambda)$，③ $X \sim U(0,\theta)$，$\theta>0$，(1) 分别写出 $(X_1, X_2, \cdots, X_n)$ 的分布律函数或概率密度函数；(2) 分别求出 $E(\overline{X}), D(\overline{X}), E(S^2)$.

【解析】 (1) ① $P(X=x_i)=p^{x_i}(1-p)^{1-x_i}$，$x_i=0,1$，
$$P(X_1=x_1, X_2=x_2, \cdots X_n=x_n)=\prod_{i=1}^{n}p^{x_i}(1-p)^{1-x_i}$$
$$=p\sum_{i=1}^{n}x_i(1-p)n-\sum_{i=1}^{n}x_i \quad (i=1,2,\cdots,n);$$

② $f(x)=\begin{cases}\lambda e^{-\lambda x}, & x>0,\\ 0, & x\leqslant 0,\end{cases}$

$$f(x_1,x_2,\cdots,x_n)=\prod_{i=1}^{n}f(x_i)=\begin{cases}\prod_{i=1}^{n}\lambda e^{-\lambda x_i}, & x_i>0,\\ 0, & x_i\leqslant 0,\end{cases}$$

$$=\begin{cases}\lambda^n e-\lambda\sum_{i=1}^{n}x_i, & x_i>0,\\ 0, & x_i\leqslant 0\end{cases}\quad (i=1,2,\cdots,n);$$

③ $f(x)=\begin{cases}\dfrac{1}{\theta}, & \theta>0,\\ 0, & \theta\leqslant 0,\end{cases}$

$$f(x_1,x_2,\cdots,x_n)=\prod_{i=1}^{n}f(x_i)=\begin{cases}\dfrac{1}{\theta^n}, & 0\leqslant x_i\leqslant\theta,\\ 0, & \text{其他}\end{cases}\quad (i=1,2,\cdots,n).$$

(2) ① 由于 $X\sim B(1,p)$，$E(X)=p$，$D(X)=p(1-p)$，所以

$$E(\overline{X})=E(X)=p,\quad D(\overline{X})=\frac{1}{n}D(X)=\frac{p(1-p)}{n},\quad E(S^2)=D(X)=p(1-p);$$

②由于 $X\sim e(\lambda)$，$E(X)=\lambda$，$D(X)=\lambda^2$，所以

$$E(\overline{X})=E(X)=\lambda,\quad D(\overline{X})=\frac{1}{n}D(X)=\frac{\lambda^2}{n},\quad E(S^2)=D(X)=\lambda^2;$$

③ 由于 $X\sim U(0,\theta)$，$\theta>0$，$E(X)=\dfrac{\theta}{2}$，$D(X)=\dfrac{\theta^2}{12}$，所以

$$E(\overline{X})=E(X)=\frac{\theta}{2},\quad D(\overline{X})=\frac{1}{n}D(X)=\frac{\theta^2}{12n},\quad E(S^2)=D(X)=\frac{\theta^2}{12}.$$

【例 8】 在总体 $N(80,20^2)$ 中随机抽取容量为 100 的样本，问样本均值与总体均值差的绝对值大于 3 的概率是多少?

【解析】 求概率应先知其分布，与统计量 $\overline{X}$，S^2，$\overline{X}-\overline{Y}$，$S_1^2/S_2^2$ 有关的概率计算应先化成相关的正态分布、χ^2 分布、t 分布或 F 分布，然后再查表求其值.

注意到 $\overline{X}\sim N(80,20^2/100)$，从而有 $\dfrac{\overline{X}-80}{2}\sim N(0,1)$.

因为事件 $\{|\overline{X}-80|>3\}$ 与事件 $\left\{\left|\dfrac{\overline{X}-80}{2}\right|>1.5\right\}$ 是等价的，故有

$$P\{|\overline{X}-80|>3\}=1-P\{|\overline{X}-80|<3\}=1-P\left\{\left|\frac{\overline{X}-80}{2}\right|<1.5\right\}$$
$$=1-[\Phi(1.5)-\Phi(-1.5)]=2[1-\Phi(1.5)]$$
$$=2(1-0.9332)=0.1336.$$

【例 9】 设 X_1,X_2 是取自总体 X 的一个样本，试证：$X_1-\overline{X}$ 与 $X_2-\overline{X}$ 相关系数等于-1.

【解析】 设 $D(X)=\sigma^2$，则

$$\mathrm{Cov}(X_1,\overline{X})=\mathrm{Cov}\left(X_1,\frac{X_1+X_2}{2}\right)=\frac{1}{2}[\mathrm{Cov}(X_1,X_1)+\mathrm{Cov}(X_1,X_2)]$$
$$=\frac{1}{2}(\sigma^2+0)=\frac{1}{2}\sigma^2,$$

$$D(X_1-\overline{X})=D(X_1)+D(\overline{X})-2\mathrm{Cov}(X_1,\overline{X})=\sigma^2+\frac{\sigma^2}{2}-2\cdot\frac{1}{2}\sigma^2=\frac{1}{2}\sigma^2,$$

同理可得 $\mathrm{Cov}(X_2,\overline{X})=\dfrac{1}{2}\sigma^2$，$D(X_2-\overline{X})=\dfrac{1}{2}\sigma^2$，故

$$\operatorname{Cov}(X_1-\overline{X},X_2-\overline{X})=\operatorname{Cov}(X_1,X_2)-\operatorname{Cov}(X_1,\overline{X})-\operatorname{Cov}(\overline{X},X_2)+\operatorname{Cov}(\overline{X},\overline{X})$$
$$=0-\frac{\sigma^2}{2}-\frac{\sigma^2}{2}+\frac{\sigma^2}{2}=-\frac{\sigma^2}{2}.$$

因此，$X_1-\overline{X}$与$X_2-\overline{X}$相关系数

$$\rho=\frac{\operatorname{Cov}(X_1-\overline{X},\ X_2-\overline{X})}{\sqrt{D(X_1-\overline{X})}\sqrt{D(X_2-\overline{X})}}=\frac{-\frac{\sigma^2}{2}}{\frac{\sigma^2}{2}}=-1.$$

【例 10】 设 $X_1,X_2,\cdots,X_{10}$ 为正态总体 $N(0,\ 0.3^2)$ 的一个样本，求 $P\left\{\sum_{i=1}^{10}X_i^2>1.44\right\}$.

【解析】 须先知 $\sum_{i=1}^{10}X_i^2$ 的分布,已知 $X_i\sim N(0,\ 0.3^2)$，但要注意$\sum_{i=1}^{10}X_i^2$ 不服从$\chi^2(10)$分布,将其标准化$\frac{X_i}{0.3}\sim N(0,1)$,于是

$$\sum_{i=1}^{10}\frac{X_i^2}{0.3^2}=\frac{1}{0.09}\sum_{i=1}^{10}X_i^2\sim\chi^2(10),$$

又事件$\left\{\sum_{i=1}^{10}X_i^2>1.44\right\}$与$\left\{\frac{1}{0.09}\sum_{i=1}^{10}X_i^2>\frac{1.44}{0.09}\right\}$是等价的,所以它们具有相同的概率,故

$$P\left\{\sum_{i=1}^{10}X_i^2>1.44\right\}=P\left\{\frac{1}{0.09}\sum_{i=1}^{10}X_i^2>16\right\}$$
$$=0.10\quad[\text{反查表得 }P\{\chi^2(10)>15.987\}=0.10].$$

【例 11】 设在总体 $N(\mu,\sigma^2)$ 中抽取一容量为 16 的样本，这里 μ,σ^2 为未知.

(1) 求 $P\{S^2/\sigma^2\leqslant 2.041\}$，其中 S^2 为样本方差；(2) 求 $D(S^2)$.

【解析】 (1) 因为 $\frac{(n-1)S^2}{\sigma^2}\sim\chi^2(n-1)$，$n=16$，即有 $\frac{15S^2}{\sigma^2}\sim\chi^2(15)$，故

$$P\{S^2/\sigma^2\leqslant 2.041\}=P\{\frac{15S^2}{\sigma^2}\leqslant 15\times 2.041\}=P\{\frac{15S^2}{\sigma^2}\leqslant 30.615\}$$
$$=1-P\{\frac{15S^2}{\sigma^2}>30.615\},$$

查 χ^2 分布表得 $\chi^2_{0.01}(15)=30.578$，从而得

$$P\{S^2/\sigma^2\leqslant 2.041\}=1-0.01=0.99.$$

(2) 由 $\frac{15S^2}{\sigma^2}\sim\chi^2(15)$，得

$$D(S^2)=D\left(\frac{\sigma^2}{(16-1)}\times\frac{(16-1)S^2}{\sigma^2}\right)=\frac{\sigma^4}{15^2}\times D\left(\frac{15S^2}{\sigma^2}\right)=\frac{\sigma^4}{15^2}\times(2\times 15)=\frac{2\sigma^4}{15}.$$

【例 12】 某化学药剂的平均溶解时间是 65s，标准偏差为 25s，假设药剂的溶解时间 $X\sim N(65,\ 25^2)$，问样本容量应取多大才使样本均值以 95%的概率处于区间 $(65-15,\ 65+15)$ 之内?

【解析】 $\frac{\overline{X}-\mu}{\sigma/\sqrt{n}}\sim N(0,1)$，为了使$|\overline{X}-65|<15$ 的概率是 95%，就必须使 $\frac{|\overline{X}-65|}{25/\sqrt{n}}<\frac{15}{25/\sqrt{n}}<1.96$，其中 1.96 为 $N(0,1)$ 变量 Y 满足 $P\{|Y|<1.96\}=95\%$ 的临界值.对应于临界值 1.96 的样本容量 n,有$\sqrt{n}=\frac{1.96\times 5}{3}\approx 3.3$,即 $n\approx 3.3^2=10.89$.因此，只要取 $n\geqslant 11$ 即可.

【例 13】 设 $X_1, X_2, \cdots, X_n$ 和 $Y_1, Y_2, \cdots, Y_n$ 是分别来自于正态总体 $X \sim N(\mu_1, \sigma^2)$ 和 $Y \sim N(\mu_2, \sigma^2)$ 的样本，且相互独立，则以下统计量服从什么分布？

(1) $\dfrac{(n-1)(s_1^2+s_2^2)}{\sigma^2}$；　(2) $\dfrac{n[(\overline{X}-\overline{Y})-(\mu_1-\mu_2)]^2}{s_1^2+s_2^2}$.

【解析】 (1) 由 $\dfrac{(n-1)s_1^2}{\sigma^2} \sim \chi^2(n-1)$，$\dfrac{(n-1)s_2^2}{\sigma^2} \sim \chi^2(n-1)$，由 χ^2 分布的性质可得

$$\frac{(n-1)(s_1^2+s_2^2)}{\sigma^2} \sim \chi^2(2n-2). \tag{6-2}$$

(2) $\overline{X}-\overline{Y} \sim N\left(\mu_1-\mu_2, \dfrac{2\sigma^2}{n}\right)$，标准化后为 $\dfrac{(\overline{X}-\overline{Y})-(\mu_1-\mu_2)}{\sigma\sqrt{n/2}} \sim N(0,1)$，

故有
$$\frac{[(\overline{X}-\overline{Y})-(\mu_1-\mu_2)]^2}{(\sigma\sqrt{n/2})^2} \sim \chi^2(1),$$

由 (1) 式 (6-2)，再结合 F 分布的定义可得

$$\frac{\dfrac{[(\overline{X}-\overline{Y})-(\mu_1-\mu_2)]^2}{\dfrac{n}{2}\sigma^2}\Big/1}{\dfrac{(n-1)(s_1^2+s_2^2)}{\sigma^2}\Big/(2n-2)} = \frac{n[(\overline{X}-\overline{Y})-(\mu_1-\mu_2)]^2}{s_1^2+s_2^2} \sim F(1, 2n-2).$$

【例 14】 设 $X_1, X_2, \cdots, X_n, X_{n+1}, \cdots, X_{n+m}$ 为总体 $X \sim N(0, \sigma^2)$ 的样本，

(1) 确定 a 与 b，使 $a\left(\sum\limits_{i=1}^{n} X_i\right)^2 + b\left(\sum\limits_{i=n+1}^{n+m} X_i\right)^2$ 服从 χ^2 分布；

(2) 确定 c，使 $c \cdot \dfrac{\sum\limits_{i=1}^{n} X_i}{\sqrt{\sum\limits_{i=n+1}^{n+m} X_i^2}}$ 服从 t 分布；

(3) 确定 d，使 $d \cdot \dfrac{\sum\limits_{i=1}^{n} X_i^2}{\sum\limits_{i=n+1}^{n+m} X_i^2}$ 服从 F 分布.

【解析】 (1) 由 $\sum\limits_{i=1}^{n} X_i \sim N(0, n\sigma^2)$，得 $\dfrac{\sum\limits_{i=1}^{n} X_i}{\sigma\sqrt{n}} \sim N(0,1)$，从而 $\dfrac{1}{n\sigma^2}\left(\sum\limits_{i=1}^{n} X_i\right)^2 \sim \chi^2(1)$，同理 $\dfrac{1}{m\sigma^2}\left(\sum\limits_{i=n+1}^{n+m} X_i\right)^2 \sim \chi^2(1)$，又因 $\left(\sum\limits_{i=1}^{n} X_i\right)^2$ 与 $\left(\sum\limits_{i=n+1}^{n+m} X_i\right)^2$ 相互独立，故

$$\frac{1}{n\sigma^2}\left(\sum_{i=1}^{n} X_i\right)^2 + \frac{1}{m\sigma^2}\left(\sum_{i=n+1}^{n+m} X_i\right)^2 \sim \chi^2(2),$$

从而 $a = \dfrac{1}{n\sigma^2}$，$b = \dfrac{1}{m\sigma^2}$.

(2) 因为 $\dfrac{1}{\sigma\sqrt{n}}\sum\limits_{i=1}^{n} X_i \sim N(0,1)$，$\sum\limits_{i=n+1}^{n+m}\left(\dfrac{X_i}{\sigma}\right)^2 \sim \chi^2(m)$，且 $\dfrac{1}{\sigma\sqrt{n}}\sum\limits_{i=1}^{n} X_i$ 与 $\sum\limits_{i=n+1}^{n+m}\left(\dfrac{X_i}{\sigma}\right)^2$ 相互独立，由 t 分布定义知

$$\frac{\frac{1}{\sigma\sqrt{n}}\sum_{i=1}^{n}X_i}{\sqrt{\sum_{i=n+1}^{n+m}X_i^2\cdot\frac{1}{m\sigma^2}}}=\sqrt{\frac{m}{n}}\cdot\frac{\sum_{i=1}^{n}X_i}{\sqrt{\sum_{i=n+1}^{n+m}X_i^2}}\sim t(m),\quad \text{故 } c=\sqrt{\frac{m}{n}}.$$

(3) 因为 $\frac{1}{\sigma^2}\sum_{i=1}^{n}X_i^2\sim\chi^2(n)$，$\frac{1}{\sigma^2}\sum_{i=n+1}^{n+m}X_i^2\sim\chi^2(m)$，且 $\frac{1}{\sigma^2}\sum_{i=1}^{n}X_i^2$ 与 $\frac{1}{\sigma^2}\sum_{i=n+1}^{n+m}X_i^2$ 相互独立，由 F 分布定义知

$$\frac{1}{n\sigma^2}\sum_{i=1}^{n}X_i^2\Big/\left(\frac{1}{m\sigma^2}\sum_{i=n+1}^{n+m}X_i^2\right)=\frac{m}{n}\cdot\frac{\sum_{i=1}^{n}X_i^2}{\sum_{i=n+1}^{n+m}X_i^2}\sim F(n,m),\quad \text{从而 } d=\frac{m}{n}.$$

【例 15】 设总体 X 服从正态分布 $N(\mu,\sigma^2)(\sigma>0)$，从该总体中抽取简单随机样本 $X_1,\cdots,X_{2n}(n\geqslant 2)$，其样本均值为 $\overline{X}=\frac{1}{2n}\sum_{i=1}^{2n}X_i$，求统计量 $Y=\sum_{i=1}^{n}(X_i+X_{n+i}-2\overline{X})^2$ 的数学期望 $E(Y)$.

【解析】 本题考查要点：① 样本的独立性和同分布性质；② 数学期望的计算.

方法一　由条件可得 $E(X_i)=\mu,D(X_i)=\sigma^2,E(X_i^2)=[E(X_i)]^2+D(X_i)=\mu^2+\sigma^2$；

$$E(\overline{X})=\mu,\ D(\overline{X})=\frac{\sigma^2}{2n},\ E(\overline{X}^2)=[E(\overline{X})]^2+D(\overline{X})=\mu^2+\frac{\sigma^2}{2n},$$

因为 $Y=\sum_{i=1}^{n}(X_i+X_{n+i}-2\overline{X})^2=\sum_{i=1}^{n}(X_i^n+X_{n+i}^2+4\overline{X}^2+2X_iX_{n+i}-4X_i\overline{X}-4X_{n+i}\overline{X})$

$$=\sum_{i=1}^{2n}X_i^2+4n\overline{X}^2+2\sum_{i=1}^{n}X_iX_{n+i}-4\overline{X}\sum_{i=1}^{2n}X_i=\sum_{i=1}^{2n}X_i^2-4n\overline{X}^2+2\sum_{i=1}^{n}X_iX_{n+i},$$

所以 $$E(Y)=\sum_{i=1}^{2n}E(X_i^2)-4nE(\overline{X}^2)+2\sum_{i=1}^{n}E(X_i)E(X_{n+i})$$

$$=2n(\mu^2+\sigma^2)-4n\left(\mu^2+\frac{\sigma^2}{2n}\right)+2n\mu^2=2(n-1)\sigma^2.$$

方法二　考虑 $(X_1+X_{n+1}),(X_2+X_{n+2}),\cdots,(X_n+X_{2n})$，将其视为取自总体 $N(2\mu,2\sigma^2)$ 的简单随机样本，则其样本均值为 $\frac{1}{n}\sum_{i=1}^{n}(X_i+X_{n+i})=\frac{1}{n}\sum_{i=1}^{2n}X_i=2\overline{X}$，样本方差为 $\frac{1}{n-1}Y$. 由于 $E\left(\frac{1}{n-1}Y\right)=2\sigma^2$，所以

$$E(Y)=(n-1)(2\sigma^2)=2(n-1)\sigma^2.$$

典型错误　① 将 $\overline{X}=\frac{1}{2n}\sum_{i=1}^{2n}X_i$ 写成 $\frac{1}{n}\sum_{i=1}^{n}X_i$；② $E(X_i\overline{X})$ 认为等于 $E(X_i)E(\overline{X})$，其实 X_i 与 $\overline{X}$ 并不独立，所以不等；③ $D(X_i+\overline{X})$ 认为等于 $D(X_i)+D(\overline{X})$. 错误性质同②；④ $D(X_i-2\overline{X})$ 认为等于 $D(X_i)-4D(\overline{X})$，这比③多一层错误.

【例 16】 已知 $T\sim t(n)$，求证：$T^2\sim F(1,n)$.

分析　欲证 $T^2\sim F(1,n)$，其关键是依据 F 分布的定义构造两个统计量 $U\sim\chi^2(1),V\sim\chi^2(n)$，使得 U 与 V 相互独立.

【证明】 已知 $T\sim t(n)$，注意 t 分布的定义 $T=\frac{X}{\sqrt{Y/n}}\sim t(n)$，

其中 $X\sim N(0,1)$，$Y\sim\chi^2(n)$，且 X 与 Y 相互独立，于是取 $U=X^2,V=Y$，

则有 $$T^2=\frac{U/1}{V/n}=\frac{X^2}{Y/n}\sim F(1,n)，这里 X^2\sim\chi^2(1).$$

【例 17】 设 $X_1,X_2,\cdots,X_n$ 是总体为 $N(\mu,\sigma^2)$ 的简单随机样本，记 $\overline{X}=\frac{1}{n}\sum_{i=1}^{n}X_i$，$S^2=\frac{1}{n-1}\sum_{i=1}^{n}(X_i-\overline{X})^2$，$T=\overline{X}^2-\frac{1}{n}S^2$.（1）证明：$E(T)=\mu^2$（即 T 为 μ^2 的无偏估计量）；（2）当 $\mu=0$，$\sigma=1$ 时，求 $D(T)$.

【解析】 本题考查正态总体的抽样分布定理和 χ^2 分布的数字特征.

（1）由抽样分布定理知 $E(\overline{X})=\mu$，$D(\overline{X})=\frac{\sigma^2}{n}$，$E(S^2)=\sigma^2$，

$$E(T)=E(\overline{X}^2-\frac{1}{n}S^2)=E(\overline{X}^2)-\frac{1}{n}E(S^2)=[E(\overline{X})]^2+D(\overline{X})-\frac{1}{n}E(S^2)$$
$$=\mu^2+\frac{1}{n}\sigma^2-\frac{1}{n}\sigma^2=\mu^2;$$

（2）再由抽样分布定理知 $\frac{\overline{X}-0}{1/\sqrt{n}}\sim N(0,1)$，$\left(\frac{\overline{X}-0}{1/\sqrt{n}}\right)^2\sim\chi^2(1)$，$\frac{(n-1)S^2}{\sigma^2}\sim\chi^2(n-1)$，且 $\overline{X}$ 与 S^2 相互独立，故

$$\mathrm{Cov}(\overline{X}^2,S^2)=0,\quad D(\overline{X}^2)=D\left[\frac{1}{n}\left(\frac{\overline{X}-0}{1/\sqrt{n}}\right)^2\right]=\frac{2}{n^2},$$
$$D(S^2)=D\left[\frac{\sigma^2}{n-1}\cdot\frac{(n-1)S^2}{\sigma^2}\right]=\frac{\sigma^4}{(n-1)^2}\cdot2(n-1)=\frac{2\sigma^4}{n-1}=\frac{2}{n-1},$$

从而有 $$D(T)=D(\overline{X}^2-\frac{1}{n}S^2)=D(\overline{X}^2)+\left(-\frac{1}{n}\right)^2D(S^2)-\frac{2}{n}\mathrm{Cov}(\overline{X}^2,S^2)$$
$$=D(\overline{X}^2)+\frac{1}{n^2}D(S^2)=\frac{2}{n^2}+\frac{1}{n^2}\cdot\frac{2}{n-1}=\frac{2}{n(n-1)}.$$

典型错误 对正态总体的抽样分布定理不熟悉；或对 χ^2 分布的数字特征不熟悉.

【例 18】 假设 $X\sim N(\mu,\sigma^2)$，$Y/\sigma^2\sim\chi^2(n)$，且 X 与 Y 相互独立，试证明：

$$T=\frac{\overline{X}-\mu}{\sqrt{Y/n}}\sim t(n).$$

分析 利用 t 分布的定义来证明.

【证明】 因为 $X\sim N(\mu,\sigma^2)$，$Y/\sigma^2\sim\chi^2(n)$，所以

$$\overline{X}\sim N\left(\mu,\frac{\sigma^2}{n}\right),\quad\frac{\overline{X}-\mu}{\sigma/\sqrt{n}}\sim N(0,1),$$

且 $\frac{\overline{X}-\mu}{\sigma/\sqrt{n}}$ 与 Y/σ^2 也相互独立，于是由定义可得 $T=\frac{\frac{\overline{X}-\mu}{\sigma/\sqrt{n}}}{\sqrt{Y/\sigma^2/n}}=\frac{\overline{X}-\mu}{\sqrt{Y}/n}\sim t(n)$.

【例 19】 设总体 $X\sim N(\mu,\sigma^2)$，μ 与 σ^2 皆未知，已知样本容量 $n=16$，样本均值 $\overline{x}=12.5$，样本方差 $s^2=5.333$，求 $P\{|\overline{x}-\mu|<0.4\}$.

【解析】 由于 σ 未知，需用 t 统计量：$t=\frac{\overline{x}-\mu}{s/\sqrt{n}}\sim t(n-1)$，

其中 s 为样本标准差，现 $n=16$，$s=2.309$，故 $t=\frac{\overline{x}-\mu}{0.5773}\sim t(15)$，

$$P\{|\overline{x}-\mu|<0.4\}=P\left\{\left|\frac{\overline{x}-\mu}{0.5773}\right|<0.692\right\}=P\{|t|<0.692\}=P\{-0.692<t<0.692\}$$
$$=1-P\{t\geqslant0.692\}-P\{t\leqslant-0.692\}.$$

由于 t 分布关于原点对称，故 $P\{t\geqslant0.692\}=P\{t\leqslant-0.692\}$，

故 $P\{|\overline{x}-\mu|<0.4\}=1-2P\{t\geqslant 0.692\}$，查表得 $P\{t\geqslant 0.692\}=0.25$,所以

$$P\{|\overline{x}-\mu|<0.4\}=1-2\times 0.25=0.5.$$

【例 20】 设总体 $X\sim N(0,\sigma^2)$，X_1,X_2是样本，求 $Y=\dfrac{(X_1+X_2)^2}{(X_1-X_2)^2}$ 的分布.

【解析】 记 $U=\dfrac{X_1+X_2}{\sqrt{2}\sigma}$,$V=\dfrac{X_1-X_2}{\sqrt{2}\sigma}$，则有 $Y=\dfrac{(X_1+X_2)^2}{(X_1-X_2)^2}=\dfrac{U^2}{V^2}$，

由于 $X_1+X_2\sim N(0,2\sigma^2)$， $X_1-X_2\sim N(0,2\sigma^2)$，

则 $U\sim N(0,1)$, $V\sim N(0,1)$, $U^2\sim\chi^2(1)$, $V^2\sim\chi^2(1)$.

下面证明 U 和 V 相互独立.

因为 U,V 都服从标准正态分布 $N(0,1)$，因此只要证明 U 和 V 互不相关，即 $\mathrm{Cov}(U,V)=0$ 即可. 由于 $E(U)=0$，$E(V)=0$，因此

$$\mathrm{Cov}(U,V)=E(UV)-E(U)E(V)=E(UV)=\frac{1}{2\sigma^2}E[(X_1+X_2)(X_1-X_2)]$$

$$=\frac{1}{2\sigma^2}E(X_1^2-X_2^2)=\frac{1}{2\sigma^2}[E(X_1^2)-E(X_2^2)]=0.$$

即

$$Y=\frac{U^2}{V^2}\sim F(1,1).$$

三、强化练习题

☆A 题☆

1. 填空题

(1) 若样本 $X_1,X_2,\cdots,X_n$ 是总体 X 的简单随机样本，则 $X_1,X_2,\cdots,X_n$ 应满足________，且每一个 X_i（$i=1,2,\cdots,n$）都与总体 X 有________的分布.

(2) 设 $X_1,X_2,\cdots,X_n$ 是来自总体X 的样本，则称 $\overline{X}=\dfrac{1}{n}\sum\limits_{i=1}^{n}X_i$ 为________，称 $S^2=\dfrac{1}{n-1}\sum\limits_{i=1}^{n}(X_i-\overline{X})^2$ 为________.

(3) 称 $A_k=\dfrac{1}{n}\sum\limits_{i=1}^{n}X_i^k$ 为样本 k 阶______，称 $B_k=\dfrac{1}{n}\sum\limits_{i=1}^{n}(X_i-\overline{X})^k$ 为样本 k 阶______.

(4) 若 $\chi_1^2\sim\chi^2(n_1)$，$\chi_2^2\sim\chi^2(n_2)$，且独立. 则 $\chi_1^2+\chi_2^2\sim$________.

(5) 若 $\chi^2\sim\chi^2(n)$，则 $E(\chi^2)=$________，$D(\chi^2)=$________.

(6)（2004 年数学考研题）设总体 X 服从正态分布 $N(\mu_1,\sigma^2)$，总体 Y 服从正态分布 $N(\mu_2,\sigma^2)$，$X_1,X_2,\cdots,X_{n_1}$；$Y_1,Y_2,\cdots,Y_{n_2}$ 分别是来自总体 X 和 Y 的简单随机样本，则

$$E\left[\frac{\sum\limits_{i=1}^{n_1}(X_i-\overline{X})^2+\sum\limits_{j=1}^{n_2}(Y_j-\overline{Y})^2}{n_1+n_2-2}\right]=\_\_\_\_\_\_\_\_.$$

2. 选择题

(1) X_1,X_2,X_3 是取自总体 X 的样本，λ 是未知参数，则________是统计量.

(A) $X_1+\lambda X_2+X_3$　(B) X_1X_2　(C) $\lambda X_1X_2X_3$　(D) $\dfrac{1}{3}\sum\limits_{I=1}^{3}(X_i-\lambda)^2$

(2) $X_1,X_2,\cdots,X_n$ 是来自总体 X 的样本，则 $\frac{1}{n-1}\sum_{i=1}^{n}(X_i-\overline{X})^2$ 是________（$\overline{X}$ 为样本均值）.

(A) 样本矩　(B) 二阶原点矩　(C) 二阶中心矩　(D) 统计量

(3) 若 $P(F \geqslant F_\alpha(n_1,n_2))=\alpha$，则________.

(A) $F_\alpha(n_1,n_2)=\frac{1}{F_{1-\alpha}(n_2,n_1)}$　(B) $F_\alpha(n_1,n_2)=F_{1-\alpha}(n_1,n_2)$

(C) $F_\alpha(n_1,n_2)=\frac{1}{F_{1-\alpha}(n_1,n_2)}$　(D) $F_\alpha(n_1,n_2)\neq\frac{1}{F_{1-\alpha}(n_2,n_1)}$

(4) 若 $X_1,X_2,\cdots,X_n$ 是来自总体 $\chi^2\sim\chi^2(n)$ 的样本，则________.

(A) $E(\overline{X})=2n$　(B) $E(X_i)=1$　(C) $D(\overline{X})=n$　(D) $D(\overline{X})=2$

(5) 样本 $X_1,X_2,\cdots,X_n$ 来自总体 $X\sim N(\mu,\sigma^2)$，记 $\overline{X}=\frac{1}{n}\sum_{i=1}^{n}X_i$，$S^2=\frac{1}{n-1}\sum_{i=1}^{n}(X_i-\overline{X})^2$，则________.

(A) $\overline{X}\sim N(\mu,\sigma^2)$　(B) $\frac{\overline{X}-\mu}{\sigma}\sim N(0,1)$

(C) $\frac{(n-1)S^2}{\sigma^2}\sim\chi^2(n-1)$　(D) $\frac{\overline{X}-\mu}{S/\sqrt{n}}\sim t(n)$

(6) 设 $X_1,X_2,\cdots,X_n$ 是来自正态总体 $N(\mu_1,\sigma_2)$ 的简单随机样本，$\overline{X}$ 是样本均值，记

$$S_1^2=\frac{1}{n-1}\sum_{i=1}^{n}(X_i-\overline{X})^2,\quad S_2^2=\frac{1}{n}\sum_{i=1}^{n}(X_i-\overline{X})^2,$$

$$S_3^2=\frac{1}{n-1}\sum_{i=1}^{n}(X_i-\mu)^2,\quad S_4^2=\frac{1}{n}\sum_{i=1}^{n}(X_i-\mu)^2,$$

则服从自由度为 $n-1$ 的 t 分布的随机变量是________.

(A) $t=\frac{\overline{X}-\mu}{S_1/\sqrt{n-1}}$　(B) $t=\frac{\overline{X}-\mu}{S_2/\sqrt{n-1}}$　(C) $t=\frac{\overline{X}-\mu}{S_3/\sqrt{n-1}}$　(D) $t=\frac{\overline{X}-\mu}{S_4/\sqrt{n-1}}$

3. 计算题

(1) 设有 N 个产品，其中有 M 个次品，进行放回抽样，定义 X_i 如

$$X_i=\begin{cases}1, & \text{第 } i \text{ 次取得次品},\\ 0, & \text{第 } i \text{ 次取得正品},\end{cases}$$

求样本 $X_1,X_2,\cdots,X_n$ 的联合分布.

(2) 设总体 X 服从均值为 $\frac{1}{2}$ 的指数分布，X_1,X_2,X_3,X_4 是来自总体的容量为 4 的样本，求 ① X_1,X_2,X_3,X_4 的联合概率密度；② $P\{0.5<X_1<1,\ 0.7<X_2<1.2\}$；③ $E(\overline{X}),D(\overline{X})$；④ $E(X_1X_2),E[X_1(X_2-0.5)^2]$；⑤ $D(X_1X_2)$.

(3) 从正态总体 $N(63,49)$ 中取出容量 $n=18$ 的样本，求样本均值 $\overline{X}$ 不超过 60 的概率，当 $n=10$ 时，求 $\overline{X}$ 不超过 60 的概率是多少.

(4) 设从总体 $N(12,2^2)$ 中随机抽出一容量为 5 的样本 (X_1,X_2,X_3,X_4,X_5)，求 $P\left\{\sum_{i=1}^{5}(X_i-12)^2>44.284\right\}$.

(5) 设随机变量 X 和 Y 相互独立且服从 $N(0,3^2)$ 分布，$X_1,X_2,\cdots,X_9$，及 Y_1,Y_2，…，Y_9 是分别来自总体 X 和 Y 的样本，求统计量 $K=\dfrac{\sum\limits_{i=1}^{9}X_i}{\sqrt{\sum\limits_{i=1}^{9}Y_i^2}}$ 的分布.

(6) 设总体 $X\sim N(\mu_1,\sigma_1^2)$，$Y\sim N(\mu_2,\sigma_2^2)$，从这两个总体分别抽样，得到如下结果：$n_1=11$，$s_1^2=8.27$，$n_2=8$，$s_2^2=4.89$，求概率 $P\{\sigma_1^2>\sigma_2^2\}$.

(7) 设 $X_1,X_2,\cdots,X_n$ 是来自正态总体 $N(\mu,\sigma^2)$ 的一组样本，$\overline{X}=\dfrac{1}{n}\sum\limits_{i=1}^{n}X_i$，$S_1^2=\sum\limits_{i=1}^{n}(X_i-\mu)^2$，$S_2^2=\sum\limits_{i=1}^{n}(X_i-\overline{X})^2$. 试求：$E(S_1^2)$，$D(S_1^2)$，$E(S_2^2)$，$D(S_2^2)$.

(8) 设 $X_1,X_2,\cdots,X_{10}$ 相互独立且服从 $N(0,2^2)$ 分布，求常数 a,b,c,d，使 $Y=aX_1^2+b(X_2+X_3)^2+c(X_4+X_5+X_6)^2+d(X_7+X_8+X_9+X_{10})^2$ 服从 χ^2 分布，并求自由度 m.

(9) 设 $X_1,X_2,\cdots,X_n$ 和 $Y_1,Y_2,\cdots,Y_m$ 分别是取自正态总体 $N(\mu_1,\sigma_1^2)$ 和 $N(\mu_2,\sigma_2^2)$ 的样本，且相互独立，试求统计量 $U=a\overline{X}+b\overline{Y}$ 的分布，其中 a,b 是不全为零的已知常数.

(10) 设 $X_1,X_2,\cdots,X_5$ 是总体 $X\sim(0,1)$ 的一组样本，若统计量 $U=\dfrac{c(X_1+X_2)}{\sqrt{X_3^2+X_4^2+X_5^2}}\sim t(n)$，试确定 c 与 n.

☆**B 题**☆

1. 填空题

(1)（2009 年数学考研题）设 $X_1,X_2,\cdots,X_n$ 为来自二项分布总体 $B(n,p)$ 的简单随机样本，$\overline{X}$ 和 S^2 分别为样本均值和样本方差，记统计量 $T=\overline{X}-S^2$，则 $E(T)=$________.

(2)（2010 年数学考研题）设 $X_1,X_2,\cdots,X_n$ 为来自总体 $N(\mu,\sigma^2)$ $(\sigma>0)$ 的简单随机样本，记统计量 $T=\dfrac{1}{n}\sum\limits_{i=1}^{n}X_i^2$，则 $E(T)=$________.

(3) 设随机变量 $X\sim t(n)$ $(n>1)$，$Y=\dfrac{1}{X^2}$，则 $Y\sim$________.

(4) 设 X_1,X_2,X_3,X_4 是来自正态总体 $N(0,2^2)$ 的简单随机样本，$X=a(X_1-2X_2)^2+b(3X_3-4X_4)^2$，则当 $a=$________，$b=$________时，统计量 X 服从 χ^2 分布，自由度为________.

(5)（2014 年数学考研题）设总体 X 的概率密度 $f(x;\theta)=\begin{cases}\dfrac{2x}{3\theta^2}, & \theta<x<2\theta,\\ 0, & \text{其他},\end{cases}$ 其中 θ 是未知参数，$X_1,X_2,\cdots,X_n$ 为来自总体 X 的简单样本，若 $E\left(c\sum\limits_{i=1}^{n}X_i^2\right)=\theta^2$，则 $c=$________.

(6) 设总体 X 服从正态总体 $N(0,\sigma^2)$，$X_1,X_2,\cdots,X_{10}$ 是取自总体 X 的简单随机样本，则随机变量 $\dfrac{4(X_1^2+X_{10}^2)}{X_2^2+X_3^2+\cdots+X_9^2}$ 服从________分布，参数为________.

2. 选择题

(1) 设总体 X 服从参数 λ 确定的某分布，$g(x_1,x_2,\cdots,x_n)$ 是 n 元连续函数，X_1,X_2，…，

X_n为X的样本，如果________，则$g(X_1,X_2,\cdots,X_{n-1},\lambda)$是一个统计量.

(A) λ的取值范围确定　　(B) λ使$g(x_1,x_2,\cdots,x_{n-1},\lambda)$有意义

(C) X的分布是已知的　　(D) $E(X)=\lambda$

(2) 设$X_1,X_2,\cdots,X_n$是来自正态总体$N(\mu,\sigma^2)$的一个简单随机样本，$\overline{X}=\frac{1}{n}\sum_{i=1}^{n}X_i$，$S^2=\frac{1}{n-1}\sum_{i=1}^{n}(X_i-\overline{X})^2$，则以下结论中错误的是________.

(A) $\overline{X}$与S^2独立　　(B) $\frac{\overline{X}-\mu}{\sigma}\sim N(0,1)$

(C) $\frac{n-1}{\sigma^2}S^2\sim\chi^2(n-1)$　　(D) $\frac{\sqrt{n}(\overline{X}-\mu)}{S}\sim t(n-1)$

(3) 假设$X_1,X_2,\cdots,X_{10}$是来自正态总体$N(0,\sigma^2)$的简单随机样本，$Y^2=\frac{1}{10}\sum_{i=1}^{10}X_i^2$，则________.

(A) $X^2\sim\chi^2(1)$　　(B) $Y^2\sim\chi^2(10)$

(C) $\frac{X}{Y}\sim t(10)$　　(D) $\frac{X^2}{Y^2}\sim F(10,1)$

(4) 设$X\sim N(0,16)$，$Y\sim N(0,9)$，X,Y相互独立，$X_1,X_2,\cdots,X_9$与$Y_1,Y_2,\cdots,Y_{16}$分别为X与Y的一个简单随机样本，则$\frac{X_1^2+X_2^2+\cdots+X_9^2}{Y_1^2+Y_2^2+\cdots+Y_{16}^2}$服从的分布为________.

(A) $F(9,16)$　　(B) $F(16,9)$　　(C) $F(9,9)$　　(D) $F(16,16)$

(5) 设随机变量X和Y都服从标准正态分布，则

(A) $X+Y$服从正态分布　　(B) X^2+Y^2服从χ^2分布

(C) X^2和Y^2都服从χ^2分布　　(D) X^2/Y^2服从F分布

(6) 设总体X服从正态分布$N(\mu,\sigma^2)$，$X_1,X_2,\cdots,X_{25}$是取自总体X的简单随机样本，$\overline{X}=\frac{1}{25}\sum_{i=1}^{25}X_i$，已知$P\{|X-\mu|<a\}=P\{|\overline{X}-\mu|<\pi\}$，则$a=$________.

(A) π　　(B) 5π　　(C) $\sqrt{24}\pi$　　(D) 25π

3. 计算与证明题

(1) 设X_1,X_2均来自总体$N(0,1)$且相互独立，

求① $\overline{X}=\frac{1}{2}(X_1+X_2)$小于$\sqrt{2}$的概率；② $P\left\{\frac{1}{2}(X_1^2+X_2^2)\leqslant 3.689\right\}$.

(2) 设总体$X\sim f(x)=\begin{cases}|x|, & |x|<2,\\ 0, & \text{其他},\end{cases}$ X_1，X_2，$\cdots$，X_{50}为取自X的一个样本，试求：① $\overline{X}$的数学期望与方差；② S^2的数学期望.

(3) 设$X_1,X_2,\cdots,X_5$是取自正态总体$N(0,\sigma^2)$的一组样本，试证：

① 当$k=\sqrt{\frac{3}{2}}$时，$k\cdot\frac{X_1+X_2}{\sqrt{X_3^2+X_4^2+X_5^2}}\sim t(3)$；

② 当$k=\frac{3}{2}$时，$k\cdot\frac{(X_1+X_2)^2}{\sqrt{X_3^2+X_4^2+X_5^2}}\sim F(1,3)$.

(4) 设 $X_1,X_2,\cdots,X_n$ 是正态分布 $N(\mu,\sigma^2)$ 的样本，试求 $U=\frac{1}{n}\sum_{i=1}^{50}|X_i-\mu|$ 的数学期望和方差.

(5) 设总体 $X\sim N(\mu,\sigma^2)$，$X_1,X_2,\cdots,X_n$ 为简单随机样本，$\overline{X}$ 为样本均值，S^2 为样本方差，

① 求 $P\left\{(\overline{X}-\mu)^2\leqslant\frac{\sigma^2}{n}\right\}$；

② 如果 n 很大，试求 $P\left\{(\overline{X}-\mu)^2\leqslant\frac{2S^2}{n}\right\}$.

(6) 设随机变量 $F\sim F(n_1,n_2)$，证明：$F_\alpha(n_1,n_2)=\frac{1}{F_{1-\alpha}(n_2,n_1)}$，$0<\alpha<1$.

(7) 设 $x_1,x_2,\cdots,x_n$ 是一样本值，记 $\overline{x}_n=\frac{1}{n}\sum_{i=1}^{n}x_i$，$s_n^2=\frac{1}{n-1}\sum_{i=1}^{n}(x_i-\overline{x}_n)^2$，$n=1,2,\cdots$，证明：① $\overline{x}_{n+1}=\overline{x}_n+\frac{1}{n+1}(x_{n+1}-\overline{x}_n)$；② $s_{n+1}^2=\frac{n-1}{n}s_n^2+\frac{1}{n+1}(x_{n+1}-\overline{x}_n)^2$.

(8) 设 $X_1,X_2,\cdots,X_9$ 是来自正态总体 X 的简单随机样本，

$$Y_1=\frac{1}{6}(X_1+\cdots+X_6),\qquad Y_2=\frac{1}{3}(X_7+X_8+X_9),$$

$$S^2=\frac{1}{2}\sum_{i=7}^{9}(X_i-Y_2)^2,\qquad Z=\frac{\sqrt{2}(Y_1-Y_2)}{S}.$$

证明：统计量 Z 服从自由度为 2 的 t 分布.

(9) 设 $X_1,X_2,\cdots,X_n(n>2)$ 为来自总体 $N(0,1)$ 的简单随机样本，$\overline{X}$ 为样本均值，记 $Y_i=X_i-\overline{X}$，$i=1,2,\cdots,n$.

求 ① Y_i 的方差 $D(Y_i)$，$i=1,2,\cdots,n$；② Y_1 与 Y_n 的协方差 $\mathrm{Cov}(Y_1,Y_n)$.

(10) 设 $X\sim N(\mu,\sigma^2)$，$X_1,X_2,\cdots,X_n,X_{n+1}$ 是总体 X 的容量为 $n+1$ 的样本，$\overline{X}=\frac{1}{n}\sum_{i=1}^{n}X_i$，$S^2=\frac{1}{n-1}\sum_{i=1}^{n}(X_i-\overline{X})^2$，试求统计量 $T=\frac{X_{n+1}-\overline{X}}{S}\cdot\sqrt{\frac{n}{n+1}}$ 的分布.

四、强化练习题参考答案

☆A 题☆

1.(1) 相互独立，相同；　(2) 样本均值，样本方差；　(3) 原点矩，中心矩；

(4) $\chi^2(n_1+n_2)$；　(5) n，$2n$；

(6) σ^2.（提示：记 $S_1^2=\frac{1}{n_1-1}\sum_{i=1}^{n_1}(X_i-\overline{X})^2$，$S_2^2=\frac{1}{n_2-1}\sum_{i=1}^{n_2}(Y_i-\overline{Y})^2$，则 $E(S_1^2)=E(S_2^2)=\sigma^2$，故

$$\text{原式}=E\left[\frac{(n_1-1)S_1^2+(n_2-1)S_2^2}{n_1+n_2-2}\right]=\frac{(n_1-1)E(S_1^2)+(n_2-1)E(S_2^2)}{n_1+n_2-2}=\sigma^2$$）

2.(1) B；　(2) D；　(3) A；　(4) D；　(5) C；

（6）B. $\left(\right.$提示：本题考查 t 分布的概念以及相关性质. 因为 $U=\dfrac{\overline{X}-\mu}{\sigma/\sqrt{n}}\sim N(0,1)$，$V=\dfrac{1}{\sigma^2}\sum_{i=1}^{n}(X_i-\overline{X})^2\sim\chi^2(n-1)$，$U$ 与 V 相互独立，所以

$$\frac{U}{\sqrt{\frac{V}{n-1}}}=\frac{\frac{\overline{X}-\mu}{\sigma/\sqrt{n}}}{\sqrt{\frac{1}{\sigma^2}\sum_{i=1}^{n}(X_i-\overline{X})^2/(n-1)}}=\frac{\overline{X}-\mu}{\sqrt{\frac{1}{n}\sum_{i=1}^{n}(X_i-\overline{X})^2}/\sqrt{n-1}}$$

$$=\frac{\overline{X}-\mu}{S_2/\sqrt{n-1}}\sim t(n-1)\Big)$$

3.（1）因为是放回抽样，所以 $X_1,X_2,\cdots,X_n$ 独立同分布，且 X_i 的分布律为 $P\{X_i=1\}=\dfrac{M}{N}$，$P\{X_i=0\}=1-\dfrac{M}{N}$，所以 $X_1,X_2,\cdots,X_n$ 的联合分布为

$$P\{X_1=x_1,X_2=x_2,\cdots,X_n=x_n\}=\left(\frac{M}{N}\right)^{\sum_{i=1}^{n}x_i}\cdot\left(1-\frac{M}{N}\right)^{n-\sum_{i=1}^{n}x_i}.$$

（2）因为 X 的概率密度为 $f(x)=2\mathrm{e}^{-2x}$，$x>0$，所以

① 联合概率密度为 $g(x_1,x_2,x_3,x_4)=f(x_1)f(x_2)f(x_3)f(x_4)$

$$=16\mathrm{e}^{-2(x_1+x_2+x_3+x_4)}\quad(X_1,X_2,X_3,X_4>0);$$

② X_1，X_2 的联合概率密度为 $2\mathrm{e}^{-2(x_1+x_2)}$，所以

$$P\{0.5<X_1<1,\ 0.7<X_2<1.2\}=\int_{0.5}^{1}\int_{0.7}^{1.2}4\mathrm{e}^{-2x_1-2x_2}\mathrm{d}x_1\mathrm{d}x_2=\int_{0.5}^{1}2\mathrm{e}^{-2x_1}\mathrm{d}x_1\int_{0.7}^{1.2}2\mathrm{e}^{-2x_2}\mathrm{d}x_2$$

$$=(\mathrm{e}^{-1}-\mathrm{e}^{-2})(\mathrm{e}^{-1.4}-\mathrm{e}^{-2.4});$$

③ $E(\overline{X})=\dfrac{1}{4}\sum_{i=1}^{4}E(X_i)=\dfrac{1}{2}$，$D(\overline{X})=\dfrac{1}{16}\sum_{i=1}^{4}D(X_i)=\dfrac{1}{4}\times\left(\dfrac{1}{2}\right)^2=\dfrac{1}{16}$；

④ $E(X_1X_2)=E(X_1)E(X_2)=\dfrac{1}{4}$,（由独立性）

$$E[X_1(X_2-0.5)^2]=E(X_1)E[(X_2-0.5)^2]=\frac{1}{2}E(X_2{}^2-X_2+\frac{1}{4})$$

$$=\frac{1}{2}[E(X_2{}^2)-E(X_2)+\frac{1}{4}]=\frac{1}{2}[D(X_2)+E^2(X_2)-\frac{1}{2}+\frac{1}{4}]$$

$$=\frac{1}{2}[\frac{1}{4}+\left(\frac{1}{2}\right)^2-\frac{1}{4}]=\frac{1}{8};$$

⑤ $D(X_1X_2)=E[(X_1X_2)^2]-E^2(X_1X_2)=E(X_1{}^2)E(X_2{}^2)-\left(\dfrac{1}{4}\right)^2$

$$=[D(X_1)+E^2(X_1)][D(X_2)+E^2(X_2)]-\frac{1}{16}=\left(\frac{1}{4}+\frac{1}{4}\right)\times\left(\frac{1}{4}+\frac{1}{4}\right)-\frac{1}{16}=\frac{3}{16}.$$

（3）$\overline{X}\sim N(\mu,\sigma^2/n)$，当 $n=18$ 时，$\overline{X}\sim N(63,\dfrac{49}{18})$，

将其标准化 $Y=\dfrac{\overline{X}-63}{\sqrt{\frac{49}{18}}}=\dfrac{\overline{X}-63}{7}3\sqrt{2}\sim N(0,1)$，

$$P\{\overline{X}\leqslant 60\}=P\left\{\frac{\overline{X}-63}{\sqrt{\frac{49}{18}}}\leqslant\frac{60-63}{\sqrt{\frac{49}{18}}}\right\}=P\{Y\leqslant -1.8183\}$$
$$=\Phi(-1.8183)=1-\Phi(1.8183)=0.0345;$$

同理，当 $n=10$ 时，有 $P\{\overline{X}\leqslant 60\}=P\left\{\frac{\overline{X}-63}{\sqrt{\frac{49}{10}}}\leqslant\frac{60-63}{\sqrt{\frac{49}{10}}}\right\}=0.0876.$

(4) $X_i\sim N(12,2^2)$ $(i=1,2,\cdots,5)$，将其标准化得 $\frac{X_i-12}{2}\sim N(0,1)$，并由 χ^2 分布定义有 $\sum_{i=1}^{5}\left(\frac{X_i-12}{2}\right)^2\sim\chi^2(5)$，再注意到

$$\left\{\sum_{i=1}^{5}(X_i-12)^2>44.284\right\}\text{与}\left\{\frac{1}{4}\sum_{i=1}^{5}(X_i-12)^2>11.071\right\}$$

的等价性，可得　$P\left\{\sum_{i=1}^{5}(X_i-12)^2>44.284\right\}=P\{\chi^2(5)>11.071\}=0.05.$

(5) 记 $X=X_1+X_2+\cdots+X_9\sim N(0,81)$，则 $\frac{X}{9}\sim N(0,1)$，

记 $Y=Y_1^2+Y_2^2+\cdots+Y_9^2$，则 $\frac{Y}{9}=\left(\frac{Y_1}{3}\right)^2+\cdots+\left(\frac{Y_2}{3}\right)^2\sim\chi^2(9)$，

所以
$$K=\frac{\sum_{i=1}^{9}X_i}{\sqrt{\sum_{i=1}^{9}Y_i^2}}=\frac{X}{\sqrt{Y}}=\frac{\frac{X}{9}}{\sqrt{\frac{Y/9}{9}}}\sim t(9).$$

(6) 由于 $X\sim N(\mu_1,\sigma_1^2)$，$Y\sim N(\mu_2,\sigma_2^2)$，所以 $\frac{s_1^2/\sigma_1^2}{s_2^2/\sigma_2^2}\sim F(10,7)$，从而

$$P\{\sigma_1^2>\sigma_2^2\}=P\left\{\frac{\sigma_1^2}{\sigma_2^2}>1\right\}=P\left\{\frac{s_1^2/\sigma_1^2}{s_2^2/\sigma_2^2}<\frac{s_1^2}{s_2^2}\right\}=P\{F(10,7)<1.6912\}=0.750.$$

(7) 分析　应用分布法求解，首先求出与 S_1^2，S_2^2 有关的某个随机变量的分布，而后再应用已知结果计算.

由于总体 $N(\mu,\sigma^2)$，故 $X_i\sim N(\mu,\sigma^2)$，$\frac{X_i-\mu}{\sigma}\sim N(0,1)$ 且相互独立，所以

$$\sum_{i=1}^{n}\left(\frac{X_i-\mu}{\sigma}\right)^2=\frac{1}{\sigma^2}\sum_{i=1}^{n}(X_i-\mu)^2=\frac{1}{\sigma^2}S_1^2\sim\chi^2(n),$$

$E\left(\frac{1}{\sigma^2}S_1^2\right)=\frac{1}{\sigma^2}E(S_1^2)=n$，所以 $E(S_1^2)=n\sigma^2$；

$D\left(\frac{1}{\sigma^2}S_1^2\right)=\frac{1}{\sigma^4}D(S_1^2)=2n$，所以 $D(S_1^2)=2n\sigma^4$；

又 $\sum_{i=1}^{n}\left(\frac{X_i-\overline{X}}{\sigma}\right)^2=\frac{1}{\sigma^2}\sum_{i=1}^{n}(X_i-\overline{X})^2=\frac{1}{\sigma^2}S_2^2=\frac{(n-1)S^2}{\sigma^2}\sim\chi^2(n-1)$，

所以 $E\left(\frac{1}{\sigma^2}S_2^2\right)=\frac{1}{\sigma^2}E(S_2^2)=n-1$，所以 $E(S_2^2)=(n-1)\sigma^2$；

$D\left(\frac{1}{\sigma^2}S_2^2\right)=\frac{1}{\sigma^4}D(S_2^2)=2(n-1)$，所以 $D(S_2^2)=2(n-1)\sigma^4$.

（8）由 $X_1 \sim N(0,2^2)$，得$\frac{X_1-0}{2} \sim N(0,1)$，即$\frac{1}{4}X_1^2 \sim \chi^2(1)$，故 $a=\frac{1}{2^2}=\frac{1}{4}$；又 $X_2+X_3 \sim N(0,8)$，所以 $\frac{X_2+X_3-0}{\sqrt{8}} \sim N(0,1)$，即$\frac{1}{8}(X_2+X_3)^2 \sim \chi^2(1)$，故$b=\frac{1}{8}$；同理依次可得 $c=\frac{1}{12}$, $d=\frac{1}{16}$，自由度 $m=4$.

（9）由 $X_i \sim N(\mu_1,\sigma_1^2), i=1,2,\cdots,n$，知$\overline{X} \sim N(\mu_1,\frac{\sigma_1^2}{n})$，$a\overline{X} \sim N(a\mu_1,\frac{a^2\sigma_1^2}{n})$；

由 $Y_j \sim N(\mu_2,\sigma_2^2), j=1,2,\cdots,m$，知 $\overline{Y} \sim N(\mu_2,\frac{\sigma_2^2}{m})$，$b\overline{Y} \sim N(b\mu_2,\frac{b^2\sigma_2^2}{m})$；

所以
$$a\overline{X}+b\overline{Y} \sim N(a\mu_1+b\mu_2,\frac{a^2\sigma_1^2}{n}+\frac{b^2\sigma_2^2}{m}).$$

（10）由于 X_i 独立同分布，且 $X_i \sim N(0,1)(i=1,2,3,4,5)$，所以
$$\frac{X_1+X_2}{\sqrt{2}} \sim N(0,1),\ X_3^2+X_4^2+X_5^2 \sim \chi^2(3)$$
且两者相互独立，由 t 分布定义知
$$U=\frac{X_1+X_2}{\sqrt{2}}\Big/\sqrt{\frac{(X_3^2+X_4^2+X_5^2)}{3}}=\sqrt{\frac{3}{2}}\cdot\frac{X_1+X_2}{\sqrt{X_3^2+X_4^2+X_5^2}} \sim t(3),$$
故 $c=\sqrt{3/2}$，$n=3$.

☆B 题☆

1.（1）np^2.（提示：$E(T)=E(\overline{X}-S^2)=E(\overline{X})-E(S^2)=np-np(1-p)=np^2$）

（2）$\mu^2+\sigma^2$.（提示：因为 $E(X_i^2)=D(X_i)+[E(X_i)]^2=\sigma^2+\mu^2$，所以
$$E(T)=E\left(\frac{1}{n}\sum_{i=1}^{n}X_i^2\right)=\frac{1}{n}\sum_{i=1}^{n}E(X_i^2)=\frac{1}{n}\cdot n(\sigma^2+\mu^2)=\sigma^2+\mu^2\ )$$

（3）$F(n,1)$.（提示：本题考查 χ^2 分布、t 分布、F 分布的定义.

设 $W \sim N(0,1)$，$Z \sim \chi^2(n)$，且 W，Z 独立，则 $X=\frac{W}{\sqrt{Z/n}} \sim t(n)$，又 $W \sim N(0,1)$，所以 $W^2 \sim \chi^2(1)$. 因此$\frac{1}{X^2}=\frac{Z/n}{W^2/1} \sim F(n,1)$）

（4）$a=\frac{1}{20}$，$b=\frac{1}{100}$，自由度为 2.（提示：依题意 $X_i \sim N(0,2^2)$ 且相互独立，所以 $X_1-2X_2 \sim N(0,20)$，$3X_3-4X_4 \sim N(0,100)$ 且相互独立，故$\frac{X_1-2X_2}{\sqrt{20}} \sim N(0,1)$，$\frac{3X_3-4X_4}{\sqrt{100}} \sim N(0,1)$ 且相互独立，由 χ^2 分布定义及性质可知$\frac{1}{20}(X_1-2X_2)^2+\frac{1}{100}(3X_3-4X_4)^2 \sim \chi^2(2)$，故有 $a=\frac{1}{20}$，$b=\frac{1}{100}$，自由度为 2）

（5）$\frac{2}{5n}$.（提示：$E(X^2)=\int_{-\infty}^{+\infty}x^2f(x;\theta)\,dx=\int_{\theta}^{2\theta}x^2\cdot\frac{2x}{3\theta^2}\,dx=\frac{2}{3\theta^2}\cdot\frac{1}{4}x^4\Big|_{\theta}^{2\theta}=\frac{5\theta^2}{2}$，

$E\left(c\sum_{i=1}^{n}X_i^2\right)=ncE(X^2)=nc\cdot\frac{5\theta^2}{2}=\theta^2$，所以 $c=\frac{2}{5n}$）

(6) F，(2,8).(提示：$X_1,X_2,\cdots,X_{10}$ 相互独立，都服从正态分布 $N(0,\sigma^2)$，$\frac{1}{\sigma}X_i\sim N(0,1)$，$\frac{X_i^2}{\sigma^2}\sim\chi^2(1)$，且 $\frac{X_1^2}{\sigma^2},\frac{X_2^2}{\sigma^2},\cdots,\frac{X_{10}^2}{\sigma^2}$ 相互独立，因此有 $\frac{1}{\sigma^2}(X_1^2+X_{10}^2)\sim\chi^2(2)$，$\frac{1}{\sigma^2}\sum_{i=2}^{9}X_i^2\sim\chi^2(8)$. 由于 $\frac{1}{\sigma^2}(X_1^2+X_{10}^2)$ 与 $\frac{1}{\sigma^2}\sum_{i=2}^{9}X_i^2$ 相互独立，因此

$$\frac{1}{2\sigma^2}(X_1^2+X_{10}^2)\Big/\frac{1}{8\sigma^2}(X_2^2+X_3^2+\cdots+X_9^2)=\frac{4(X_1^2+X_{10}^2)}{X_2^2+X_3^2+\cdots+X_9^2}\sim F(2,8)\text{)}$$

评注　χ^2 分布、t 分布、F 分布典型模式读者务必要记住，特别要注意：① 独立性的要求；② 比值的系数. 例如随机变量 X 与 Y 相互独立，如果 $aX\sim N(0,1)$，$bY\sim\chi^2(n)$，则 $\frac{aX}{\sqrt{bY/n}}=a\sqrt{\frac{n}{b}}\frac{X}{\sqrt{Y}}\sim t(n)$，系数为 $a\sqrt{\frac{n}{b}}$；如果 $aX\sim\chi^2(m)$，$bY\sim\chi^2(n)$，则 $\frac{aX/m}{bY/n}=\frac{an}{bm}\frac{X}{Y}\sim F(m,n)$，系数为 $\frac{an}{bm}$. 记住这些结果对解题十分有利.

2.(1) C.　(2) B.

(3) C.(提示：由于总体服从正态总体 $N(0,\sigma^2)$，由 χ^2 分布定义知(A)，(B) 不成立，又(D) 中 F 分布自由度为(10,1) 与 $\frac{X^2}{Y^2}$ 自由度不相符，所以正确选项为(C). 事实上，由题设知 $\frac{X}{\sigma}\sim N(0,1)$，$\frac{X_i}{\sigma}\sim N(0,1)$ 且相互独立，所以 $\frac{X^2}{\sigma^2}\sim\chi^2(1)$，$\sum_{i=1}^{10}\left(\frac{X_i}{\sigma}\right)^2=\frac{10Y^2}{\sigma^2}\sim\chi^2(10)$.

又 X 与 Y^2 相互独立，故 $\frac{\frac{X^2}{\sigma^2}/1}{\frac{10Y^2}{\sigma^2}/10}=\frac{X^2}{Y^2}\sim F(1,10)$)

(4) A.(提示：由条件 $X\sim N(0,16)$，知 $\frac{X_i}{4}\sim N(0,1)$，$i=1,2,\cdots,9$，故 $\sum_{i=1}^{9}\left(\frac{X_i}{4}\right)^2\sim\chi^2(9)$，同理 $\sum_{i=1}^{19}\left(\frac{Y_i}{3}\right)^2\sim\chi^2(16)$，由 F 分布的定义可得

$$\frac{\sum_{i=1}^{9}\left(\frac{X_i}{4}\right)^2\Big/9}{\sum_{i=1}^{19}\left(\frac{Y_i}{3}\right)^2\Big/16}=\frac{X_1^2+X_2^2+\cdots+X_9^2}{Y_1^2+Y_2^2+\cdots+Y_{16}^2}\sim F(9,16)\text{)}$$

(5) C.(提示：本题主要考查正态分布的性质以及 χ^2 分布和 F 分布的定义.

当随机变量 X 和 Y 都服从标准正态分布，且二者相互独立时，(A)，(B)(C)，(D) 四选项均成立. 当未给出 X,Y 相互独立这一条件，(A)，(B)，(D) 均不一定成立)

(6) B.(提示：由于 $X\sim N(\mu,\sigma^2)$，故有 $\frac{\overline{X}-\mu}{\sigma}\sim N(0,1)$，$\frac{\overline{X}-\mu}{\sigma/\sqrt{n}}=\frac{5(\overline{X}-\mu)}{\sigma}\sim N(0,1)$，而 $P\{|X-\mu|<a\}=P\left\{\left|\frac{X-\mu}{\sigma}\right|<\frac{a}{\sigma}\right\}=\Phi\left(\frac{a}{\sigma}\right)$，

$$P\{|\overline{X}-\mu|<\pi\}=P\left\{\left|\frac{5(\overline{X}-\mu)}{\sigma}\right|<\frac{5\pi}{\sigma}\right\}=\Phi\left(\frac{5\pi}{\sigma}\right),$$

依题意 $P\{|X-\mu|<a\}=P\{|\overline{X}-\mu|<\pi\}$，可知 $\frac{a}{\sigma}=\frac{5\pi}{\sigma}$，故 $a=5\pi$，所以选 (B))

3.(1) 首先可知 $\overline{X}\sim N\left(0,\ \frac{1}{2}\right)$，其次又知 $X_1^2+X_2^2=\chi^2\sim\chi^2(2)$，

又注意到 $\left\{\frac{1}{2}(X_1^2+X_2^2)\leqslant 3.689\right\}$ 与 $\{X_1^2+X_2^2\leqslant 7.378\}$ 的等价性，则

① $P\{\overline{X}<\sqrt{2}\}=P\left\{\frac{\overline{X}-0}{\sqrt{1/2}}<\frac{\sqrt{2}-0}{\sqrt{1/2}}\right\}=P\left\{\frac{\overline{X}-0}{\sqrt{1/2}}<2\right\}=\Phi(2)=0.9722$；

② $P\left\{\frac{1}{2}(X_1^2+X_2^2)\leqslant 3.689\right\}=P\{X_1^2+X_2^2\leqslant 7.378\}=P\{\chi^2(2)\leqslant 7.378\}$

$=1-P\{\chi^2(2)>7.378\}=1-0.025=0.975.$

(2) 根据 $f(x)$ 计算，可得

$\mu=E(x)=\int_{-2}^{2}x|x|\mathrm{d}x=0$；

$\sigma^2=D(X)=E(X^2)-[E(X)]^2=E(X^2)=\int_{-2}^{2}x^2|x|\mathrm{d}x=2\int_0^2 x^3\mathrm{d}x=8.$

① 记 $\overline{X}=\frac{1}{n}\sum_{i=1}^{50}X_i$，知

$$E(\overline{X})=E\left(\frac{1}{n}\sum_{i=1}^{50}X_i\right)=\frac{1}{n}\sum_{i=1}^{50}E(X_i)=\frac{1}{n}\cdot 0=0,\quad D(\overline{X})=\frac{\sigma^2}{n}=\frac{8}{50}=0.16;$$

② $E(S^2)=E\left(\frac{1}{n-1}\sum_{i=1}^{n}(X_i-\overline{X})^2\right)=\frac{1}{n-1}D(\overline{X})=\frac{1}{n-1}\cdot\frac{8}{n}=\frac{4}{1225}$ $(n=50)$.

(3) ① 因为 $X_i\sim N(0,\sigma^2)$，$i=1,2,\cdots,5$. 故有 $X_1+X_2\sim N(0,2\sigma^2)$，$\frac{X_1+X_2}{\sqrt{2}\sigma}\sim N(0,1)$，$\frac{X_i-0}{\sigma}\sim N(0,1)$，$i=1,2,\cdots,n$，于是 $\sum_{i=3}^{5}\left(\frac{X_i}{\sigma}\right)^2\sim\chi^2(3)$，即 $\frac{X_3^2+X_4^2+X_5^2}{\sigma^2}\sim\chi^2(3)$，由 t 分布定义可知 $\frac{\frac{X_1+X_2}{\sqrt{2}\sigma}}{\sqrt{\frac{X_3^2+X_4^2+X_5^2}{3\sigma^2}}}\sim t(3)$，即 $\sqrt{\frac{3}{2}}\times\frac{X_1+X_2}{\sqrt{X_3^2+X_4^2+X_5^2}}\sim t(3)$，所以 $k=\sqrt{\frac{3}{2}}$；

② 由 $X_1+X_2\sim N(0,2\sigma^2)$，$\frac{X_1+X_2}{\sqrt{2}\sigma}\sim N(0,1)$，知 $\frac{(X_1+X_2)^2}{2\sigma^2}\sim\chi^2(1)$，

又 $\frac{X_3^2+X_4^2+X_5^2}{\sigma^2}\sim\chi^2(3)$，故 $\frac{\frac{(X_1+X_2)^2}{2\sigma^2}}{\frac{X_3^2+X_4^2+X_5^2}{3\sigma^2}}=\frac{3}{2}\times\frac{(X_1+X_2)^2}{X_3^2+X_4^2+X_5^2}\sim F(1,3)$，因此 $k=\frac{3}{2}$.

(4) 记 $Y_i=X_i-\mu$，则有 $Y_i\sim N(0,\sigma^2)$ $(i=1,2,\cdots,n)$，因为

$$E(|X_i-\mu|)=E|Y_i|=\frac{1}{\sqrt{2\pi}\sigma}\int_{-\infty}^{+\infty}|y|\mathrm{e}^{-\frac{y^2}{2\sigma^2}}\mathrm{d}y$$

$$=\frac{2}{\sqrt{2\pi}\sigma}\int_0^{+\infty}y\mathrm{e}^{-\frac{y^2}{2\sigma^2}}\mathrm{d}y=\frac{-2\sigma^2}{\sqrt{2\pi}\sigma}\mathrm{e}^{-\frac{y^2}{2\sigma^2}}\Big|_0^{+\infty}=\sqrt{\frac{2}{\pi}}\sigma,$$

$$D|X_i-\mu|=E(Y_i^2)-(E(|Y_i|))^2=D(Y_i)-\left(\sqrt{\frac{2}{\pi}}\sigma\right)^2=\sigma^2-\frac{2}{\pi}\sigma^2=\left(1-\frac{2}{\pi}\right)\sigma^2,$$

从而有 $E(U)=E\left(\frac{1}{n}\sum_{i=1}^{n}|X_i-\mu|\right)=\frac{1}{n}\sum_{i=1}^{n}E|X_i-\mu|=\sqrt{\frac{2}{\pi}}\sigma$，

$$D(U)=D\left(\frac{1}{n}\sum_{i=1}^{n}|X_i-\mu|\right)=\frac{1}{n^2}\sum_{i=1}^{n}D|X_i-\mu|=\left(1-\frac{2}{\pi}\right)\frac{\sigma^2}{n}.$$

(5) ① 因为 $\frac{\overline{X}-\mu}{\sigma/\sqrt{n}}\sim N(0,1)$，即 $\frac{\sqrt{n}(\overline{X}-\mu)}{\sigma}\sim N(0,1)$，所以

$$p\left\{(\overline{X}-\mu)^2\leqslant\frac{\sigma^2}{n}\right\}=p\left\{|\overline{X}-\mu|\leqslant\frac{\sigma}{\sqrt{n}}\right\}=p\left\{\left|\frac{\sqrt{n}(\overline{X}-\mu)}{\sigma}\right|\leqslant 1\right\}$$

$$=\Phi(1)-\Phi(-1)=2\Phi(1)-1\approx 2\times 0.8413-1=0.6826.$$

② 因为 $\frac{\overline{X}-\mu}{S/\sqrt{n}}\sim t(n-1)$，即 $\frac{\sqrt{n}(\overline{X}-\mu)}{S}\sim t(n-1)$，且当 n 很大时

$$\frac{\sqrt{n}(\overline{X}-\mu)}{S}\sim N(0,1),$$

所以 $p\left\{(\overline{X}-\mu)^2\leqslant\frac{2S^2}{n}\right\}=p\left\{|\overline{X}-\mu|\leqslant\frac{\sqrt{2}S}{\sqrt{n}}\right\}=p\left\{\left|\frac{\sqrt{n}(\overline{X}-\mu)}{S}\right|\leqslant\sqrt{2}\right\}$

$$=\Phi(\sqrt{2})-\Phi(-\sqrt{2})=2\Phi(\sqrt{2})-1\approx 2\times 0.9213-1=0.8426.$$

(6) 因为 $\alpha=P\{F\geqslant F_\alpha(n_1,n_2)\}=1-P\{F<F_\alpha(n_1,n_2)\}$

$$=1-P\left\{\frac{1}{F}>\frac{1}{F_\alpha(n_1,n_2)}\right\},$$

故有 $$P\left\{\frac{1}{F}>\frac{1}{F_\alpha(n_1,n_2)}\right\}=1-\alpha=P\left\{\frac{1}{F}\geqslant F_{1-\alpha}(n_2,n_1)\right\},$$

即 $$P\left\{\frac{1}{F}\geqslant\frac{1}{F_\alpha(n_1,n_2)}\right\}=P\left\{\frac{1}{F}\geqslant F_{1-\alpha}(n_2,n_1)\right\}.$$

因此可得 $F_\alpha(n_1,n_2)=\frac{1}{F_{1-\alpha}(n_2,n_1)}$.

(7) ① $$\overline{x}_{n+1}=\frac{x_1+x_2+\cdots+x_n+x_{n+1}}{n+1}=\frac{n\overline{x}_n+x_{n+1}}{n+1}=\frac{(n+1)\overline{x}_n+x_{n+1}-\overline{x}_n}{n+1}$$

$$=\overline{x}_n+\frac{1}{n+1}(x_{n+1}-\overline{x}_n);$$

② $$s_{n+1}^2=\frac{1}{n}\sum_{i=1}^{n+1}(x_i-\overline{x}_{n+1})^2=\frac{1}{n}\left[\sum_{i=1}^{n}(x_i-\overline{x}_{n+1})^2+(x_{n+1}-\overline{x}_{n+1})^2\right]$$

$$=\frac{1}{n}\sum_{i=1}^{n}(x_i-\overline{x}_n+\overline{x}_n-\overline{x}_{n+1})^2+\frac{1}{n}(x_{n+1}-\overline{x}_{n+1})^2$$

$$=\frac{1}{n}\sum_{i=1}^{n}(x_i-\overline{x}_n)^2+\frac{2}{n}\sum_{i=1}^{n}(x_i-\overline{x}_n)(\overline{x}_n-\overline{x}_{n+1})+$$

$$\frac{1}{n}\sum_{i=1}^{n}(\overline{x}_n-\overline{x}_{n+1})^2+\frac{1}{n}(x_{n+1}-\overline{x}_{n+1})^2.$$

由 $\sum_{i=1}^{n}(x_i-\overline{x}_n)=0$，$\frac{1}{n}\sum_{i=1}^{n}(\overline{x}_n-\overline{x}_{n+1})^2=(\overline{x}_n-\overline{x}_{n+1})^2$，$\overline{x}_{n+1}=\overline{x}_n+\frac{1}{n+1}(x_{n+1}-\overline{x}_n)$，

得 $$s_{n+1}^2=\frac{1}{n}\sum_{i=1}^{n}(x_i-\overline{x}_n)^2+\left(\frac{1}{n+1}\right)^2(x_{n+1}-\overline{x}_n)^2+\frac{1}{n}\left(\frac{n}{n+1}\right)^2(x_{n+1}-\overline{x}_n)^2$$

$$=\frac{n-1}{n}\cdot\frac{1}{n-1}\sum_{i=1}^{n}(x_i-\bar{x}_n)^2+\frac{1}{n+1}(x_{n+1}-\bar{x}_n)^2$$
$$=\frac{n-1}{n}s_n^2+\frac{1}{n+1}(x_{n+1}-\bar{x}_n)^2.$$

(8)（提示：要证明统计量 Z 服从自由度为 2 的 t 分布，必须证明 $Z=\frac{U}{\sqrt{\chi^2/2}}$，其中 $U\sim(0,1)$，χ^2 服从自由度为 2 的 χ^2 分布）

设 $X\sim N(\mu,\sigma^2)$，则 $E(Y_1)=\mu$，$E(Y_2)=\mu$，$D(Y_1)=\frac{\sigma^2}{6}$，$D(Y_2)=\frac{\sigma^2}{3}$，由于 Y_1 和 Y_2 相互独立，可见 $E(Y_1-Y_2)=0$，$D(Y_1-Y_2)=D(Y_1)+D(Y_2)=\frac{\sigma^2}{6}+\frac{\sigma^2}{3}=\frac{\sigma^2}{2}$，即有 $Y_1-Y_2\sim N\left(0,\frac{\sigma^2}{2}\right)$，从而 $U=\frac{Y_1-Y_2}{\sigma/\sqrt{2}}\sim N(0,1)$. 由正态总体样本方差的性质，知 $\chi^2=\frac{2S^2}{\sigma^2}$ 服从自由度为 2 的 χ^2 分布.

由于 Y_1 与 Y_2，Y_1 与 S^2 独立，以及 Y_2 与 S^2 独立，可见 Y_1-Y_2 与 S^2 独立.

于是，由服从 t 分布随机变量的结构，知

$$Z=\frac{\sqrt{2}(Y_1-Y_2)}{S}=\frac{\frac{Y_1-Y_2}{\sigma/\sqrt{2}}}{\sqrt{\frac{2S^2}{\sigma^2\cdot 2}}}=\frac{U}{\sqrt{\chi^2/2}}\sim t(2).$$

(9) ① $D(Y_i)=D(X_i-\overline{X})=D\left[\left(1-\frac{1}{n}\right)X_i-\frac{1}{n}\sum_{\substack{k=1\\k\neq i}}^{n}X_k\right]=\frac{n-1}{n}\ (i=1,2,\cdots,n)$.

② $\mathrm{Cov}(Y_1,Y_n)=E\{[Y_1-E(Y_1)][Y_n-E(Y_n)]\}$

$=E[(X_1-\overline{X})(X_n-\overline{X})]=E(X_1X_n)+E(\overline{X}^2)-E(X_1\overline{X})-E(X_n\overline{X})$

$=E(X_1)E(X_n)+D(\overline{X})-\frac{1}{n}E(X_1^2)-\frac{1}{n}\sum_{k=2}^{n}E(X_1X_k)-\frac{1}{n}E(X_n^2)-\frac{1}{n}\sum_{k=1}^{n-1}E(X_kX_n)$

$=-\frac{1}{n}$.

(10) 因为 $X_{n+1}\sim N(\mu,\sigma^2)$，$\overline{X}\sim N\left(\mu,\frac{\sigma^2}{n}\right)$，且相互独立，所以

$$E(X_{n+1}-\overline{X})=0,\quad D(X_{n+1}-\overline{X})=D(X_{n+1})+D(\overline{X})=\frac{n+1}{n}\sigma^2,$$

因此
$$\frac{X_{n+1}-\overline{X}}{\sqrt{\frac{n+1}{n}\sigma^2}}\sim N(0,1).$$

又因为 $\frac{n-1}{\sigma^2}S^2=\frac{1}{\sigma^2}\sum_{i=1}^{n}(X_i-\overline{X})^2\sim\chi^2(n-1)$，且与 $X_{n+1}-\overline{X}$ 相互独立，故

$$T=\frac{\frac{X_{n+1}-\overline{X}}{\sqrt{\frac{n+1}{n}\sigma^2}}}{\sqrt{\frac{n-1}{\sigma^2}S^2\cdot\frac{1}{n-1}}}=\frac{X_{n+1}-\overline{X}}{S}\cdot\sqrt{\frac{n}{n+1}}\sim t(n-1).$$

第七章　参数估计

本章基本要求

1. 理解参数的点估计、估计量与估计值的概念.

2. 掌握矩估计法（一阶矩、二阶矩）和最大似然估计法.

3. 了解估计量的无偏性、有效性（最小方差性）和一致性（相合性）的概念，并会验证估计量的无偏性.

4. 理解区间估计的概念，会求单个正态总体的均值和方差的置信区间，会求两个正态总体的均值差和方差比的置信区间.

一、内容要点

（一）参数的点估计

1. 点估计的含义

设总体 $X \sim F(x;\theta)$，θ 为未知参数，用适当的统计量 $\hat{\theta}=\hat{\theta}(X_1,X_2,\cdots,X_n)$ 去估计 θ，称 $\hat{\theta}(X_1,X_2,\cdots,X_n)$ 为 θ 的估计量. 对于一组样本值 $(x_1,x_2,\cdots,x_n)$，$\hat{\theta}(x_1,x_2,\cdots,x_n)$ 称为 θ 的估计值.

2. 常用估计方法

(1) 矩估计法　用样本矩估计相应的总体矩，用样本矩的连续函数估计相应的总体矩的连续函数，从而求出各参数的估计的方法叫作矩估计法.

① 矩估计的基本思想：用样本矩代替总体矩.

② 矩估计的求法：$\begin{cases} EX=\overline{X}=\dfrac{1}{n}\sum\limits_{i=1}^{n}X_i, \\ EX^2=\dfrac{1}{n}\sum\limits_{i=1}^{n}X_i^2, \\ \quad\vdots \end{cases}$ 解方程组求得未知参数的矩估计，矩估计量的观测值称为矩估计值.

③ 矩估计的性质：若 $\hat{\theta}$ 为 θ 的矩估计，$g(\theta)$ 为 θ 的连续函数，则 $g(\hat{\theta})$ 是 $g(\theta)$ 的矩估计.

(2) 最大似然估计法　设总体 X 分布律（或概率密度）为 $P(X=x;\theta)=p(x;\theta)$ [或 $f(x;\theta)$]，这里 θ 为未知参数，设 $(X_1,X_2,\cdots,X_n)$ 为总体 X 的样本，则样本的联合分布律（或联合概率密度）称为似然函数，记为

$$L(\theta)=L(x_1,x_2,\cdots,x_n;\theta)=\prod_{i=1}^{n}P(X_i=x_i;\theta),$$

或

$$L(\theta)=L(x_1,x_2,\cdots,x_n;\theta)=\prod_{i=1}^{n}f(x_i;\theta).$$

在参数θ可取值的范围内挑选一个$\hat{\theta}$，使$L(x_1,x_2,\cdots,x_n;\hat{\theta})=\max L(x_1,x_2,\cdots,x_n;\theta)$，则称$\hat{\theta}$为$\theta$的最大似然估计值，相应统计量$\hat{\theta}(X_1,X_2,\cdots,X_n)$称为$\theta$的最大似然估计量.

① 最大似然估计的基本思想：设总体中含有待估参数θ，它可以取很多值，当从总体随机抽取n组样本观测值后，最合理的参数估计应该是从θ的一切可能值中选出一个，使得该样本观测值出现的概率为最大的值，作为θ的估计值.

② 最大似然估计的求法：设总体X的分布中含有未知参数$\theta_1,\theta_2,\cdots,\theta_k$，且似然函数或对数似然函数关于$\theta_i$可微$(i=1,2,\cdots,k)$.

第一步，写出似然函数
$$L(\theta_1,\theta_2,\cdots,\theta_k)=\begin{cases}\prod\limits_{i=1}^{n}p(x_i;\theta_1,\theta_2,\cdots,\theta_k), & \text{离散总体,}\\ \prod\limits_{i=1}^{n}f(x_i;\theta_1,\theta_2,\cdots,\theta_k), & \text{连续总体;}\end{cases} \tag{7-1}$$

第二步，对式(7-1)两端取对数，得对数似然函数
$$\ln L(\theta_1,\theta_2,\cdots,\theta_k)=\begin{cases}\sum\limits_{i=1}^{n}\ln p(x_i;\theta_1,\theta_2,\cdots,\theta_k),\\ \sum\limits_{i=1}^{n}\ln f(x_i;\theta_1,\theta_2,\cdots,\theta_k);\end{cases} \tag{7-2}$$

第三步，对式(7-1)或式(7-2)关于θ_i求一阶偏导，然后令其为零，得到似然方程组或对数似然方程组
$$\frac{\partial L(\theta_1,\theta_2,\cdots,\theta_k)}{\partial\theta_i}=0\ \text{或}\ \frac{\partial \ln L(\theta_1,\theta_2\cdots,\theta_k)}{\partial\theta_i}=0,\ i=1,2,\cdots,k.$$

第四步，解似然方程组或对数似然方程组得$\hat{\theta}_i=\hat{\theta}_i(x_1,x_2,\cdots,x_n)$，$i=1,2,\cdots,k$，则$\hat{\theta}_i$为$\theta_i$的最大似然估计.

注意 若似然方程组或对数似然方程组无解，则根据最大似然估计的思想由式(7-2)求得参数的最大似然估计.

③ 最大似然估计的性质：若$\hat{\theta}$为总体参数θ的最大似然估计，对于具有单值反函数的实值函数$U=U(\theta)$，有$U(\hat{\theta})$是$U(\theta)$的最大似然估计.

（二）估计量的评选标准

(1) 无偏性　若对于任意$\theta\in\Theta$，θ的估计量$\hat{\theta}$满足$E(\hat{\theta})=\theta$，则称$\hat{\theta}$是θ的无偏估计或称$\hat{\theta}$具有无偏性，否则称$\hat{\theta}$是θ的有偏估计量.若$\lim\limits_{n\to\infty}E(\hat{\theta})=\theta$，则称$\hat{\theta}$是$\theta$的渐近无偏估计.

无偏性并不是每次估计都没有偏差，而只是说明估计没有系统误差.若$\hat{\theta}$为θ的无偏估计，但$g(\hat{\theta})$未必是$g(\theta)$的无偏估计，即无传递性.

(2) 有效性　若对于任意$\theta\in\Theta$，$\hat{\theta}_1$,$\hat{\theta}_2$都是θ的无偏估计量，且$D(\hat{\theta}_1)\leqslant D(\hat{\theta}_2)$，则称$\hat{\theta}_1$较$\hat{\theta}_2$有效.

估计量的方差越小，说明估计的精度越高.

（3）一致性　若对于任意 $\theta \in \Theta$，$\hat{\theta}$ 是 θ 的估计量，当 $n \to \infty$ 时，$\hat{\theta}$ 依概率收敛于 θ，即 $\lim\limits_{n \to \infty} P\{|\hat{\theta} - \theta| < \varepsilon\} = 1$，则称 $\hat{\theta}$ 是 θ 的一致估计或相合估计.

一致性是对估计量的起码而合理的要求，试想：若不论作多少次试验，也不能把 θ 估计到任意指定的精度，则这个估计量是否可用是值得怀疑的.

对于估计量的评价，一般来说，很难全部满足上述三条标准，如一致性，要求样本容量很大，实际上难以办到；无偏性直观上比较合理，但不一定每个参数都有无偏估计量；有效性在直观上和理论上都较合理，因此使用较多. 所以，在实际中要根据具体情况来确定使用哪个评价标准为好.

（三）参数的区间估计

1. 置信区间

（1）置信区间的含义　设 θ 是总体 X 的未知参数，$X_1, X_2, \cdots, X_n$ 是总体 X 的样本，若由样本确定的两个统计量：$\underline{\theta}(X_1, X_2, \cdots, X_n)$ 和 $\overline{\theta}(X_1, X_2, \cdots, X_n)$ 使得随机区间 $(\underline{\theta}, \overline{\theta})$ 包含 θ 的概率至少为 $1-\alpha$，即

$$p(\underline{\theta} < \theta < \overline{\theta}) \geqslant 1-\alpha \quad (0 < \alpha < 1).$$

则称 $(\underline{\theta}, \overline{\theta})$ 为 θ 的置信度为 $1-\alpha$ 的置信区间，又称 $1-\alpha$ 为置信度或置信概率，$\underline{\theta}$ 称为置信下限，$\overline{\theta}$ 称为置信上限.

对置信区间的理解要注意以下四点.

① 置信区间 $(\underline{\theta}, \overline{\theta})$ 的上下限都是统计量，故置信区间 $(\underline{\theta}, \overline{\theta})$ 为随机区间. 该区间随样本观测值的不同而变化，而对于一次抽样结果所得到的区间 $(\underline{\theta}, \overline{\theta})$ 是通常意义下的一个确定区间，虽然 θ 未知，但它是一个常数，该区间或者包含 θ 的真值，或者没有包含 θ 的真值，两者必居其一，无概率可言.

② 参数 θ 的真值是客观存在的确定值，没有任何随机性，故不能说参数 θ 以 $1-\alpha$ 的概率落在区间 $(\underline{\theta}, \overline{\theta})$ 中，应该说随机区间 $(\underline{\theta}, \overline{\theta})$ 以 $1-\alpha$ 的概率包含参数 θ.

③ 由伯努利大数定律知，在这样多的区间中，包含 θ 真值的约占 $1-\alpha$. 不包含 θ 真值的约占 α. 例如，$\alpha = 0.05$，反复抽样 100 次，则得到的 100 个区间中大约有 95 个区间包含 θ 的真值，不包含 θ 真值的区间仅为 5 个. 因此，当我们实际上只做一次区间估计时，我们有理由认为它包含了参数 θ 的真值，这样判断当然也可能犯错误，但犯错误的概率只有 5%.

④ 评价一个置信区间 $(\underline{\theta}, \overline{\theta})$ 优劣有两个要素，一是可靠度，即衡量区间包含未知参数 θ 的置信概率，置信度越大越好；二是精确度，即衡量区间的长度，长度越小越好.

但在样本大小一定的条件下，这两者是矛盾的，奈曼的理论是给定置信水平，以保证有一定的可靠度，尽可能选择精确度更高的区间估计.

（2）置信区间的求法　枢轴变量法.

第一步，利用未知参数 θ 较优的点估计构造一个枢轴变量 $Z(X, \theta)$，要求它含有未知参数 θ，而不能含有其它未知参数，并且它的分布已知且不依赖于任何未知参数.

第二步，对于给定的置信度 $1-\alpha$，确定两个常数 a, b，使得

$$P\{a < Z(X, \theta) < b\} = 1-\alpha.$$

第三步，变换不等式，成为等价形式

$$a < Z(X, \theta) < b \Leftrightarrow \underline{\theta} < \theta < \overline{\theta}.$$

则区间 $(\underline{\theta}, \overline{\theta})$ 就是 θ 的一个置信度为 $1-\alpha$ 的置信区间.

2. 单个正态总体的均值与方差的置信区间

设总体 $X \sim N(\mu,\sigma^2)$，$X_1,X_2,\cdots,X_n$ 是来自总体 X 的样本.

① σ^2 已知，μ 的置信度为 $1-\alpha$ 的置信区间为 $\left(\overline{X} \pm \frac{\sigma}{\sqrt{n}} z_{\frac{\alpha}{2}}\right)$；

② σ^2 未知，μ 的置信度为 $1-\alpha$ 的置信区间为 $\left(\overline{X} \pm \frac{S}{\sqrt{n}} t_{\frac{\alpha}{2}}(n-1)\right)$；

③ σ^2 的置信度为 $1-\alpha$ 的置信区间为 $\left(\frac{(n-1)S^2}{\chi^2_{\frac{\alpha}{2}}(n-1)}, \frac{(n-1)S^2}{\chi^2_{1-\frac{\alpha}{2}}(n-1)}\right)$.

3. 两个正态总体的均值差与方差比的置信区间

设总体 $X \sim N(\mu_1,\sigma_1^2)$，$Y \sim N(\mu_2,\sigma_2^2)$，$X_1,X_2,\cdots,X_{n_1}$ 和 $Y_1,Y_2,\cdots,Y_{n_2}$ 是分别来自总体 X,Y 的样本，且两样本相互独立，$\overline{X}$，$\overline{Y}$ 分别是两样本均值，S_1^2，S_2^2 分别是两样本方差.

① σ_1^2 与 σ_2^2 已知，$\mu_1-\mu_2$ 的置信度为 $1-\alpha$ 的置信区间为 $\left(\overline{X}-\overline{Y} \pm z_{\frac{\alpha}{2}}\sqrt{\frac{\sigma_1^2}{n_1}+\frac{\sigma_2^2}{n_2}}\right)$；

② 当 σ_1^2，σ_2^2 未知（n_1，$n_2>50$），$\mu_1-\mu_2$ 的置信度为 $1-\alpha$ 的置信区间为

$$\left(\overline{X}-\overline{Y} \pm z_{\frac{\alpha}{2}}\sqrt{\frac{S_1^2}{n_1}+\frac{S_2^2}{n_2}}\right);$$

③ $\sigma_1^2=\sigma_2^2=\sigma^2$ 未知，$\mu_1-\mu_2$ 的置信度为 $1-\alpha$ 的置信区间为

$\left(\overline{X}-\overline{Y} \pm t_{\frac{\alpha}{2}}(n_1+n_2-2)S_w\sqrt{\frac{1}{n_1}+\frac{1}{n_2}}\right)$，其中 $S_w^2=\frac{(n_1-1)S_1^2+(n_2-1)S_2^2}{n_1+n_2-2}$；

④ σ_1^2/σ_2^2 的置信度为 $1-\alpha$ 的置信区间为

$$\left(\frac{S_1^2}{S_2^2}\times\frac{1}{F_{\frac{\alpha}{2}}(n_1-1,n_2-1)},\quad \frac{S_1^2}{S_2^2}\times\frac{1}{F_{1-\frac{\alpha}{2}}(n_1-1,n_2-1)}\right).$$

4. 单侧置信区间、单侧置信限

设 θ 是总体 X 的未知参数，$X_1,X_2,\cdots,X_n$ 是 X 的样本，对于给定的 α，若由样本确定的统计量 $\underline{\theta}=\underline{\theta}(X_1,X_2,\cdots,X_n)$ 满足 $p(\theta>\underline{\theta}) \geqslant 1-\alpha$（$0<\alpha<1$），则称随机区间 $(\underline{\theta},\infty)$ 是 θ 的置信度为 $1-\alpha$ 的单侧置信区间，$\underline{\theta}$ 称为 θ 的置信度为 $1-\alpha$ 的单侧置信下限. 又若统计量 $\overline{\theta}=\overline{\theta}(X_1,X_2,\cdots,X_n)$ 满足 $p(\theta<\overline{\theta}) \geqslant 1-\alpha$（$0<\alpha<1$），则称随机区间 $(-\infty,\overline{\theta})$ 是 θ 的置信度为 $1-\alpha$ 的单侧置信区间，$\overline{\theta}$ 称为 θ 的置信度为 $1-\alpha$ 的单侧置信上限.

5. 单个正态总体的均值与方差的单侧置信限

设 $X \sim N(\mu,\sigma^2)$，$X_1,X_2,\cdots,X_n$ 是来自 X 的样本.

① σ^2 已知，μ 的置信度为 $1-\alpha$ 的单侧置信上下限分别为

$$\overline{\mu}=\overline{X}+\frac{\sigma}{\sqrt{n}}z_\alpha, \quad \underline{\mu}=\overline{X}-\frac{\sigma}{\sqrt{n}}z_\alpha;$$

② σ^2 未知，μ 的置信度为 $1-\alpha$ 的置信上下限分别为

$$\overline{\mu}=\overline{X}+\frac{S}{\sqrt{n}}t_\alpha(n-1), \quad \underline{\mu}=\overline{X}-\frac{S}{\sqrt{n}}t_\alpha(n-1);$$

③ σ^2 置信度为 $1-\alpha$ 的置信上下限分别为

$$\overline{\sigma^2}=\frac{(n-1)S^2}{\chi^2_{1-\alpha}(n-1)}, \quad \underline{\sigma^2}=\frac{(n-1)S^2}{\chi^2_\alpha(n-1)}.$$

6. 两个正态总体的均值差与方差比的单侧置信限

① σ_1^2 与 σ_2^2 已知，$\mu_1-\mu_2$ 的置信度为 $1-\alpha$ 的单侧置信上下限分别为

$$\overline{\mu_1-\mu_2}=\overline{X}-\overline{Y}+z_\alpha\sqrt{\frac{\sigma_1^2}{n_1}+\frac{\sigma_2^2}{n_2}},\quad \underline{\mu_1-\mu_2}=\overline{X}-\overline{Y}-z_\alpha\sqrt{\frac{\sigma_1^2}{n_1}+\frac{\sigma_2^2}{n_2}};$$

② 当 σ_1^2,σ_2^2 未知（$n_1,n_2>50$），$\mu_1-\mu_2$ 的置信度为 $1-\alpha$ 的单侧置信上下限分别为

$$\overline{\mu_1-\mu_2}=\overline{X}-\overline{Y}+z_\alpha\sqrt{\frac{S_1^2}{n_1}+\frac{S_2^2}{n_2}},\quad \underline{\mu_1-\mu_2}=\overline{X}-\overline{Y}-z_\alpha\sqrt{\frac{S_1^2}{n_1}+\frac{S_2^2}{n_2}};$$

③ $\sigma_1^2=\sigma_2^2=\sigma^2$ 未知，$\mu_1-\mu_2$ 的置信度为 $1-\alpha$ 的单侧置信上下限分别为

$$\overline{\mu_1-\mu_2}=\overline{X}-\overline{Y}+t_\alpha(n_1+n_2-2)S_w\sqrt{\frac{1}{n_1}+\frac{1}{n_2}},$$

$$\underline{\mu_1-\mu_2}=\overline{X}-\overline{Y}-t_\alpha(n_1+n_2-2)S_w\sqrt{\frac{1}{n_1}+\frac{1}{n_2}},$$

其中
$$S_w^2=\frac{(n_1-1)S_1^2+(n_2-1)S_2^2}{n_1+n_2-2};$$

④ σ_1^2/σ_2^2 的置信度为 $1-\alpha$ 的单侧置信上下限分别为

$$\overline{\sigma_1^2/\sigma_2^2}=\frac{S_1^2}{S_2^2}\times\frac{1}{F_{1-\alpha}(n_1-1,n_2-1)},\quad \underline{\sigma_1^2/\sigma_2^2}=\frac{S_1^2}{S_2^2}\times\frac{1}{F_\alpha(n_1-1,n_2-1)}.$$

二、精选题解析

1. 求参数的矩估计、最大似然估计

【例 1】 设总体 X 的概率密度为 $f(x;\theta)=\begin{cases}\theta x^{\theta-1}, & 0<x<1,\\ 0, & 其他,\end{cases}$ 则 θ 的矩估计量为________.

【解析】 用样本的一阶原点矩 $A_1=\frac{1}{n}\sum_{i=1}^{n}X_i=\overline{X}$ 去估计总体的一阶原点矩 $\mu_1=E(X)$，而 $E(X)=\int_0^1 x\theta x^{\theta-1}\mathrm{d}x=\frac{\theta}{\theta+1}$，令 $\frac{\theta}{\theta+1}=\overline{X}$，解得 $\hat{\theta}=\frac{\overline{X}}{1-\overline{X}}$是 θ 的矩估计量.

【例 2】 （2002 年数学考研题）设总体 X 的概率分布为

X	0	1	2	3
p	θ^2	$2\theta(1-\theta)$	θ^2	$1-2\theta$

其中 θ（$0<\theta<\frac{1}{2}$）是未知参数，利用总体 X 的如下样本值

3，1，3，0，3，1，2，3，

求 θ 的矩估计值和最大似然估计值.

【解析】 由题设，先求 θ 的矩估计值

$$E(X)=0\times\theta^2+1\times2\theta(1-\theta)+2\times\theta^2+3\times(1-2\theta)=3-4\theta,$$

$$\overline{X}=\frac{1}{8}\times(3+1+3+0+3+1+2+3)=2.$$

令 $E(X)=\overline{X}$，即 $3-4\theta=2$，则 θ 的矩估计值 $\hat{\theta}=\frac{1}{4}$.

再求 θ 的最大似然估计值. 对于给定的样本值，似然函数为 $L(\theta)=4\theta^6(1-\theta)^2(1-2\theta)^4$，则

$$\ln L(\theta)=\ln 4+6\ln\theta+2\ln(1-\theta)+4\ln(1-2\theta),$$

$$\frac{\mathrm{d}\ln L(\theta)}{\mathrm{d}\theta}=\frac{6}{\theta}-\frac{2}{1-\theta}-\frac{8}{1-2\theta}=\frac{6-28\theta+24\theta^2}{\theta(1-\theta)(1-2\theta)}.$$

令 $\frac{\mathrm{d}\ln L(\theta)}{\mathrm{d}\theta}=0$，解得 $\theta_1=\frac{7-\sqrt{13}}{12}$，$\theta_2=\frac{7+\sqrt{13}}{12}$.

由于 $\theta_2>\frac{1}{2}$，不合题意，舍去，所以 θ 的最大似然估计值为 $\hat{\theta}=\frac{7-\sqrt{13}}{12}$.

【例 3】 （2009 年数学考研题）设总体 X 的概率密度为 $f(x)=\begin{cases}\lambda^2 x\mathrm{e}^{-\lambda x}, & x>0,\\ 0, & \text{其他},\end{cases}$ 参数 $\lambda(\lambda>0)$ 未知，$X_1,X_2,\cdots,X_n$ 是来自总体 X 的简单随机样本.（1）求参数 λ 的矩估计量；（2）求参数 λ 的最大似然估计量.

【解析】 （1）$E(X)=\int_0^{+\infty}x\lambda^2 x\mathrm{e}^{-\lambda x}\mathrm{d}x=\frac{2}{\lambda}=\overline{X}$，所以 $\hat{\lambda}=\frac{2}{\overline{X}}$

（2）似然函数 $$L(x_1,x_2,\cdots,x_n;\lambda)=\prod_{i=1}^{n}f(x_i,\lambda)=\lambda^{2n}\prod_{i=1}^{n}x_i\mathrm{e}^{-\lambda\sum\limits_{i=1}^{n}x_i},$$

取对数得 $$\ln L=2n\ln\lambda+\sum_{i=1}^{n}\ln x_i-\lambda\sum_{i=1}^{n}x_i,$$

求导得 $\frac{\mathrm{d}\ln L}{\mathrm{d}\lambda}=0$，则 $\frac{2n}{\lambda}-\sum\limits_{i=1}^{n}x_i=0$，$\lambda=\frac{2}{\frac{1}{n}\sum\limits_{i=1}^{n}x_i}$，故 $\hat{\lambda}=\frac{2}{\overline{X}}$.

【例 4】 设总体 X 服从区间 $(1,\theta)$ 上的均匀分布（θ 未知），即 $X\sim f(x;\theta)=\begin{cases}\frac{1}{\theta-1}, & 1<x<\theta,\\ 0, & \text{其他},\end{cases}$ 试用矩估计法与最大似然估计法求未知参数 θ 的估计量，以及数学期望 μ 及方差 σ^2 的相应估计量.

【解析】 先分别用矩估计法及最大似然估计法求出 θ 的估计量 $\hat{\theta}$，考虑 X 在区间 $(1,\theta)$ 上服从均匀分布，于是 $\mu=\frac{1+\theta}{2}$，$\sigma^2=\frac{(\theta-1)^2}{12}$，因此 μ,σ^2 的相应估计量应是

$$\hat{\mu}=\frac{1+\hat{\theta}}{2},\quad \hat{\sigma}^2=\frac{(\hat{\theta}-1)^2}{12}.$$

由矩估计法有 $$E(X)=\int_{-\infty}^{+\infty}xf(x;\theta)\mathrm{d}x=\int_1^{\theta}\frac{x}{\theta-1}\mathrm{d}x=\frac{\theta+1}{2}=\overline{X},$$

解得 θ 的矩估计量 $\hat{\theta}=2\overline{X}-1$，于是有

$$\hat{\mu}=\frac{\hat{\theta}+1}{2}=\overline{X},\quad \hat{\sigma}^2=\frac{(\hat{\theta}-1)^2}{12}=\frac{1}{3}(\overline{X}-1)^2.$$

再由最大似然法，似然函数为

$$L(\theta)=\prod_{i=1}^{n}f(x_i;\theta)=\begin{cases}\frac{1}{(\theta-1)^n}, & 1<x_1,\cdots,x_n<\theta,\\ 0, & \text{其他}.\end{cases}$$

$L(\theta)$ 是关于 θ 的单调函数，当 $\hat{\theta}=\max\{x_1,x_2,\cdots,x_n\}$ 时，$L(\theta)$ 达到最大值，因此 θ 的最大似然估计量为 $\hat{\theta}=\max\{X_1,X_2\cdots,X_n\}$，而 $\hat{\mu}=\frac{1}{2}(\hat{\theta}+1)$，$\hat{\sigma}^2=\frac{1}{12}(\hat{\theta}-1)^2$ 是 μ,σ^2 的相应估计量.

【例 5】 一批产品中有次品，自其中随机地取 75 件，发现有 10 件次品，试求这批产品的次品率 p 的最大似然估计值.

【解析】 从 75 件产品中随机取一件恰好为次品这一事件发生的概率为 $L(p)=C_{75}^{10}p^{10}(1-p)^{65}$，根据最大似然估计的思想，次品率 p 的最大似然估计值应该是使 $L(p)$ 取得最大值的值，对 $L(p)$ 取对数得

$$\ln L(p)=\ln C_{75}^{10}p^{10}(1-p)^{65}=\ln C_{75}^{10}+10\ln p+65\ln(1-p),$$

再对参数 p 求一阶导数，令其为零，得

$$\frac{\mathrm{d}\ln L(p)}{\mathrm{d}p}=\frac{10}{p}-\frac{65}{1-p}=0,$$

解得次品率 p 的最大似然估计值为 $\hat{p}=\frac{10}{75}$.

注意 一般地，事件 A 发生的概率 $P(A)$ 与参数 θ（$\theta\in\Theta$）有关，随着 θ 的不同取值，$P(A)$ 也不同.因而应记事件 A 发生的概率为 $P(A|\theta)$.若 A 发生了，则认为此时的 θ 值应是在 Θ 中使 $P(A|\theta)$ 达到最大的那一个，这就是最大似然估计的基本思想.

【例 6】 对目标独立地进行射击，直到命中为止，假设 n 轮（$n\geqslant1$）这样的射击，各轮射击的次数相应为 $k_1,k_2,\cdots,k_n$，试求命中率 p 的最大似然估计和矩估计.

【解析】 设 X 表示一轮射击的次数，首先求 X 的概率分布，A_i 表示“第 i 次射击命中”，则 $p(A_i)=p$.由于各次射击相互独立，可知 $A_1,A_2,\cdots,A_n$ 相互独立，于是对于任意的自然数k，有 $\{X=k\}=\overline{A}_1\overline{A}_2\cdots\overline{A}_{k-1}A_k$，

$P\{X=k\}=P(\overline{A}_1\overline{A}_2\cdots\overline{A}_{k-1}A_k)=P(\overline{A}_1)\cdots P(\overline{A}_{k-1})P(A_k)=p(1-p)^{k-1}$，$k=1,2,\cdots$.

先求 p 的最大似然估计.似然函数为

$$L(p)=\prod_{i=1}^{n}p(1-p)^{k_i-1}=p^n(1-p)^{\sum_{i=1}^{n}k_i-n}\Rightarrow\ln L(p)=n\ln p+\left(\sum_{i=1}^{n}k_i-n\right)\ln(1-p)$$

.

对 p 求导，得似然方程 $\frac{\mathrm{d}\ln L(p)}{\mathrm{d}p}=\frac{n}{p}-\frac{\sum_{i=1}^{n}k_i-n}{1-p}=0$.

其解 $\hat{p}=\frac{n}{\sum_{i=1}^{n}k_i}$，即为 p 最大似然估计.

再求 p 的矩估计量，$E(X)=\frac{1}{p}$，而 $k_1,k_2,\cdots,k_n$ 是来自 X 的简单随机样本；$\overline{k}=\frac{\sum_{i=1}^{n}k_i}{n}$ 是 X 的一阶样本矩，于是 $\overline{k}=\frac{1}{p}$，$\hat{p}=\frac{1}{\overline{k}}=\frac{n}{\sum_{i=1}^{n}k_i}$，此即 p 的矩估计.

【例 7】 (1) 设 $Z=\ln X\sim N(\mu,\sigma^2)$，验证 $E(X)=\mathrm{e}^{\mu+\frac{\sigma^2}{2}}$；

(2) 设自(1) 中总体 X 取一容量为 n 的样本 $(x_1,x_2,\cdots,x_n)$，求 $E(X)$ 的最大似然估计，此处设 μ，σ^2 均未知.

【解析】 $Z=\ln X$ 的反函数为 $X=\mathrm{e}^Z$，因为 $Z\sim N(\mu,\sigma^2)$，只需证明

$$E(X)=E(e^Z)=\int_{-\infty}^{+\infty}e^z\frac{1}{\sqrt{2\pi}\sigma}e^{-\frac{(z-\mu)^2}{2\sigma^2}}dz=e^{\mu+\frac{1}{2}\sigma^2}.$$

由 X 的样本可相应得到 Z 的样本，但在求解过程中都不必求出 X 的分布来，根据极大似然估计量的性质，只需求出 Z 的均值 μ 与方差 σ^2 的极大似然估计量 $\hat{\mu}$，$\hat{\sigma}^2$ 就可以了，而 $e^{\hat{\mu}+\frac{1}{2}\hat{\sigma}^2}$ 正是 $E(X)$ 的极大似然估计.

(1) $E(X)=E(e^Z)=\int_{-\infty}^{+\infty}e^z\frac{1}{\sqrt{2\pi}\sigma}e^{-\frac{(z-\mu)^2}{2\sigma^2}}dz$

$$=e^{\mu+\frac{\sigma^2}{2}}\int_{-\infty}^{+\infty}\frac{1}{\sqrt{2\pi}\sigma}e^{-\frac{[z-(\mu+\sigma^2)]^2}{2\sigma^2}}dz\ [令\ t=z-(\mu+\sigma^2)]$$

$$=e^{\mu+\frac{\sigma^2}{2}}\int_{-\infty}^{+\infty}\frac{1}{\sqrt{2\pi}\sigma}e^{-\frac{t^2}{2\sigma^2}}dt=e^{\mu+\frac{\sigma^2}{2}}.$$

(2) 因 X 的样本为 x_1，x_2，…，x_n，故 Z 的样本为 $\ln x_1,\cdots,\ln x_n$，

又由于 $Z\sim N(\mu,\sigma^2)$ 所以

$$\hat{\mu}_{似}=\frac{1}{n}\sum_{i=1}^{n}\ln x_i,\ \hat{\sigma}^2_{似}=\frac{1}{n}\sum_{i=1}^{n}(\ln x_i-\hat{\mu}_{似})^2,$$

故由(1)有 $E(\hat{X})=\exp(\hat{\theta}+\frac{1}{2}\hat{\sigma}^2)$，即是 $E(X)$ 的最大似然估计.

【例 8】 (2006 年数学考研题) 设总体 X 的概率密度为 $f(x;\theta)=\begin{cases}\theta, & 0<x<1,\\ 1-\theta, & 1\leqslant x\leqslant 2,\\ 0, & 其他,\end{cases}$ 其中 θ 是未知参数$(0>\theta>1)$，$X_1,X_2,\cdots,X_n$ 为来自总体的简单随机样本，记 N 为样本值 $x_1,x_2,\cdots,x_n$ 中小于 1 的个数. 求 θ 的最大似然估计.

【解析】 对样本 $x_1,x_2,\cdots,x_n$ 按照是否小于 1 进行分类

$$x_{p1},x_{p2},\cdots,x_{pN}<1;\ x_{pN+1},x_{pN+2},\cdots,x_{pn}\geqslant 1.$$

似然函数 $L(\theta)=\begin{cases}\theta^N(1-\theta)^{n-N}, & x_{p1},x_{p2},\cdots,x_{pN}<1,x_{pN+1},x_{pN+2},\cdots,x_{pn}\geqslant 1,\\ 0, & 其他,\end{cases}$

在 $x_{p1},x_{p2},\cdots,x_{pN}<1$，$x_{pN+1},x_{pN+2},\cdots,x_{pn}\geqslant 1$ 时，

$$\ln L(\theta)=N\ln\theta+(n-N)\ln(1-\theta),\quad \frac{d\ln L(\theta)}{d\theta}=\frac{N}{\theta}-\frac{n-N}{1-\theta}=0,$$

所以 $\hat{\theta}=\frac{N}{n}$.

2. 评价估计量的无偏性、有效性、一致性

【例 9】 设总体 $X\sim N(\mu,\sigma^2)$，其中 μ 未知，σ^2 已知，又设 X_1，…，X_n 是来自总体 X 的一个样本，作样本的函数如下：

(1) $\frac{1}{2}X_1+\frac{2}{3}X_2-\frac{1}{6}X_3$；(2) $\frac{1}{3}(X_2+2\mu)$；(3) X_3；(4) $\sum_{i=1}^{3}\frac{X_i^2}{\sigma^2}$；(5) $\min\{X_1,X_2,X_3\}$，

在这些函数中，是统计量的有________；而在统计量中，是 μ 的无偏估计量的有________.

【解析】 因 $\frac{1}{3}(X_2+2\mu)$ 中含有未知参数 μ，故(2)不是统计量，是统计量的有(1)，(3)，(4)，(5). 因为

$$E\left(\frac{1}{2}X_1+\frac{2}{3}X_2-\frac{1}{6}X_3\right)=\mu,\qquad E(X_3)=\mu,$$

所以是 μ 的无偏估计量的有(1)，(3). 由于

$$E\left(\sum_{i=1}^{3}\frac{X_i^2}{\sigma^2}\right)=\frac{1}{\sigma^2}\sum_{i=1}^{3}E(X_i^2)=\frac{3}{\sigma^3}(\sigma^2+\mu^2)\neq\mu\ ,$$

又因为 $E[\min\{X_1,X_2,X_3\}]\leqslant\mu$，所以(4)，(5) 不是 μ 的无偏估计量.

【例 10】 对于均值 μ 与方差 σ^2 都存在的总体 X，若 μ，σ^2 均未知，则 $S^2=\frac{1}{n-1}\sum_{i=1}^{n}(X_i-\overline{X})^2$ 是总体方差 σ^2 的________估计量，$B_2=\frac{1}{n}\sum_{i=1}^{n}(X_i-\overline{X})^2$ 是总体方差 σ^2 的________估计量.

【解析】 因 $S^2=\frac{1}{n-1}(\sum_{i=1}^{n}X_i^2-n\overline{X}^2)$，$E(X_i^2)=D(X_i)+[E(X_i)]^2=\sigma^2+\mu^2$，

$E(\overline{X}^2)=D(\overline{X})+[E(\overline{X})]^2=\sigma^2/n+\mu^2$，故由均值的性质可知 $E(S^2)=\sigma^2$，即 S^2 是 σ^2 无偏估计量，又由于 $E(B_2)=E\left(\frac{n-1}{n}S^2\right)=\frac{n-1}{n}E(S^2)=\frac{n-1}{n}\sigma^2\neq\sigma^2$，所以 B_2 是 σ^2 的有偏估计量.

【例 11】 设总体 $X\sim N(\mu,\sigma^2)$，$X_1,X_2,\cdots,X_n$ 是来自 X 的一个样本，$\hat{\sigma}_1^2=k_1\sum_{i=1}^{n}(X_i-\overline{X})^2$，$\hat{\sigma}_2^2=k_2\sum_{i=1}^{n-1}(X_{i+1}-X_i)^2$ 均是 σ^2 无偏估计量，则 $k_1=$________；$k_2=$________.

【解析】 (1) 前面已证 $S^2=\frac{1}{n-1}\sum_{i=1}^{n}(X_i-\overline{X})^2$ 是 σ^2 的无偏估计量，所以 $k_1=\frac{1}{n-1}$.

(2) 如果 $k_2\sum_{i=1}^{n-1}(X_{i+1}-X_i)^2$ 是 σ^2 无偏估计量，则必有

$$\begin{aligned}\sigma^2&=E[k_2\sum_{i=1}^{n-1}(X_{i+1}-X_i)^2]=k_2\sum_{i=1}^{n-1}E[(X_{i+1}-X_i)^2]\\&=k_2\sum_{i=1}^{n-1}[D(X_{i+1}-X_i)+(E(X_{i+1}-X_i))^2]\\&=k_2\sum_{i=1}^{n-1}[D(X_{i+1})+D(X_i)]=k_2\sum_{i=1}^{n-1}(2\sigma^2)=2k_2(n-1)\sigma^2,\end{aligned}$$

即 $2k_2(n-1)\sigma^2=\sigma^2$，所以 $k_2=\frac{1}{2(n-1)}$.

【例 12】 设 $\hat{\theta}_1$，$\hat{\theta}_2$ 是参数 θ 的两个相互独立的无偏估计量，又知 $\hat{\theta}_1$ 的方差为 $\hat{\theta}_2$ 的方差的两倍，试确定常数 K_1，K_2，使 $\hat{\theta}=K_1\hat{\theta}_1+K_2\hat{\theta}_2$ 为 θ 的无偏估计量，并使得它在所有这样的线性估计量中方差最小.

【解析】 由无偏性可得出条件 $K_1+K_2=1$，求 $D(K_1\hat{\theta}_1+K_2\hat{\theta}_2)=(2K_1^2+K_2^2)D(\hat{\theta}_2)$ 何时最小，即是求条件极值问题.

因 $\hat{\theta}_1$，$\hat{\theta}_2$ 是 θ 的两个独立的无偏估计量，所以 $E(\hat{\theta}_1)=\theta$，$E(\hat{\theta}_2)=\theta$.

$E(\hat{\theta})=K_1E(\hat{\theta}_1)+K_2E(\hat{\theta}_2)=(K_1+K_2)\theta=\theta$，故 $K_1+K_2=1$，

又因为 $D(\hat{\theta})=D(K_1\hat{\theta}_1+K_2\hat{\theta}_2)=(2K_1^2+K_2^2)\times D(\hat{\theta}_2)$，$K_2=1-K_1$，

设 $\psi(K_1)=2K_1^2+(1-K_1)^2=3K_1^2-2K_1+1$，$\psi'(K_1)=6K_1-2=0$，

解得 $K_1=\frac{1}{3}$，又由于 $\psi''(K_1)=6>0$，

所以当 $K_1=\frac{1}{3}$，$K_2=1-\frac{1}{3}=\frac{2}{3}$ 时，$D(\hat{\theta})$ 达到最小值.

【例 13】 (2008年数学考研题) 设 $X_1,X_2,\cdots,X_n$ 是总体为 $N(\mu,\sigma^2)$ 的简单随机样本，记

$$\overline{X}=\frac{1}{n}\sum_{i=1}^{n}X_i,\ S^2=\frac{1}{n-1}\sum_{i=1}^{n}(X_i-\overline{X})^2,\ T=\overline{X}^2-\frac{1}{n}S^2.$$

(1) 证明 T 是 μ^2 的无偏估计量. (2) 当 $\mu=0,\sigma=1$ 时，求 $D(T)$.

【解析】 (1) $E(T)=E\left(\overline{X}^2-\frac{1}{n}S^2\right)=E(\overline{X}^2)-E\left(\frac{1}{n}S^2\right)=E(\overline{X}^2)-\frac{1}{n}\sigma^2$,

因为 $X\sim N(\mu,\sigma^2)$，$\overline{X}\sim N\left(\mu,\frac{\sigma^2}{n}\right)$，$E(\overline{X}^2)=D(\overline{X})+(E\overline{X})^2=\frac{1}{n}\sigma^2+\mu^2$

所以 $E(T)=\frac{1}{n}\sigma^2+\mu^2-\frac{1}{n}\sigma^2=\mu^2$，故 T 是 μ^2 的无偏估计量.

(2) 由 $X_i\sim N(0,1)$，$\overline{X}\sim N\left(0,\frac{1}{n}\right)$，得 $E(\overline{X})=0$，$D(\overline{X})=\frac{1}{n}$，

$$(\sqrt{n}\ \overline{X})^2\sim\chi^2(1),\qquad D(\overline{X}^2)=\frac{1}{n^2}D\left[(\sqrt{n}\ \overline{X})^2\right]=\frac{2}{n}$$

并且 $$D(S^2)=D\left[\frac{\sigma^2}{n-1}\cdot\frac{(n-1)S^2}{\sigma^2}\right]=\frac{\sigma^4}{(n-1)^2}\cdot 2(n-1)=\frac{2\sigma^4}{n-1}=\frac{2}{n-1}$$

所以 $$D(T)=D(\overline{X}^2-\frac{1}{n}S^2)=D(\overline{X}^2)+D(\frac{1}{n}S^2)=\frac{2}{n^2}+\frac{1}{n^2}\cdot\frac{2}{n-1}=\frac{2}{n(n-1)}.$$

【例 14】 (2010年数学考研题) 设总体 X 的概率分布为

X	1	2	3
p	$1-\theta$	$\theta-\theta^2$	θ^2

其中 $\theta\in(0,1)$ 未知，以 N_i 来表示来自总体 X 的简单随机样本（样本容量为 n）中等于 i 的个数 $(i=1,2,3)$，试求常数 a_1,a_2,a_3，使 $T=\sum\limits_{i=1}^{3}a_iN_i$ 为 θ 的无偏估计量，并求 T 的方差.

【解析】 N_1 的可能取值为 $0,1,2,\cdots,n$，且 $P\{N_1=i\}=C_n^i(1-\theta)^i\theta^{n-i}\ (i=0,1,2,\cdots,n)$，

$N_1\sim b(n,1-\theta)$，$EN_1=n(1-\theta)$，

$N_2\sim b(n,\theta-\theta^2)$，$EN_2=n(\theta-\theta^2)$，$EN_3=n\theta^2$.

因为 $T=\sum\limits_{i=1}^{3}a_iN_i$ 为 θ 的无偏估计量，所以

$$E(T)=\theta,$$

即 $E(T)=a_1E(N_1)+a_2E(N_2)+a_3E(N_3)=a_1n(1-\theta)+a_2n(\theta-\theta^2)+a_3n\theta^2=\theta$

或 $$na_1+(na_2-na_1)\theta+(na_3-na_2)\theta^2=\theta,$$

解得 $$a_1=0,\quad a_2=\frac{1}{n},\quad a_3=\frac{1}{n},$$

所以统计量 $$T=0\times N_1+\frac{1}{n}\times N_2+\frac{1}{n}\times N_3=\frac{1}{n}(N_2+N_3)=\frac{1}{n}(n-N_1),$$

$$D(T)=D\left[\frac{1}{n}(n-N_1)\right]=\frac{1}{n^2}D(n-N_1)=\frac{1}{n^2}D(N_1)$$

$$=\frac{1}{n^2}\times n(1-\theta)\times\theta=\frac{1}{n}(1-\theta)\theta.$$

【例 15】 (2012年数学考研题) 设随机变量 X 与 Y 相互独立且分别服从正态分布 $N(\mu,\sigma^2)$ 和 $N(\mu,2\sigma^2)$，其中 σ 是未知参数且 $\sigma>0$，设 $Z=X-Y$.

(1) 求 Z 的概率密度 $f_Z(z)$；(2) 设 $Z_1,Z_2,\cdots,Z_n$ 为来自总体 Z 的简单随机样本，求 σ^2 的最大似然估计量 $\hat{\sigma}^2$；(3) 证明 $\hat{\sigma}^2$ 为 σ^2 的无偏估计量.

【解析】 (1) 因为随机变量 X 与 Y 相互独立且分别服从正态分布 $N(\mu,\sigma^2)$ 和 $N(\mu,2\sigma^2)$，所以 $Z=X-Y$ 也服从正态分布，其中

$$E(Z)=E(X-Y)=EX-EY=\mu-\mu=0,$$
$$D(Z)=D(X-Y)=DX+DY=\sigma^2+2\sigma^2=3\sigma^2,$$

所以
$$Z\sim N(0,3\sigma^2),$$

则 Z 的概率密度 $f_Z(z)=\dfrac{1}{\sqrt{6\pi}\sigma}\mathrm{e}^{-\frac{z^2}{6\sigma^2}}$.

(2) $Z_1,Z_2,\cdots,Z_n$ 在样本值为 $z_1,z_2,\cdots,z_n$ 的最大似然函数为

$$L(z_1,z_2,\cdots,z_n;\sigma^2)=L(\sigma^2)=\prod_{i=1}^{n}\frac{1}{\sqrt{6\pi}\sigma}\mathrm{e}^{-\frac{z_i^2}{6\sigma^2}}=(6\pi)^{-\frac{n}{2}}(\sigma^2)^{-\frac{n}{2}}\mathrm{e}^{-\frac{1}{6\sigma^2}\sum\limits_{i=1}^{n}z_i^2},$$

两边同时取自然对数，有

$$\ln L(\sigma^2)=-\frac{n}{2}\ln(6\pi)-\frac{n}{2}\ln(\sigma^2)-\frac{1}{6\sigma^2}\sum_{i=1}^{n}z_i^2,$$

令
$$\frac{\mathrm{d}\ln L(\sigma^2)}{\mathrm{d}(\sigma^2)}=-\frac{n}{2}\cdot\frac{1}{\sigma^2}+\frac{1}{6(\sigma^2)^2}\sum_{i=1}^{n}z_i^2=0,$$

可得 $\sigma^2=\dfrac{1}{3n}\sum\limits_{i=1}^{n}z_i^2$，所以 σ^2 的最大似然估计为 $\hat{\sigma}^2=\dfrac{1}{3n}\sum\limits_{i=1}^{n}Z_i^2$.

(3) $E(\hat{\sigma}^2)=\dfrac{1}{3n}\sum\limits_{i=1}^{n}E(Z_i^2)$，其中

$$E(Z_i^2)=[E(Z_i^2)]^2+D(Z_i)=3\sigma^2$$

从而 $E(\hat{\sigma}^2)=\dfrac{1}{3n}\sum\limits_{i=1}^{n}E(Z_i^2)=\dfrac{1}{3n}\cdot n\cdot 3\sigma^2=\sigma^2$，所以 $\hat{\sigma}^2$ 为 σ^2 的无偏估计量.

【例 16】 (2014 年数学考研题) 设总体 X 的概率密度为 $f(x,\theta)=\begin{cases}\dfrac{2x}{3\theta^2}, & \theta<x<2\theta\\ 0, & 其他\end{cases}$，其中 θ 是未知参数，$X_1,X_2,\cdots,X_n$ 是来自总体的简单样本，若 $C\sum\limits_{i=1}^{n}X_i^2$ 是 θ^2 的无偏估计，则常数 $C=$________.

【解析】 $E(X^2)=\int_{\theta}^{2\theta}x^2\dfrac{2x}{3\theta^2}\mathrm{d}x=\dfrac{5}{2}\theta^2$，所以 $E\left(C\sum\limits_{i=1}^{n}X_i^2\right)=Cn\dfrac{5}{2}\theta^2$，由于 $C\sum\limits_{i=1}^{n}X_i^2$ 是 θ^2 的无偏估计，故 $Cn\dfrac{5}{2}=1,C=\dfrac{2}{5n}$.

【例 17】 (2014 年数学考研题) 设总体X的分布函数为 $F(x,\theta)=\begin{cases}1-\mathrm{e}^{-\frac{x^2}{\theta}}, & x\geqslant 0,\\ 0, & x<0,\end{cases}$ 其中 θ 为未知的大于零的参数，$X_1,X_2,\cdots,X_n$ 是来自总体的简单随机样本，

(1) 求 $E(X),E(X^2)$.　(2) 求 θ 的极大似然估计量.

(3) 是否存在常数 a，使得对任意的 $\varepsilon>0$，都有 $\lim\limits_{n\to\infty}P\{|\hat{\theta}_n-a|\geqslant\varepsilon\}=0$?

【解析】 (1) 先求出总体 X 的概率密度函数

$$f(x,\theta)=\begin{cases}\dfrac{2x}{\theta}\mathrm{e}^{-\frac{x^2}{\theta}}, & x\geqslant 0,\\ 0, & x<0,\end{cases}$$

$$E(X)=\int_0^{+\infty}\frac{2x^2}{\theta}e^{-\frac{x^2}{\theta}}dx=-\int_0^{+\infty}x\,de^{-\frac{x^2}{\theta}}=-xe^{-\frac{x^2}{\theta}}\Big|_0^{+\infty}+\int_0^{+\infty}e^{-\frac{x^2}{\theta}}dx=\sqrt{\pi\theta}\ ;$$

$$EX^2=\int_0^{+\infty}\frac{2x^3}{\theta}e^{-\frac{x^2}{\theta}}dx=\frac{1}{\theta}\int_0^{+\infty}x^2e^{-\frac{x^2}{\theta}}dx^2=\frac{1}{\theta}\int_0^{+\infty}te^{-\frac{t}{\theta}}dt=\theta.$$

(2) 极大似然函数

$$L(\theta)=\prod_{i=1}^n f(x_i,\theta)=\begin{cases}\dfrac{2^n}{\theta^n}\prod\limits_{i=1}^n x_i e^{-\frac{\sum_{i=1}^n x_i^2}{\theta}}, & x_i\geqslant 0,\\ 0, & \text{其他}.\end{cases}$$

当所有的观测值都大于零时

$$\ln L(\theta)=n\ln 2+\sum_{i=1}^n\ln x_i-n\ln\theta-\frac{1}{\theta}\sum_{i=1}^n x_i^2,$$

令 $\dfrac{d\ln L(\theta)}{d\theta}=0$，得 θ 的极大似然估计量为 $\hat{\theta}=\dfrac{\sum\limits_{i=1}^n x_i^2}{n}$.

(3) 因为 $X_1,X_2,\cdots,X_n$ 独立同分布，显然对应的 $X_1^2,X_2^2,\cdots,X_n^2$ 也独立同分布，又由(1)可知 $E(X_i^2)=\theta$，由辛钦大数定律，可得

$$\lim_{n\to\infty}P\left\{\left|\frac{1}{n}\sum_{i=1}^n x_i^2-E(X_i^2)\right|\geqslant\varepsilon\right\}=0,$$

由前两问可知，$\hat{\theta}=\dfrac{\sum\limits_{i=1}^n x_i^2}{n}$，$E(X_i^2)=\theta$，所以存在常数 $a=\theta$，使得对任意的 $\varepsilon>0$，都有

$$\lim_{n\to\infty}P\{|\hat{\theta}_n-a|\geqslant\varepsilon\}=0.$$

【例 18】 设 $\hat{\theta}$ 是参数 θ 的无偏估计量，且有 $D(\hat{\theta})>0$，试证：$\hat{\theta}^2$ 不是 θ^2 的无偏估计量.

【解析】 要证 $\hat{\theta}^2$ 不是 θ^2 的无偏估计量，只需证 $E(\hat{\theta}^2)\neq\theta^2$. 注意到 $D(\hat{\theta})>0$，$E(\hat{\theta})=\theta$，有

$$E(\hat{\theta}^2)=[E(\hat{\theta})]^2+D(\hat{\theta})=\theta^2+D(\hat{\theta})>\theta^2,$$

即 $E(\hat{\theta}^2)\neq\theta^2$，因而 $\hat{\theta}^2$ 不是 θ^2 的无偏估计量.

【例 19】 总体 $X\sim N(\mu_1,1^2)$，$Y\sim N(\mu_2,1^2)$，它们的样本分别为 $X_1,X_2,\cdots,X_{n_1};Y_1,Y_2,\cdots,Y_{n_2}$，且二样本相互独立.

(1) 求均值 $\mu=\mu_1-\mu_2$ 的无偏估计量.

(2) 如果在 $n_1+n_2=n$ 中固定了 n，问如何选定正整数 n_1,n_2 能使得 $\hat{\mu}=\overline{X}-\overline{Y}$ 的方差最小?

【解析】 分析(1) 显然 $\overline{X}-\overline{Y}$ 是 $\mu_1-\mu_2$ 的无偏估计量；(2) 是研究条件极值的问题.

(1) 由于 $E(\overline{X}-\overline{Y})=\mu_1-\mu_2$，所以 $\overline{X}-\overline{Y}$ 是 $\mu_1-\mu_2$ 的一个无偏估计量.

(2) $D(\hat{\mu})=D(\overline{X}-\overline{Y})=D(\overline{X})+D(\overline{Y})=\dfrac{1}{n_1}+\dfrac{1}{n_2}$，由 $n_1+n_2=n$，得 $n_2=n-n_1$，将 n_1 连续化得到函数

$$f(x)=\frac{1}{x}+\frac{1}{n-x}\quad(0<x<n),$$

令 $f'(x)=\dfrac{-1}{x^2}+\dfrac{1}{(n-x)^2}=\dfrac{2nx-n^2}{x^2(n-x)^2}=0$，

可求得驻点 $x=\frac{n}{2}$，当 $x<\frac{n}{2}$ 时，$f'(x)<0$；当 $x>\frac{n}{2}$ 时，$f'(x)>0$；$x=\frac{n}{2}$ 为 $f(x)$ 的极小值点，因为只有一个驻点，$x=\frac{n}{2}$ 又是 $f(x)$ 的最小值点，故取 $n_1=[\frac{n}{2}]$, $n_2=n-n_1$.

【例20】 设 X_1, X_2, X_3, X_4 是来自均值为 θ 的指数分布总体的样本，其中 θ 未知.设有估计量

$$T_1=\frac{1}{6}(X_1+X_2)+\frac{1}{3}(X_3+X_4), T_2=(X_1+2X_2+3X_3+4X_4)/5,$$

$$T_3=(X_1+X_2+X_3+X_4)/4.$$

(1) 指出 T_1, T_2, T_3 中哪几个是 θ 的无偏估计量.

(2) 在上述 θ 的无偏估计中指出哪一个较为有效.

【解析】 (1) $E(T_1)=\frac{1}{6}[E(X_1)+E(X_2)]+\frac{1}{3}[E(X_3)+E(X_4)]=\frac{1}{6}(\theta+\theta)+\frac{1}{3}(\theta+\theta)=\theta$,

$$E(T_2)=\frac{1}{5}[E(X_1)+2E(X_2)+3E(X_3)+4E(X_4)]=\frac{1}{5}(\theta+2\theta+3\theta+4\theta)=2\theta,$$

$$E(T_3)=\frac{1}{4}[E(X_1)+E(X_2)+E(X_3)+E(X_4)]=\frac{1}{4}(\theta+\theta+\theta+\theta)=\theta.$$

故 T_1, T_3 为 θ 的无偏估计量.

(2) $D(T_1)=\frac{1}{36}[D(X_1)+D(X_2)]+\frac{1}{9}[D(X_3)+D(X_4)]=\frac{1}{36}(\theta^2+\theta^2)+\frac{1}{9}(\theta^2+\theta^2)=\frac{5}{18}\theta^2$;

$$D(T_3)=\frac{1}{16}[D(X_1)+D(X_2)+D(X_3)+D(X_4)]=\frac{1}{16}(\theta^2+\theta^2+\theta^2+\theta^2)=\frac{1}{4}\theta^2,$$

$D(T_1)>D(T_3)$，故 T_3 较 T_1 更有效.

3.求正态总体参数的置信区间

【例21】 (2003年数学考研题)已知一批零件的长度 X（单位：cm）服从正态分布 $N(\mu, 1)$，从中随机地抽取16个零件，得到长度的平均值为40cm，则 μ 的置信度为0.95的置信区间是________.(注：标准正态分布函数值 $\Phi(1.96)=0.975$, $\Phi(1.645)=0.95$)

【解析】 由已知 $\sigma^2=1$, $1-\alpha=0.95$, $\alpha=0.05$, $Z_{\frac{\alpha}{2}}=Z_{0.025}=1.96$，所以 μ 的置信度为0.95的置信区间是

$$\left(\overline{X}\pm Z_{\frac{\alpha}{2}}\frac{\sigma}{\sqrt{n}}\right)=\left(40\pm1.96\frac{1}{\sqrt{16}}\right)=(40\pm0.49)=(39.51, 40.49).$$

【例22】 某车间生产的螺杆直径服从正态分布 $N(\mu,\sigma^2)$，今随机从中抽取5只测得直径为：22.3，21.5，22.0，21.8，21.4(单位：mm)，求直径均值 μ 的置信度为0.95的置信区间，其中总体标准差 $\sigma=0.3$.又如果 σ 未知，则置信区间如何？

【解析】 $\overline{x}=\frac{1}{5}\sum_{i=1}^{5}x_i=21.8$，当 $\sigma=0.3$ 时，μ 的置信区间为 $(\overline{x}\pm\frac{\sigma}{\sqrt{n}}Z_{\alpha/2})$. $Z_{\alpha/2}=1.96$，从而 μ 的置信度为0.95的置信区间为

$$(21.8-\frac{0.3}{\sqrt{5}}\times1.96,\quad 21.8+\frac{0.3}{\sqrt{5}}\times1.96)=(21.537, 22.063).$$

当 σ 未知时，$s^2=\frac{1}{n-1}\sum_{i=1}^{n}(x_i-\overline{x})^2=0.135$，$t_{0.025}(4)=2.776$，从而 μ 的置信度为0.95的置信区间为

$$(\overline{x}\pm\frac{s}{\sqrt{n}}t_{\alpha/2}(n-1))=(21.8\pm\frac{\sqrt{0.135}}{\sqrt{5}}\times2.776)=(21.345, 22.255).$$

【例23】 某种岩石密度的测量误差 $X\sim N(\mu,\sigma^2)$，取样本值12个，得样本方差 $s^2=0.04$，求 σ^2 的置信度为0.90的置信区间.

【解析】 σ^2 的置信度为 $1-\alpha$ 的置信区间为

$\left(\dfrac{(n-1)s^2}{\chi^2_{\alpha/2}(n-1)}, \dfrac{(n-1)s^2}{\chi^2_{1-\alpha/2}(n-1)}\right)$，其中 $1-\alpha=0.90$，$\alpha=0.10$，

$n=12$，$\chi^2_{\alpha/2}(n-1)=\chi^2_{0.05}(11)=19.675$，$\chi^2_{1-\alpha/2}(n-1)=\chi^2_{0.95}(11)=4.575$，

$\dfrac{(n-1)s^2}{\chi^2_{\alpha/2}(n-1)}=\dfrac{11\times0.04}{19.675}=0.0224$，　$\dfrac{(n-1)s^2}{\chi^2_{1-\alpha/2}(n-1)}=\dfrac{11\times0.04}{4.575}=0.0962.$

因此 σ^2 的置信度为 0.90 的置信区间为(0.0224， 0.0962).

【例 24】 为了比较甲、乙两组生产的灯泡的使用寿命，现从甲组生产的灯泡中任取 5 只，测得平均寿命 $\overline{x}_1=1000\text{h}$，标准差 $s_1=28\text{h}$，从乙组生产的灯泡中任取 7 只，测得平均寿命 $\overline{x}_2=980\text{h}$，标准差 $s_2=32\text{h}$，设这两个总体都近似服从正态分布，且方差相等，求两总体均值差 $\mu_1-\mu_2$ 的置信度为 0.95 的置信区间.

【解析】 由题设两总体具有方差齐性，两样本独立，选择统计函数

$$\frac{\overline{X}-\overline{Y}-(\mu_1-\mu_2)}{S_w\sqrt{\dfrac{1}{n_1}+\dfrac{1}{n_2}}}\sim t(n_1+n_2-2),$$

于是得到 $\mu_1-\mu_2$ 的置信度为 $(1-\alpha)$ 的置信区间为

$$\left(\overline{x}_1-\overline{x}_2\pm t_{\frac{\alpha}{2}}(n_1+n_2-2)s_w\sqrt{\frac{1}{n_1}+\frac{1}{n_2}}\right).$$

直接代公式即求得 $1-\alpha=0.95$，$\alpha=0.05$，查表得 $t_{0.025}(10)=2.2281$.

$$s_w^2=\frac{(n_1-1)s_1^2+(n_2-1)s_2^2}{n_1+n_2-2}=\frac{4\times28^2+6\times30^2}{10}=928,\qquad s_w=30.46$$

$$\left(\overline{x}_1-\overline{x}_2\pm s_w\sqrt{\frac{1}{n_1}+\frac{1}{n_2}}\,t_{\frac{\alpha}{2}}(n_1+n_2-2)\right)=\left(1000-980\pm30.46\sqrt{\frac{1}{5}+\frac{1}{7}}\times2.2281\right)$$
$$=(20\pm39.7)=(-19.7,59.7).$$

由于在这个区间中包含 0，在实际中认为 μ_1，μ_2 无显著差异.

【例 25】 设有两个相互独立的正态总体 $N(\mu_1, \sigma_1^2)$，$N(\mu_2, \sigma_2^2)$，其中参数均未知，现依次取容量为 25，15 的两个样本，求得样本方差分别为 $s_1^2=6.38$，$s_2^2=5.15$，求方差比 σ_1^2/σ_2^2 的置信度为 0.9 的置信区间.

【解析】 取统计函数 $\dfrac{S_1^2/S_2^2}{\sigma_1^2/\sigma_2^2}\sim F(n_1-1,n_2-1)$，求出 $\dfrac{\sigma_1^2}{\sigma_2^2}$ 的一个置信度为 $1-\alpha$ 的置信区间为

$$\left(\frac{s_1^2}{s_2^2}\times\frac{1}{F_{\frac{\alpha}{2}}(n_1-1,n_2-1)},\frac{s_1^2}{s_2^2}\times\frac{1}{F_{1-\frac{\alpha}{2}}(n_1-1,n_2-1)}\right)$$

由于　$1-\alpha=0.90$，　$\alpha=0.10$，　$F_{\frac{\alpha}{2}}(n_1-1,n_2-1)=F_{0.05}(24,14)=2.35$，

$$F_{1-\frac{\alpha}{2}}(n_1-1,n_2-1)=\frac{1}{F_{\frac{\alpha}{2}}(n_2-1,n_1-1)}=\frac{1}{F_{0.05}(14,24)}=\frac{1}{2.13},\qquad\frac{s_1^2}{s_2^2}=1.24,$$

故 $\dfrac{\sigma_1^2}{\sigma_2^2}$ 的置信区间为　$\left(1.24\times\dfrac{1}{2.35},1.24\times2.13\right)=(0.528,2.64)$.

该区间包含 1，认为 σ_1^2 与 σ_2^2 无显著差异.

【例 26】 假定到某地旅游的一个游客的消费额 X 服从正态分布 $N(\mu,\sigma^2)$，且 $\sigma=500$，μ 未知，要对平均消费额 μ 进行估计，使这个估计的绝对误差小于 50 元，且为使置信度不小于 0.95，问至少需要随机调查多少个游客？

【解析】 本题是求样本容量的最小值，因此，不妨设 $X_1,X_2,\cdots,X_n$ 是取自该总体的样本，样本均值为 $\overline{X}$，且已知 $\hat{\mu}=\overline{X}$，依题意，即可由 $P\{|\overline{X}-\mu|<50\}\geqslant0.95$ 去求最小样本容量.

设 n 为需要调查的游客人数，要使 $P\{|\overline{X}-\mu|<50\}\geqslant 0.95$，即

$$P\left\{\frac{|\overline{X}-\mu|}{\sigma/\sqrt{n}}<\frac{50}{\sigma/\sqrt{n}}\right\}\geqslant 0.95.$$

因为 $\dfrac{\overline{X}-\mu}{\sigma/\sqrt{n}}=U\sim N(0,1)$，由 $P\{|U|<u_{\frac{\alpha}{2}}\}=1-\alpha=0.95$，其中 $\alpha=0.05$，

得
$$\frac{50}{\sigma/\sqrt{n}}\geqslant u_{\frac{0.05}{2}}\Rightarrow\sqrt{n}\geqslant\frac{1.96\sigma}{50}\Rightarrow n\geqslant\left(\frac{1.96\sigma}{50}\right)^2=\left(\frac{1.96\times 500}{50}\right)^2=384.16.$$

这就是随机调查游客人数不少于 385 人，就有不小于 0.95 的把握，使得用调查所得的 $\overline{X}$ 去估计平均消费额的真值 μ，其绝对误差小于 50 元.

【例 27】 下面列出了自密歇根湖中捕获的 10 条鱼的聚氯联苯(以 mg/kg 计)的含量：11.5，12.0，11.6，11.8，10.4，10.8，12.2，11.9，12.4，12.6.设样本来自正态总体 $N(\mu,\sigma^2)$，μ,σ^2 均未知，试求 μ 的置信水平为 0.95 的单侧置信上限.

【解析】 由于 σ 未知，$n=10$，$1-\alpha=0.95$，$\alpha=0,05$，$t_{0.05}(10-1)=1.8331$，经计算得 $\overline{x}=11.72$，$s=0.69$.所求 μ 的置信水平为 0.95 的单侧置信上限为

$$\overline{\mu}=\overline{x}+\frac{s}{\sqrt{n}}t_{\alpha}(n-1)=11.72+\frac{0.69}{\sqrt{10}}\times 1.8331=12.12.$$

【例 28】 下面分别列出了某地 25～35 岁吸烟和不吸烟的男子的血压(收缩压单位：mmHg).

吸烟	124	133	133	125	134	127	125	131	136	135	118			
不吸烟	130	118	135	115	129	122	122	120	123	127	128	116	122	120

设两样本分别来自总体 $N(\mu_1,\sigma^2)$，$N(\mu_2,\sigma^2)$，μ_1,μ_2,σ^2 均未知，两样本相互独立，求 $\mu_1-\mu_2$ 的置信水平为 0.90 的单侧置信下限.

【解析】 由题设知，两正态总体方差相等但未知，且 $1-\alpha=0.90$，$\alpha=0.10$，$n_1=11$，$n_2=14$，由样本计算得，$\overline{x}=129.18$，$\overline{y}=123.36$，$s_1^2=32.76$，$s_2^2=32.86$，

$$s_{\omega}=\sqrt{\frac{(n_1-1){s_1}^2+(n_2-1){s_2}^2}{n_1+n_2-2}}=\sqrt{\frac{10\times 32.76+13\times 32.86}{23}}=5.73,$$

查表得，$t_{\alpha}(n_1+n_2-2)=t_{0.10}(23)=1.3195$，所以 $\mu_1-\mu_2$ 的置信水平为 0.90 的置信下限为

$$(\overline{x}-\overline{y})-t_{\alpha}(n_1+n_2-2)s_{\omega}\sqrt{\frac{1}{n_1}+\frac{1}{n_2}}=(129.18-123.36)-1.3195\times 5.73\times\sqrt{\frac{1}{11}+\frac{1}{14}}=2.77$$

【例 29】 设有来自正态总体 $N(\mu,\sigma^2)$ 的样本，假定样本容量 $n\geqslant 30$ 时，样本标准差 S 近似服从 $N(\sigma,\sigma^2/2n)$，求证 σ 置信度为 $1-\alpha$ 的置信区间是

$$\left[\frac{S}{1+Z_{\alpha/2}/\sqrt{2n}},\ \frac{S}{1-Z_{\alpha/2}/\sqrt{2n}}\right].$$

【证明】 求 σ 的置信区间的关键是构造一个统计函数，包含待估参数 σ，它的分布形式已知，且不依赖于任何未知参数.

由于 $S\sim N(\sigma,\sigma^2/2n)$，将其标准化 $\dfrac{S-\sigma}{\sigma/\sqrt{2n}}\sim N(0,1)$，

由于 $P\left\{-Z_{\alpha/2}<\dfrac{S-\sigma}{\sigma/\sqrt{2n}}<Z_{\alpha/2}\right\}=1-\alpha$，因此求得 σ 的 $1-\alpha$ 置信区间为

$$\left(\frac{S}{1+Z_{\alpha/2}/\sqrt{2n}},\quad \frac{S}{1-Z_{\alpha/2}/\sqrt{2n}}\right).$$

三、强化练习题

☆A 题 ☆

1. 填空题

(1) 设 $\hat{\theta}$ 是未知参数 θ 的估计，且满足 $E(\hat{\theta})=\theta$，则称 $\hat{\theta}$ 是 θ 的________估计.

(2) 设 $\hat{\theta}_1$ 和 $\hat{\theta}_2$ 是未知参数 θ 的两个无偏估计，且对任意的样本容量 n，满足________，则称 $\hat{\theta}_1$ 比 $\hat{\theta}_2$ 有效.

(3) 估计量 $\hat{\theta}$ 是 θ 的估计量，若对任何 $\theta\in\Theta$，当 $n\to\infty$ 时，$\hat{\theta}(X_1,X_2,\cdots,X_n)$ 依概率收敛于 θ，则称 $\hat{\theta}$ 是 θ 的________.

(4) 设总体 X 服从 $U(a,a+2)$，样本 X_1，X_2，X_3，X_4 的一个观测值为 10.1，8.8，9.9，10.6，则参数 a 的矩估计量为________，矩估计值为________.

(5) 若总体 X 的一个样本观测值为 0，0，1，1，0，1，则总体均值的矩估计值为________，总体方差的矩估计值为________.

(6) 从去年出生的新生儿中随机地抽取 10 名，测得体重值(单位：kg)，已计算出 $\bar{x}=3.6$，$\sum_{i=1}^{10}(x_i-\bar{x})^2=1.6$. 已知新生儿体重服从正态分布 $N(\mu,\sigma^2)$，则 μ,σ^2 的极大似然估计值分别为________，________.

(7) 设总体 X 的均值为 μ，方差为 σ^2，$X_1,X_2,\cdots,X_n$ 为来自总体 X 的一个样本，$\bar{X}$ 与 S_n^2 分别是样本均值与未修正样本方差，则 $D(\bar{X})=$ ________，$E(S^2)=$ ________.

(8) 设总体 $X\sim N(\mu,\sigma^2)$，$X_1,X_2,\cdots,X_n$ 为其样本，$\bar{X}$ 与 S^2 分别是样本均值与样本方差，则 $\frac{\bar{X}-\mu}{\sigma}\sqrt{n}\sim$ ________；$\frac{\bar{X}-\mu}{S}\sqrt{n}\sim$ ________.

(9) 设 θ 是总体 X 的未知参数，x_1，x_2，…，x_n 是 X 的样本，若由样本确定的两个统计量 $\underline{\theta}(x_1,\cdots,x_n)$ 和 $\bar{\theta}(x_1,\cdots,x_n)$ 使得区间 $(\underline{\theta},\bar{\theta})$ 包含 θ 的概率为 $1-\alpha\,(0<\alpha<l)$，则称 $(\underline{\theta},\bar{\theta})$ 为 θ 的________，称 $1-\alpha$ 为________，$\underline{\theta}$ 称为________，$\bar{\theta}$ 称为________.

(10) 设正态总体 $N(\mu,\sigma^2)$，若 σ^2 已知，则 μ 的置信水平为 $1-\alpha$ 的置信区间的长度为________. 若 σ^2 未知，则 μ 的置信水平为 $1-\alpha$ 的置信区间的长度为________.

(11) 设总体 X 的方差为 1，根据来自 X 的容量为 100 的简单随机样本，测得样本均值为 5，则总体均值的置信水平为 0.95 的置信区间为________.

(12) 假设总体 X 服从参数为 λ 的泊松分布，$X_1,X_2,\cdots,X_n$ 是取自总体 X 的简单随机样本，其均值、方差分别为 $\bar{X},S^2$，如果 $\hat{\lambda}=a\bar{X}+(2-3a)S^2$ 为 λ 的无偏估计，则 $a=$ ________.

2. 选择题

(1) 参数估计的基本形式有________.

(A) 点估计与区间估计　　(B) 点估计与矩法估计

(C) 经验估计与范围估计　　(D) 区间估计与计算估计

(2) 设θ是总体X的未知参数，$\hat{\theta}$是参数θ的估计量，则有________.

(A) $\hat{\theta}$是一个数，近似等于θ　　(B) $\hat{\theta}$是一个随机变量

(C) $\hat{\theta}$是一个随机变量，且$E(\hat{\theta})=\theta$　　(D) 当n越大，$\hat{\theta}$的值可任意靠近θ

(3) 参数的矩法估计是指________.

(A) 用样本矩估计总体相应的矩，用样本矩的函数估计总体矩相应的函数

(B) 用总体矩估计样本相应的矩

(C) 用总体矩的函数估计样本相应的矩函数

(D) 用总体矩估计样本相应的矩的函数

(4) 设总体$X\sim N(\mu,\sigma^2)$，μ，σ^2均为未知参数，若$\hat{\sigma}_1^2$与$\hat{\sigma}_2^2$分别是σ^2的矩估计量和最大似然估计量，则________.

(A) $\hat{\sigma}_1^2=\hat{\sigma}_2^2$　　(B) $\hat{\sigma}_1^2<\hat{\sigma}_2^2$　　(C) $\hat{\sigma}_1^2>\hat{\sigma}_2^2$　　(D) $\hat{\sigma}_1^2\neq\hat{\sigma}_2^2$

(5) 对于总体未知参数θ，用矩估计法和最大似然估计法所得的估计________.

(A) 总是相同　　(B) 总是不同　　(C) 有时相同，有时不同　　(D) 总是有偏的

(6) 判断点估计优良性的标准有________.

(A) 简易性与准确性　　(B) 准确性与有效性

(C) 无偏性与有效性　　(D) 无偏性与简易性

(7) $\hat{\theta}$是未知参数θ的无偏估计，其含义是指________.

(A) $\hat{\theta}$对未知参数θ的估计是准确的　　(B) $\hat{\theta}$对未知参数θ的估计没有系统误差

(C) $\hat{\theta}$对未知参数θ的估计没有偏离　　(D) $\hat{\theta}$对未知参数θ的估计没有计算误差

(8) 设$X_1,X_2,\cdots,X_n$是来自$N(\mu,\sigma^2)$的一个样本，若μ，σ^2均为未知参数，则σ^2的无偏估计是________.

(A) $\frac{1}{n}\sum_{i=1}^{n}X_i^2$　　(B) $\frac{1}{n}\sum_{i=1}^{n}(X_i-\overline{X})^2$

(C) $\frac{1}{n-1}\sum_{i=1}^{n}(X_i-\overline{X})^2$　　(D) $\frac{1}{n-1}\sum_{i=1}^{n}(X_i-\mu)^2$

(9) 设$\hat{\theta}_1$和$\hat{\theta}_2$是总体参数θ的两个估计量，说$\hat{\theta}_1$比$\hat{\theta}_2$更有效，是指________.

(A) $E(\hat{\theta}_1)=\theta$，且$\hat{\theta}_1<\hat{\theta}_2$　　(B) $E(\hat{\theta}_1)=\theta$，且$\hat{\theta}_1>\hat{\theta}_2$

(C) $E(\hat{\theta}_1)=E(\hat{\theta}_2)=\theta$，且$D(\hat{\theta}_1)\leqslant D(\hat{\theta}_2)$　　(D) $D(\hat{\theta}_1)\leqslant D(\hat{\theta}_2)$

(10) 设X_1,X_2是来自任意总体X的一个样本，则下列$E(X)$的无偏估计量中，最有效的估计量是________.

(A) $\frac{2}{3}X_1+\frac{1}{3}X_2$　　(B) $\frac{1}{4}X_1+\frac{3}{4}X_2$

(C) $\frac{2}{5}X_1+\frac{3}{5}X_2$　　(D) $\frac{1}{2}X_1+\frac{1}{2}X_2$

(11) 下列关于点估计与区间估计的说法中正确的是________.

(A) 点估计仅仅给出了参数的一个具体估计值，而区间估计用区间来估计，区间估计

体现了估计的精度

(B) 区间估计用区间范围来估计，而点估计给出了参数的一个具体估计值，点估计体现了估计的精度

(C) 点估计通过具体的数估计了一定区间，而区间估计通过一个范围估计了一个区间，因此不如点估计的精确

(D) 点估计和区间估计是两种不同的估计方法，其精度是一样的

(12) 设 θ 是总体 X 的未知参数，$X_1,X_2,\cdots,X_n$ 是 X 的样本，若由样本确定的两个统计量 $\underline{\theta}(X_1,X_2,\cdots,X_n)$ 和 $\overline{\theta}(X_1,X_2,\cdots,X_n)$，使得 $P\{\underline{\theta}<\theta<\overline{\theta}\}=1-\alpha$ $(0<\alpha<1)$ 成立，则称 $(\underline{\theta},\overline{\theta})$ 为 θ 的置信水平为 $1-\alpha$ 的置信区间，其中________.

(A) $(\underline{\theta},\overline{\theta})$ 是一个一般的变量区间　　(B) $\theta\in(\underline{\theta},\overline{\theta})$

(C) $\theta\notin(\underline{\theta},\overline{\theta})$　　(D) $(\underline{\theta},\overline{\theta})$ 是一个随机区间

(13) 对总体 $X\sim N(V,d)$ 的均值 V 作区间估计，得到置信度为 95% 的置信区间，意义是指这个区间________.

(A) 平均含总体 95% 的值　　(B) 平均含样本 95% 的值

(C) 有 95% 的机会含 V 的值　　(D) 有 95% 的机会含样本的值

(14) 在作参数 θ 的置信区间中，置信水平为 $1-\alpha=90\%$ 是指________.

(A) 对 100 个样本，定有 90 个区间能覆盖 θ

(B) 对 100 个样本，约有 90 个区间能覆盖 θ

(C) 对 100 个样本，至多有 90 个区间能覆盖 θ

(D) 对 100 个样本，约有 10 个区间能覆盖 θ

(15) 可用于评价未知参数区间估计好坏的标准是________.

(A) 置信度 $1-\alpha$ 越大且置信区间的长度越小越好

(B) 置信度 $1-\alpha$ 越大或置信区间的长度越大越好

(C) 置信度 $1-\alpha$ 越小且置信区间的长度越小越好

(D) 置信度 $1-\alpha$ 越小且置信区间的长度越大越好

(16) 设总体 $X\sim N(\mu,\sigma^2)$，其中 σ^2 已知，则总体均值 μ 的置信区间长度 l 与置信度 $1-\alpha$ 的关系是________.

(A) 当 $1-\alpha$ 增加时，l 缩短　　(B) 当 $1-\alpha$ 增加时，l 增大

(C) 当 $1-\alpha$ 增加时，l 不变　　(D) 以上说法都不对

(17) 设 $X\sim N(\mu,\sigma^2)$，σ^2 未知，则 μ 的置信度为 95% 的置信区间为________.

(A) $(\overline{X}\pm\frac{\sigma}{\sqrt{n}}t_{0.025})$　(B) $(\overline{X}\pm\frac{S}{\sqrt{n}}t_{0.025})$　(C) $(\overline{X}\pm\frac{\sigma}{\sqrt{n}}t_{0.05})$　(D) $(\overline{X}\pm\frac{S}{\sqrt{n}}t_{0.05})$

(18) 采用包装机包装食盐，要求 500g 装一袋，已知标准差为 3g，要使食盐每包平均重量的 95% 置信区间长度不超过 4.2g，样本容量至少为________.

(A)4　(B)6　(C)8　(D)10

(19) 设总体 $X\sim N(\mu,\sigma^2)$，其中 σ^2 已知，当样本容量 n 保持不变时，如果置信度 $1-\alpha$ 变小，则 μ 的置信区间________.

(A) 长度变大　(B) 长度变小　(C) 长度不变　(D) 长度不一定不变

(20) 设总体 $X\sim N(\mu,\sigma^2)$，其中 σ^2 已知，当置信度 $1-\alpha$ 保持不变时，如果样本容量 n 增大，则 μ 的置信区间________.

(A) 长度变大　(B) 长度变小　(C) 长度不变　(D) 长度不一定不变

3. 计算题

(1) 设总体 X 的概率密度为 $f(x;\theta)=\begin{cases} e^{-(x-\theta)}, & x\geqslant\theta, \\ 0, & x<\theta, \end{cases}$ $X_1,X_2,\cdots,X_n$ 是取自总体 X 的样本，求未知参数 θ 的矩估计量与最大似然估计量.

(2)(1997 年数学考研题) 设总体 X 的概率密度为 $f(x;\alpha)=\begin{cases} (\alpha+1)x^{\alpha}, & 0<x<1, \\ 0, & \text{其他}, \end{cases}$ 其中 $\alpha>-1$ 为未知参数，$X_1,X_2,\cdots,X_n$ 是取自总体 X 的样本，求未知参数 α 的矩估计量与最大似然估计量.

(3) 设总体 X 的概率密度为 $f(x)=\begin{cases} \dfrac{x}{\theta^2}e^{-x^2/(2\theta^2)}, & x>0, \\ 0, & \text{其他}, \end{cases}$ 其中 $\theta>0$ 为未知参数，$X_1,X_2,\cdots,X_n$ 是取自总体 X 的样本，求未知参数 θ 的矩估计量与最大似然估计量.

(4) 假设某市每月死于交通事故的人数 X 服从参数为 λ 的泊松分布，$\lambda>0$ 为未知参数. 现有以下样本值：3，2，0，5，4，3，1，0，7，2，0，2. 求无死亡的概率的最大似然估计值.

(5) 设总体 X 具有分布律

X	1	2	3
p_k	θ^2	$2\theta(1-\theta)$	$(1-\theta)^2$

其中 $\theta(0<\theta<1)$ 为未知参数，已知取得的样本值 $x_1=1$，$x_2=2$，$x_3=1$，试求 θ 的矩估计值和最大似然估计值.

(6) 设 $X_1,X_2,\cdots,X_n$ 是来自总体 X 的一个样本，设 $E(X)=\mu$，$D(X)=\sigma^2$.

① 确定常数 c，使 $c\cdot\sum\limits_{i=1}^{n-1}(X_{i+1}-X_i)^2$ 为 σ^2 的无偏估计；

② 确定常数 c，使 $(\overline{X})^2-c\cdot S^2$ 是 μ^2 的无偏估计($\overline{X},S^2$ 是样本均值和样本方差).

(7) 设 X_1,X_2 是总体 X 的样本，$E(X)$ 及 $D(X)$ 存在且有限，试证统计量

$$d_1(X_1,X_2)=\frac{1}{4}X_1+\frac{3}{4}X_2,\quad d_2(X_1,X_2)=\frac{1}{3}X_1+\frac{2}{3}X_2,\quad d_3(X_1,X_2)=\frac{1}{2}X_1+\frac{1}{2}X_2$$

都是 $E(X)$ 的无偏估计，并说明哪一个最有效.

(8) 试证明均匀分布 $f(x)=\begin{cases} \dfrac{1}{\theta}, & 0<x\leqslant\theta, \\ 0, & \text{其他} \end{cases}$ 中未知参数 θ 的最大似然估计量不是无偏的.

(9) 设从均值为 μ，方差为 $\sigma^2>0$ 的总体中，分别抽取容量为 n_1，n_2 的两独立样本，$\overline{X}_1$，$\overline{X}_2$ 分别是两样本的均值. 试证，对于任意常数 a,b $(a+b=1)$，$Y=a\overline{X}_1+b\overline{X}_2$ 都是 μ 的无偏估计，并确定常数 a，b 使 $D(Y)$ 达到最小.

(10) 设有 k 台仪器，已知用第 i 台仪器测量时，测定值总体的标准差为 $\sigma_i(i=1,2,\cdots,k)$. 用这些仪器独立地对某一物理量 θ 各观察一次，分别得到 $X_1,X_2,\cdots,X_k$. 设仪器都没有系统误差，即 $E(X_i)=\theta$ $(i=1,2,\cdots,k)$. 问 $a_1,a_2,\cdots,a_k$ 应取何值，方能使用 $\hat{\theta}=\sum\limits_{i=1}^{k}a_iX_i$ 估计 θ 时，$\hat{\theta}$ 是无偏的，并且 $D(\hat{\theta})$ 最小？

(11) 某工厂生产一批滚球，其直径 X 服从正态分布 $N(\mu,0.7^2)$. 现从中随机地抽取 6 个，测得直径数据(单位：mm)如下：15.1，14.8，15.2，14.9，14.6，15.1.

试求直径平均值 μ 的置信水平为 0.95 的置信区间.

(12) 已知某种材料的抗压强度 $X \sim N(\mu,\sigma^2)$，现随机地抽取10个试件进行抗压试验，测得数据如下（单位：10^5Pa)：482，493，457，471，510，446，435，418，394，469.

① 求平均抗压强度 μ 的点估计值；

② 求平均抗压强度 μ 的置信水平为 0.95 的置信区间；

③ 若已知 $\sigma=30$，求 μ 的置信水平为 0.95 的置信区间.

(13) 某商店每天每百元投资的利润率服从正态分布，均值为 μ，方差为 σ^2，长期以来，σ^2 稳定为0.4.现随机抽取的五天利润率为：－0.2，0.1，0.8，－0.6，0.9.试求 μ 的置信水平为95%的置信区间.为使 μ 的置信水平为 0.95 的置信区间长度不超过0.4，则至少应随机抽取多少天的利润率才能达到？

(14) 某厂生产的瓶装运动饮料的体积服从正态分布，随机抽取 10 瓶，测得体积(单位：ml)为：595，602，610，585，618，615，605，620，600，606. 求方差的置信水平为 0.90 的置信区间.

(15) 有两批烟草，取样测得尼古丁含量(单位：mg)：

A：24　27　26　21　24　B：27　28　23　31　26

假设尼古丁含量近似服从正态分布 $N(\mu_1,5)$ 和 $N(\mu_2,8)$，且它们相互独立. 求 $\mu_1-\mu_2$ 的置信水平为 0.95 的置信区间.

(16) 为了比较甲、乙两类试验田的收获量，随机抽取甲类试验田 8 块，乙类试验田 10 块，测得亩产量如下(单位：kg)

甲类：510　628　583　615　554　612　530　525

乙类：433　535　398　470　560　567　498　480　503　426

假定这两类试验田的亩产量都服从正态分布，且方差相同，求均值之差 $\mu_1-\mu_2$ 的置信水平为 0.95 的置信区间.

(17) 某大学从 1990 年 A、B 两市招收的新生中，分别抽查 5 名男生和 6 名男生，测得其身高(单位：cm)：

A 市：172　178　180.5　174　175

B 市：174　171　176.5　168　172.5　170

设两市学生身高分别服从正态分布 $N(\mu_1,\sigma_1^2)$ 和 $N(\mu_2,\sigma_2^2)$，求方差比 $\dfrac{\sigma_1^2}{\sigma_2^2}$ 的置信水平为 0.95 的置信区间.

(18) 设某种清漆的 9 个样品，其干燥时间(单位：h)分别为：6.0，5.7，5.8，6.5，7.0，6.3，5.6，6.1，5.0. 设干燥时间总体服从正态分布 $N(\mu,\sigma^2)$，试就下面两种情况，求 μ 的置信水平为 0.95 的单侧置信上限.

① $\sigma=0.6$；　② σ 未知.

(19) 现有两批导线，随机地从 A 批导线中抽取 4 根，从 B 批导线中抽取 5 根，测得电阻值(单位：Ω)为

A 批：0.143　0.142　0.143　0.137

B 批：0.140　0.142　0.136　0.138　0.140

设两种导线的电阻总体分别服从同一方差 σ^2 的正态分布 $N(\mu_1,\sigma^2)$，$N(\mu_2,\sigma^2)$，且两样本相互独立. 试求期望差 $\mu_1-\mu_2$ 的置信水平为 0.95 的单侧置信下限.

☆B 题 ☆

1. 填空题

(1) 设射手的命中率为 p，在向同一目标的 80 次射击中，命中 75 次，则 p 的最大似然估计值为________.

(2) 设总体 X 以等概率 $1/\theta$ 取值 $1,2,\cdots,\theta$，参数 θ 的矩估计为________.

(3) 在总体均值 μ 的所有线性无偏估计中以________最为有效.

(4) 设总体 $X\sim N(\mu,\sigma^2)$，若 μ 未知，总体方差 σ^2 的置信水平为 $1-\alpha$ 的置信区间为 $\left(\dfrac{(n-1)S^2}{a},\dfrac{(n-1)S^2}{b}\right)$，则 $a=$ ________，$b=$ ________.

(5) 已知 $\hat{\theta}_1$，$\hat{\theta}_2$ 为未知参数 θ 的两个无偏估计，且 $\hat{\theta}_1$ 与 $\hat{\theta}_2$ 不相关，$D(\hat{\theta}_1)=4D(\hat{\theta}_2)$，如果 $\hat{\theta}_3=a\hat{\theta}_1+b\hat{\theta}_2$ 也是 θ 的无偏估计，且是 $\hat{\theta}_1$，$\hat{\theta}_2$ 所有同类型线性组合无偏估计中有最小方差的，则 $a=$ ________，$b=$ ________.

2. 选择题

(1) 矩法估计的缺点是________.

(A) 要求知道总体的分布　(B) 估计不唯一　(C) 不准确　(D) 总体的分布难以确定

(2) 泊松分布的参数 λ 的矩估计是________.

(A) 用方差作为 λ 的矩估计　(B) 用均值作为 λ 的矩估计

(C) 用标准差作为 λ 的矩估计　(D) 用极差作为 λ 的矩估计

(3) 下列属于样本矩的是________.

(A) 总体均值　(B) 总体方差　(C) 样本均值　(D) 几何平均值

(4) 在总体方差未知时，正态总体均值 μ 的 $1-\alpha$ 置信区间长度与________.

(A) 样本均值成正比　(B) 样本容量成反比

(C) 总体标准差成正比　(D) 样本标准差成正比

(5) 设总体 $X\sim U(a,b)$，a,b 为未知参数，$X_1,X_2,\cdots,X_n$ 是样本，$\overline{X}$ 是样本均值，则 a^2,b^2 的最大似然估计量是________.

(A) $\hat{a}^2=(\max\{X_1,X_2,\cdots,X_n\})^2$，$\hat{b}^2=(\min\{X_1,X_2,\cdots,X_n\})^2$

(B) $\hat{a}^2=\left[\overline{X}-\sqrt{\dfrac{3}{n}\sum\limits_{i=1}^{n}(X_i-\overline{X})^2}\right]^2$，$\hat{b}^2=\left[\overline{X}+\sqrt{\dfrac{3}{n}\sum\limits_{i=1}^{n}(X_i-\overline{X})^2}\right]^2$

(C) $\hat{a}^2=(\min\{X_1,X_2,\cdots,X_n\})^2$，$\hat{b}^2=(\max\{X_1,X_2,\cdots,X_n\})^2$

(D) $\hat{a}^2=\left[\overline{X}+\sqrt{\dfrac{3}{n}\sum\limits_{i=1}^{n}(X_i-\overline{X})^2}\right]^2$，$\hat{b}^2=\left[\overline{X}-\sqrt{\dfrac{3}{n}\sum\limits_{i=1}^{n}(X_i-\overline{X})^2}\right]^2$

3. 计算题

(1) 设总体 X 的概率密度为 $f(x)=\dfrac{1}{2\theta}e^{-\frac{|x|}{\theta}}$ $(\theta>0)$，试求未知参数 θ 的矩估计量.

(2) 设总体 X 的概率密度为 $f(x)=\begin{cases}\dfrac{1}{\lambda}e^{-\frac{x-\theta}{\lambda}}, & x\geqslant\theta,\\ 0, & x<\theta,\end{cases}$ 其中 λ,θ 为未知参数，$\lambda>0$，

$X_1, X_2, \cdots, X_n$ 是取自总体 X 的样本，求未知参数 λ, θ 的最大似然估计量.

(3) 已知一批零件的使用寿命 X 服从正态分布 $N(\mu, \sigma^2)$，假设零件的使用寿命大于960h的为一级品，从这批零件中随机的抽取15个，测得他们的寿命(单位：h)为：

1050，930，960，980，950，1120，990，1000，970，1300，1050，980，1150，940，1100.

求这批零件一级品率的最大似然估计.

(4)(2004年数学考研题) 设总体 X 的分布函数为 $F(x;\beta)=\begin{cases}1-\dfrac{1}{x^{\beta}}, & x>1,\\ 0, & x\leqslant 1,\end{cases}$ 其中未知参数 $\beta>1$，$X_1, X_2, \cdots, X_n$ 为来自总体 X 的简单随机样本.

求 ① β 的矩估计量；　　② β 的最大似然估计量.

(5)(2003年数学考研题) 设总体 X 的概率密度为 $f(x)=\begin{cases}2e^{-2(x-\theta)}, & x>\theta,\\ 0, & x\leqslant\theta,\end{cases}$ 其中 $\theta>0$ 是未知参数，从总体 X 中抽取简单随机样本 $X_1, X_2, \cdots, X_n$，记 $\hat{\theta}=\min(X_1, X_2, \cdots, X_n)$.

① 求总体 X 的分布函数 $F(x)$；② 求统计量 $\hat{\theta}$ 的分布函数 $F_{\hat{\theta}}(x)$；

③ 如果用 $\hat{\theta}$ 作为 θ 的估计量，讨论它是否具有无偏性.

(6)(2000年数学考研题) 设某种元件的使用寿命 X 的概率密度为 $f(x;\theta)=\begin{cases}2e^{-2(x-\theta)}, & x>\theta,\\ 0, & x\leqslant\theta,\end{cases}$ 其中 $\theta>0$ 为未知参数. 又设 $x_1, x_2, \cdots, x_n$ 是 X 的一组样本观测值，求参数 θ 的最大似然估计值.

(7)(1999年数学考研题) 设总体 X 的概率密度为 $f(x)=\begin{cases}\dfrac{6x}{\theta^3}(\theta-x), & 0<x<\theta,\\ 0, & \text{其他},\end{cases}$ $X_1, X_2, \cdots, X_n$ 是取自总体 X 的简单随机样本.

求 ① θ 的矩估计量 $\hat{\theta}$；　② $\hat{\theta}$ 的方差 $D(\hat{\theta})$.

(8) 设0.50，1.25，0.80，2.00是来自总体 X 的简单随机样本值，已知 $Y=\ln X$ 服从正态分布 $N(\mu, 1)$.

① 求 X 的数学期望 $E(X)$（记 $E(X)$ 为 b）；② 求 μ 的置信度为0.95的置信区间；

③ 利用上述结果求 b 的置信度为0.95的置信区间.

(9) 随机地从A批导线中抽取4根，又从B批导线中抽取5根，测得电阻(单位：Ω)为

A批导线：0.143　0.142　0.143　0.137

B批导线：0.140　0.142　0.136　0.138　0.140

设测定数据分别来自分布 $N(\mu_1, \sigma^2)$，$N(\mu_2, \sigma^2)$，且两样本相互独立，又 μ_1，μ_2，σ^2 均为未知，试求 $\mu_1-\mu_2$ 的置信度为0.95的置信区间.

(10) 设两位化验员A，B独立地对某种聚合物含氯量用相同的方法各作10次测定，其测定值的样本方差依次为 $s_A^2=0.5419$，$s_B^2=0.6065$，又设 σ_A^2，σ_B^2 分别为A，B所测定的测定值总体的方差，设总体均为正态的. 求方差比 σ_A^2/σ_B^2 的置信度为0.95的置信区间.

(11) 在一批货物的容量为100的样本中，经检验发现有16只次品，试求这批货物次品率的置信度为0.95的置信区间.

(12) 设总体 X 服从指数分布，其概率密度为 $f(x)=\begin{cases}\dfrac{1}{\theta}e^{-x/\theta}, & x>0,\\ 0, & \text{其他},\end{cases}$ 从总体中抽取

一容量为 n 的样本 $X_1, X_2, \cdots, X_n$.

① 证明 $\frac{2n\overline{X}}{\theta} \sim \chi^2(2n)$.　② 求 θ 的置信度为 $1-\alpha$ 的单侧置信下限.

③ 某种元件的寿命(以小时计)，服从上述指数分布，现从中抽得一容量 $n=16$ 的样本，测得样本均值为 5010h，试求元件的平均寿命的置信度为 0.90 的单侧置信下限.

四、强化练习题参考答案

☆A 题 ☆

1.(1) 无偏；　(2) $D(\hat{\theta}_1) \leqslant D(\hat{\theta}_2)$；　(3) 一致估计；　(4) $\overline{X}-1$，8.85；

(5) $\frac{1}{2}$，$\frac{1}{4}$；　(6) 3.6，0.16；　(7) $\frac{1}{n}\sigma^2$，$\frac{n-1}{n}\sigma^2$；　(8) $N(0,1)$，$t(n-1)$；

(9) 置信度为 $1-\alpha$ 的置信区间，置信度，置信下限，置信上限；

(10) $2z_{\alpha/2}\frac{\sigma}{\sqrt{n}}$，$2t_{\alpha/2}(n-1)\frac{S}{\sqrt{n}}$；　(11) (4.804，5.196)；　(12) $\frac{1}{2}$.

2.(1) A；(2) B；(3) A；(4) A；(5) C；(6) C；(7) B；(8) C；(9) C；(10) D；(11) A；(12) D；(13) C；(14) B；(15) A；(16) B；(17) B；(18) C；(19) B；(20) B.

3.(1) 矩估计 $E(X)=\int_\theta^{+\infty} x\mathrm{e}^{-(x-\theta)}\mathrm{d}x = \mathrm{e}^\theta\int_\theta^{+\infty} x\mathrm{e}^{-x}\mathrm{d}x = \mathrm{e}^\theta(-x\mathrm{e}^{-x}-\mathrm{e}^{-x})\Big|_\theta^{+\infty} = \theta+1$，

则有 $\theta=E(X)-1$，故 $\hat{\theta}=\overline{X}-1=\frac{1}{n}\sum_{i=1}^n X_i - 1$.

最大似然估计：似然函数

$$L(\theta)=\prod_{i=1}^n f(x_i)=\prod_{i=1}^n \mathrm{e}^{-(x_i-\theta)}=\mathrm{e}^{n\theta}\mathrm{e}^{-\sum_{i=1}^n x_i}, \quad x_i \geqslant \theta\ (i=1,2,\cdots,n),$$

取 $\hat{\theta}=\min\{X_1,X_2,\cdots,X_n\}$ 时，$L(\theta)$ 达到最大值，因此 $\hat{\theta}=\min\{X_1, X_2, \cdots, X_n\}$.

(2) 由 $E(X)=\int_0^1 x\cdot(\alpha+1)x^\alpha\mathrm{d}x=\frac{\alpha+1}{\alpha+2}$ 得，$\alpha=\frac{2E(X)-1}{1-E(X)}$，则矩估计 $\hat{\alpha}=\frac{2\overline{X}-1}{1-\overline{X}}$

.

似然函数 $L(\alpha)=\prod_{i=1}^n(\alpha+1)x_i^\alpha=(\alpha+1)^n(\prod_{i=1}^n x_i)^\alpha$，$\ln L=n\ln(\alpha+1)+\alpha\sum_{i=1}^n \ln x_i$，

似然方程组为 $\frac{\mathrm{d}\ln L}{\mathrm{d}\alpha}=\frac{n}{\alpha+1}+\sum_{i=1}^n \ln x_i=0$，解得最大似然估计 $\hat{\alpha}=-1-\frac{n}{\sum_{i=1}^n \ln x_i}$.

(3) $E(X)=\int_0^\infty x\frac{x}{\theta^2}\mathrm{e}^{-x^2/(2\theta^2)}\mathrm{d}x=\frac{\sqrt{\pi}}{\sqrt{2}}\theta$，令 $\overline{X}=\frac{\sqrt{\pi}}{\sqrt{2}}\theta$，解得 $\hat{\theta}=\frac{\sqrt{2}}{\sqrt{\pi}}\overline{X}$.

$$L(\theta)=\prod_{i=1}^n f(x_i)=\prod_{i=1}^n\frac{x_i}{\theta^2}\mathrm{e}^{-x_i^2/(2\theta^2)}=\theta^{-2n}\mathrm{e}^{-\frac{1}{2\theta^2}\sum_{i=1}^n x_i^2}\prod_{i=1}^n x_i,$$

取对数　$$\ln[L(\theta)]=-2n\ln(\theta)-\frac{1}{2\theta^2}\sum_{i-1}^n x_i^2+\sum_{i=1}^n\ln(x_i),$$

令 $$\frac{\mathrm{d}\{\ln[L(\theta)]\}}{\mathrm{d}\theta}=\frac{-2n}{\theta}+\frac{1}{\theta^3}\times\sum_{i=1}^{n}x_i^2=0$$ ，得 $\hat{\theta}=\sqrt{\frac{\sum_{i=1}^{n}X_i^2}{2n}}$.

(4) 由于无死亡的概率 $p=P(x=0)=\mathrm{e}^{-\lambda}$ 是 λ 的单调函数，利用最大似然估计的不变性，无死亡的概率 p 的最大似然估计为 $\hat{p}=\mathrm{e}^{-\hat{\lambda}}$ ，$\hat{\lambda}=\frac{1}{n}\sum_{i=1}^{n}X_i=\overline{X}$. 最大似然估计值为 $\hat{\lambda}=\overline{x}=2.4167$. 无死亡的概率 p 的最大似然估计值为 $\hat{p}=\mathrm{e}^{-\hat{\lambda}}=\mathrm{e}^{-2.4167}\approx 0.089$.

(5) 矩估计　$E(X)=1\times\theta^2+2\times 2\theta(1-\theta)+3(1-\theta)^2=3-2\theta$.

令 $E(X)=\overline{X}$，　则有，$\hat{\theta}=\frac{3-\overline{X}}{2}$，矩估计值为 $\hat{\theta}=\frac{3-\overline{x}}{2}=\frac{3-\frac{1}{3}(1+2+1)}{2}=\frac{5}{6}$.

最大似然估计：样本值 $x_1=1$，$x_2=2$，$x_3=1$，似然函数为，$L(\theta)=\theta^2\cdot 2\theta(1-\theta)\cdot\theta^2=2\theta^5(1-\theta)$，$\ln L(\theta)=5\ln\theta+\ln(1-\theta)+\ln 2$ $\frac{\mathrm{d}\ln L(\theta)}{\mathrm{d}\theta}=\frac{5}{\theta}-\frac{1}{1-\theta}\overset{令}{=}0$，得 $\hat{\theta}=\frac{5}{6}$.

(6) ① $E\left[c\sum_{i=1}^{n-1}(X_{i+1}-X_i)^2\right]=c\sum_{i=1}^{n-1}E[(X_{i+1}-X_i)^2]$

因为 $E[(X_{i+1}-X_i)^2]=D(X_{i+1}-X_i)+[E(X_{i+1}-X_i)]^2=D(X_{i+1})+D(X_i)=2\sigma^2$，

所以 $E\left[c\sum_{i=1}^{n-1}(X_{i+1}-X_i)^2\right]=c(n-1)\cdot 2\sigma^2$，当 $2c(n-1)\sigma^2=\sigma^2$ 时，$c=\frac{1}{2(n-1)}$.

② $E[(\overline{X})^2-c\cdot S^2]=E(\overline{X})^2-c\cdot E(S^2)=\frac{\sigma^2}{n}+\mu^2-c\cdot\sigma^2$.

当 $E[\overline{X}^2-c\cdot S^2]=\mu^2$ 时，$\frac{\sigma^2}{n}+\mu^2-c\cdot\sigma^2=\mu^2$，得 $c=\frac{1}{n}$.

(7) 由于 $E(d_1)=\frac{1}{8}E(X_1)+\frac{7}{8}E(X_2)=E(X)$，$E(d_2)=\frac{1}{3}E(X_1)+\frac{2}{3}E(X_2)=E(X)$，

$E(d_3)=\frac{1}{2}E(X_1)+\frac{1}{2}E(X_2)=E(X)$，所以 $d_1(X_1, X_2)$，$d_2(X_1, X_2)$，$d_3(X_1, X_2)$ 都是 $E(X)$ 的无偏估计.

$D(d_1)=D\left(\frac{1}{8}X_1\right)+D\left(\frac{7}{8}X_2\right)=\frac{25}{32}D(X)$，$D(d_2)=D\left(\frac{1}{3}X_1\right)+D\left(\frac{2}{3}X_2\right)=\frac{5}{9}D(X)$.

$D(d_3)=D\left(\frac{1}{2}X_1\right)+D\left(\frac{1}{2}X_2\right)=\frac{1}{2}D(X)$，$D(d_3)<D(d_2)<D(d_1)$，所以 d_3 最有效.

(8) 总体 X 的分布函数为 $F_X(x)=\begin{cases}0, & x<0,\\ \frac{x}{\theta}, & 0\leqslant x\leqslant\theta,\\ 1, & x>\theta,\end{cases}$ θ 的极大似然估计量 $Z=\hat{\theta}=\max\limits_{1\leqslant x_i\leqslant n}\{X_i\}$，$Z$ 的分布函数为 $F_Z(z)=[F_X(z)]^n$，所以 Z 的密度函数为

$$f_Z(z)=(F_Z(z))'=n[F_X(z)]^{n-1}f_X(z)=\begin{cases}n\frac{z^{n-1}}{\theta^{n-1}}\cdot\frac{1}{\theta}, & 0\leqslant z\leqslant\theta,\\ 0, & 其他,\end{cases}$$

$E(Z)=\int_0^{\theta} zn\frac{z^{n-1}}{\theta^{n-1}}\frac{1}{\theta}\mathrm{d}z=\frac{n}{n+1}\theta\neq\theta$，即不是无偏的.

(9) 由于 $E(Y)=E(a\overline{X}_1+b\overline{X}_2)=aE(\overline{X}_1)+bE(\overline{X}_2)=a\mu+b\mu=\mu$. 所以 Y 是 μ 的无偏估计. 考虑 $f(a,b)=D(Y)=D(a\overline{X}_1+b\overline{X}_2)=a^2D(\overline{X}_1)+b^2D(\overline{X}_2)=\frac{a^2\sigma^2}{n_1}+\frac{b^2\sigma^2}{n_2}$ 在 $a+b=1$ 条件下的极值，则有 $a=\frac{n_1}{n_1+n_2}$，$b=\frac{n_2}{n_1+n_2}$ 使 $D(Y)$ 达到最小.

(10) 由于 $E(\hat{\theta})=E(\sum_{i=1}^{k}a_iX_i)=\sum_{i=1}^{k}a_iE(X_i)=\sum_{i=1}^{k}a_i\theta=\theta$，所以在 $\sum_{i=1}^{k}a_i=1$ 时，$\hat{\theta}$ 是 θ 的无偏估计. 考虑 $f(a_1,a_2,\cdots,a_k)=D(\hat{\theta})=D(\sum_{i=1}^{k}a_iX_i)=\sum_{i=1}^{k}a_i{}^2D(X_i)=\sum_{i=1}^{k}a_i{}^2\sigma_i^2$ 在 $\sum_{i=1}^{k}a_i=1$ 条件下的极值，则有 $a_i=\frac{\sigma_0^2}{\sigma_i^2}$（记$\frac{1}{\sigma_0^2}=\sum_{i=1}^{k}\frac{1}{\sigma_i^2}$），使 $D(\hat{\theta})$ 达到最小.

(11) $\overline{x}=14.95$，$n=6$，μ 的置信度为 0.95 的置信区间为

$$\left(\overline{x}-z_{\alpha/2}\frac{\sigma}{\sqrt{n}},\ \overline{x}+z_{\alpha/2}\frac{\sigma}{\sqrt{n}}\right)=(14.39,\ 15.51).$$

(12)① 因为总体均值 μ 的无偏估计为 $\overline{X}$，所以 μ 的无偏估计值为

$$\overline{x}=\frac{1}{10}(482+493+\cdots+469)=457.50.$$

② 计算得 $s^2=1240.28$，$s=\sqrt{1240.28}\approx35.22$，$1-\alpha=0.95$，$\alpha=0.05$，$n=10$，$t_{\alpha/2}(n-1)=t_{0.025}(9)=2.262$，由于总体方差 σ^2 未知，μ 的置信水平为 0.95 的置信区间为

$$\left(\overline{x}-t_{\alpha/2}(n-1)\frac{s}{\sqrt{n}},\ \overline{x}+t_{\alpha/2}(n-1)\frac{s}{\sqrt{n}}\right)=(432.30,\ 482.70).$$

③ 若总体方差 σ^2 已知，$z_{\alpha/2}=z_{0.025}=1.96$，$\mu$ 的置信水平为 0.95 的置信区间为

$$\left(\overline{x}-z_{\alpha/2}\frac{\sigma}{\sqrt{n}},\ \overline{x}+z_{\alpha/2}\frac{\sigma}{\sqrt{n}}\right)=(438.91,\ 476.09).$$

(13) 由样本观察值得，$n=5$，$\overline{x}=0.2$，$\sigma^2=0.4$，给定 $\alpha=0.05$，$z_{\alpha/2}=z_{0.025}=1.96$，

所以 μ 的置信水平为 95% 的一个置信区间为

$$\left(\overline{x}-z_{\alpha/2}\frac{\sigma}{\sqrt{n}},\ \overline{x}+z_{\alpha/2}\frac{\sigma}{\sqrt{n}}\right)=(-0.354,\ 0.754),$$

μ 的置信水平为 0.95 的置信区间长度为 $2z_{\alpha/2}\frac{\sigma}{\sqrt{n}}$，欲使 $2\times1.96\frac{\sqrt{0.4}}{\sqrt{n}}\leqslant0.4$，解得 $n\geqslant38.416$，故至少随机抽取 39 天的利润率才能使置信水平为 0.95 的置信区间的长度不超过 0.4.

(14) $\alpha=1-0.9=0.1$，$\alpha/2=0.05$，$n=10$，$\chi^2_{0.05}(9)=16.92$，$\chi^2_{0.95}(9)=3.33$，计算得 $s^2=116.71$，则 σ^2 的置信度为 0.90 的置信区间为

$$\left(\frac{(n-1)S^2}{\chi^2_{\alpha/2}(n-1)},\ \frac{(n-1)S^2}{\chi^2_{1-\alpha/2}(n-1)}\right)=(62.08,\ 315.43).$$

(15) 两总体方差 $\sigma_1^2=5$，$\sigma_2^2=8$ 已知，且 $n_1=n_2=5$，$\alpha=0.05$，由样本计算得 $\bar{x}=24.4$，$\bar{y}=27.0$，$z_{\alpha/2}=z_{0.025}=1.96$，$\mu_1-\mu_2$ 的置信水平为 0.95 的置信区间为

$$\left((\bar{x}-\bar{y})-z_{\alpha/2}\sqrt{\frac{\sigma_1^2}{n_1}+\frac{\sigma_2^2}{n_2}},\ (\bar{x}-\bar{y})+z_{\alpha/2}\sqrt{\frac{\sigma_1^2}{n_1}+\frac{\sigma_2^2}{n_2}}\right)=(-5.76,\ 0.56).$$

(16) 两正态总体方差相等但未知，且 $\alpha=0.05$，$n_1=8$，$n_2=10$，由样本计算得 $\bar{x}=569.63$，$\bar{y}=487$，$s_1^2=2114.6$，$s_2^2=3256.2$，$t_{\alpha/2}(n_1+n_2-2)=t_{0.025}(16)=2.12$，

$$s_\omega=\sqrt{\frac{(n_1-1){s_1}^2+(n_2-1){s_2}^2}{n_1+n_2-2}}=52.5,\quad t_{\alpha/2}(n_1+n_2-2)s_\omega\sqrt{\frac{1}{n_1}+\frac{1}{n_2}}=52.79,$$

故 $\mu_1-\mu_2$ 的置信水平为 0.95 的置信区间为

$$\left((\bar{x}-\bar{y})-t_{\alpha/2}(n_1+n_2-2)s_\omega\sqrt{\frac{1}{n_1}+\frac{1}{n_2}},\ (\bar{x}-\bar{y})+t_{\alpha/2}(n_1+n_2-2)s_\omega\sqrt{\frac{1}{n_1}+\frac{1}{n_2}}\right)$$

$$=(29.84,\ 135.42).$$

(17) 由样本计算可得，$\bar{x}=175.9$，$\bar{y}=172$，$s_1^2=11.3$，$s_2^2=9.1$，已知 $1-\alpha=0.95$，$\alpha=0.05$，$n_1=5$，$n_2=6$，$F_{\alpha/2}(n_1-1,n_2-1)=F_{0.025}(4,5)=7.39$，$F_{1-\alpha/2}(n_1-1,n_2-1)=F_{0.975}(4,5)=\frac{1}{F_{0.025}(5,4)}=\frac{1}{9.36}$，$\frac{\sigma_1^2}{\sigma_2^2}$ 的置信水平为 0.95 的置信区间为

$$\left(\frac{1}{F_{\alpha/2}(n_1-1,n_2-1)}\frac{s_1^2}{s_2^2},\ \frac{1}{F_{1-\alpha/2}(n_1-1,n_2-1)}\frac{s_1^2}{S_2^2}\right)=\left(\frac{1}{7.39}\times\frac{11.3}{9.1},\ 9.36\times\frac{11.3}{9.1}\right)$$

$$=(0.17,\ 11.62).$$

由于 $\frac{\sigma_1^2}{\sigma_2^2}$ 的置信区间包含 1，在实际中我们有 95% 的把握认为 σ_1^2，σ_2^2 两者没有显著差别.

(18) $1-\alpha=0.95$，$\alpha=0.05$，$n=9$，经计算得，$\bar{x}=6.0$，$s=0.835$.

① $z_\alpha=z_{0.05}=1.65$，μ 的置信水平为 0.95 的单侧置信上限为 $\bar{x}+z_\alpha\frac{\sigma}{\sqrt{n}}=6.33$.

② $t_\alpha(n-1)=t_{0.05}(8)=1.8595$，$\mu$ 的置信水平为 0.95 的单侧置信上限为

$$\bar{x}+t_\alpha(n-1)\frac{s}{\sqrt{n}}=6.518.$$

(19) $\bar{x}=0.1413$，$\bar{y}=0.1392$，$s_1^2=8.25\times10^{-6}$，$s_2^2=5.2\times10^{-6}$，

$$s_\omega=\sqrt{\frac{(n_1-1){s_1}^2+(n_2-1){s_2}^2}{n_1+n_2-2}}=2.551\times10^{-3},\quad t_\alpha(n_1+n_2-2)=t_{0.05}(7)=1.8946,$$

$\mu_1-\mu_2$ 的置信水平为 0.95 的单侧置信下限为

$$(\bar{x}-\bar{y})-t_\alpha(n_1+n_2-2)s_\omega\sqrt{\frac{1}{n_1}+\frac{1}{n_2}}=-0.0011.$$

☆B 题 ☆

1. (1) $\frac{15}{16}$；(2) $2\bar{X}-1$；(3) $\bar{X}$；(4) $\chi^2_{\alpha/2}(n-1)$，$\chi^2_{1-\alpha/2}(n-1)$；(5) 0.2，0.8.

2.(1)B；　(2)B；　(3)C；　(4)D；　(5)C.

3.(1) 虽然总体只有一个未知参数 θ，但因 $E(X)=\int_{-\infty}^{+\infty}x\frac{1}{2\theta}e^{-\frac{|x|}{\theta}}dx=0$ 不含 θ，不能由此解出 θ，这时可采用如下方法：求总体的二阶原点矩 $E(X^2)=\int_{-\infty}^{+\infty}x^2\frac{1}{2\theta}e^{-\frac{|x|}{\theta}}dx=2\theta^2$，用样本二阶原点矩 $A_2=\frac{1}{n}\sum_{i=1}^{n}X_i^2$ 代替 $E(X^2)$ 得到 θ 的矩估计量为 $\hat{\theta}=\sqrt{\frac{1}{2}A_2}=\sqrt{\frac{1}{2n}\sum_{i=1}^{n}X_i^2}$.

(2) 似然函数 $L(\lambda,\theta)=\prod_{i=1}^{n}f(x_i)=\prod_{i=1}^{n}\frac{1}{\lambda}e^{-\frac{x_i-\theta}{\lambda}}=\frac{1}{\lambda^n}e^{-\frac{1}{\lambda}\sum_{i=1}^{n}(x_i-\theta)}$，$x_i\geqslant\theta\ (i=1,2,\cdots,n)$，

取对数得 $\ln L(\lambda,\theta)=-n\ln\lambda-\frac{1}{\lambda}\sum_{i=1}^{n}(x_i-\theta)$，由于 $\begin{cases}\frac{\partial\ln L(\lambda,\theta)}{\partial\lambda}=-\frac{n}{\lambda}+\frac{1}{\lambda^2}\sum_{i=1}^{n}(x_i-\theta),\\ \frac{\partial\ln L(\lambda,\theta)}{\partial\theta}=\frac{n}{\lambda},\end{cases}$

由此得不到 θ 的最大似然估计量. 由最大似然估计的思想得 $\hat{\theta}=\min\{X_1,X_2,\cdots,X_n\}$，再由 $\frac{\partial\ln L(\lambda,\theta)}{\partial\lambda}=0$ 解出

$$\hat{\lambda}=\frac{1}{n}\sum_{i=1}^{n}(X_i-\hat{\theta})=\frac{1}{n}\sum_{i=1}^{n}X_i-\hat{\theta}=\overline{X}-\min\{X_1,X_2,\cdots,X_n\}.$$

(3) 该批零件的一级品率为 $p=p\{X>960\}=p\left\{\frac{X-\mu}{\sigma}>\frac{960-\mu}{\sigma}\right\}=1-\Phi\left(\frac{960-\mu}{\sigma}\right)$，

未知参数 μ,σ 的最大似然估计值为 $\hat{\mu}=\overline{x}=1031.33$，$\hat{\sigma}=\sqrt{\frac{1}{n}\sum_{i=1}^{n}(x_i-\overline{x})^2}=97.15$，

$$\hat{p}=1-\Phi\left(\frac{960-\hat{\mu}}{\hat{\sigma}}\right)=1-\Phi\left(\frac{960-1031.33}{97.15}\right)=\Phi(0.73)=0.7673.$$

(4)① 由题设，X 分布函数为

$F(x;\beta)=\begin{cases}1-\frac{1}{x^\beta}, & x>1,\\ 0, & x\leqslant1,\end{cases}$ 则 X 的概率密度为 $f(x;\beta)=\begin{cases}\frac{\beta}{x^{\beta+1}}, & x>1,\\ 0, & x\leqslant1,\end{cases}$

$$E(X)=\int_{-\infty}^{+\infty}xf(x;\beta)dx=\int_{1}^{+\infty}\frac{x\beta}{x^{\beta+1}}dx=\int_{1}^{+\infty}\frac{\beta}{x^\beta}dx=\frac{\beta}{\beta-1}.$$

令 $\frac{\beta}{\beta-1}=\overline{X}$，则 $\beta=\frac{\overline{X}}{\overline{X}-1}$，所以 β 的矩估计量为 $\hat{\beta}=\frac{\overline{X}}{\overline{X}-1}$.

② 设似然函数为 $L(\beta)=\prod_{i=1}^{n}f(x_i;\beta)=\begin{cases}\frac{\beta^n}{(x_1x_2\cdots x_n)^{\beta+1}}, & x_i>1\ (i=1,2,\cdots,n),\\ 0, & 其他,\end{cases}$

当 $x_i>1(i=1,2,\cdots,n)$ 时，$L(\beta)=\frac{\beta^n}{(x_1x_2\cdots x_n)^{\beta+1}}>0$，两边取对数，

$$\ln L(\beta)=n\ln\beta-(\beta+1)\sum_{i=1}^{n}\ln x_i,$$

则有 $\frac{\mathrm{d}\ln L(\beta)}{\mathrm{d}\beta}=\frac{n}{\beta}-\sum_{i=1}^{n}\ln x_i\overset{令}{=}0\Rightarrow\beta=\frac{n}{\sum_{i=1}^{n}\ln x_i}$，所以 β 的最大似然估计量为 $\hat{\beta}=\frac{n}{\sum_{i=1}^{n}\ln x_i}$.

(5) ① $F(x)=\int_{-\infty}^{x}f(t)\mathrm{d}t=\begin{cases}0, & x\leqslant\theta,\\ \int_{\theta}^{x}2\mathrm{e}^{-2(t-\theta)}, & x>\theta,\end{cases}=\begin{cases}0, & x\leqslant\theta,\\ 1-\mathrm{e}^{-2(x-\theta)}, & x>\theta.\end{cases}$

② $F_{\hat{\theta}}(x)=P\{\min(X_1,X_2,\cdots,X_n)\leqslant x\}=1-[1-F(x)]^n=\begin{cases}1-\mathrm{e}^{-2n(x-\theta)}, & x>\theta,\\ 0, & x\leqslant\theta.\end{cases}$

③ $\hat{\theta}$ 的概率密度为 $f_{\hat{\theta}}(x)=F'_{\hat{\theta}}(x)=\begin{cases}2n\mathrm{e}^{-2n(x-\theta)}, & x>\theta,\\ 0, & x\leqslant\theta,\end{cases}$

从而

$$E(\hat{\theta})=\int_{-\infty}^{+\infty}tf_{\hat{\theta}}(t)\mathrm{d}t=\int_{\theta}^{+\infty}t\cdot 2n\mathrm{e}^{-2n(t-\theta)}\mathrm{d}t=\theta+\frac{1}{2n}\neq\theta,$$

因此 $\hat{\theta}$ 作为 θ 的估计量不具有无偏性.

(6) $L(\theta)=L(x_1,x_2,\cdots,x_n;\theta)=\begin{cases}2^n\mathrm{e}^{-2\sum_{i=1}^{n}(x_i-\theta)}, & x_i>\theta\ (i=1,2,\cdots,n),\\ 0, & 其他,\end{cases}$

当 $x_i>\theta\ (i=1,2,\cdots,n)$ 时，$L(\theta)>0$，取对数，$\ln L(\theta)=n\ln 2-2\sum_{i=1}^{n}(x_i-\theta)$，

且 $\frac{\mathrm{d}\ln L(\theta)}{\mathrm{d}\theta}=2n>0$. 因此 $\ln L(\theta)$ [从而 $L(\theta)$] 单调递增，因此 θ 的最大似然估计值为

$$\hat{\theta}=\min(x_1,x_2,\cdots,x_n).$$

(7) ① $E(X)=\int_0^{\theta}xf(x)\mathrm{d}x=\int_0^{\theta}\frac{6x^2}{\theta^3}(\theta-x)\mathrm{d}x=\frac{\theta}{2}$. 令 $\frac{\theta}{2}=\overline{X}$，则得 $\hat{\theta}=2\overline{X}=\frac{2}{n}\sum_{k=1}^{n}X_k$.

② $E(X^2)=\int_0^{\theta}\frac{6x^3}{\theta^3}(\theta-x)\mathrm{d}x=\frac{3\theta^2}{10}$，则 $D(X)=E(X^2)-[E(X)]^2=\frac{3\theta^2}{10}-\frac{\theta^2}{4}=\frac{1}{20}\theta^2$，

$$D(\hat{\theta})=D(2\overline{X})=4D(\overline{X})=\frac{4}{n}D(X)=\frac{4}{n}\cdot\frac{1}{20}\theta^2=\frac{\theta^2}{5n}.$$

(8) ① $b=E(X)=E(\mathrm{e}^Y)=\int_{-\infty}^{+\infty}\mathrm{e}^y\frac{1}{\sqrt{2\pi}}\mathrm{e}^{-\frac{(y-\mu)^2}{2}}\mathrm{d}y$ （记 $y-\mu=t$），

$$b=\int_{-\infty}^{+\infty}\mathrm{e}^{\mu+t}\frac{1}{\sqrt{2\pi}}\mathrm{e}^{-\frac{t^2}{2}}\mathrm{d}t=\mathrm{e}^{\mu}\int_{-\infty}^{+\infty}\frac{1}{\sqrt{2\pi}}\mathrm{e}^{-\frac{t^2}{2}+t}\mathrm{d}t=\mathrm{e}^{\mu+\frac{1}{2}}\int_{-\infty}^{+\infty}\frac{1}{\sqrt{2\pi}}\mathrm{e}^{-\frac{(t-1)^2}{2}}\mathrm{d}t=\mathrm{e}^{\mu+\frac{1}{2}}.$$

② 取自总体 Y 的样本值为 $y_1=\ln 0.5$，$y_2=\ln 1.25$，$y_3=\ln 0.8$，$y_4=\ln 2$，则 μ 的置信度为 $1-\alpha$ 的置信区间为 $\left(\overline{y}-Z_{\frac{\alpha}{2}}\frac{\sigma}{\sqrt{n}},\ \overline{y}+Z_{\frac{\alpha}{2}}\frac{\sigma}{\sqrt{n}}\right)$，

其中 $\overline{y}=\frac{1}{4}\sum_{i=1}^{4}y_i=0$，代入上式得 $(-0.98,\ 0.98)$.

③ $b=\mathrm{e}^{\mu+\frac{1}{2}}$ 是一单调递增函数，故 b 的置信度为 0.95 的置信区间为

$$(\mathrm{e}^{-0.98+\frac{1}{2}},\ \mathrm{e}^{0.98+\frac{1}{2}})=(\mathrm{e}^{-0.48},\ \mathrm{e}^{1.48}).$$

(9) $\mu_1-\mu_2$ 的置信度为 0.95 的置信区间为

$$\left[\bar{x}-\bar{y}-t_{\alpha/2}(n_1+n_2-2)s_\omega\sqrt{\frac{1}{n_1}+\frac{1}{n_2}},\quad \bar{x}-\bar{y}+t_{\alpha/2}(n_1+n_2-2)s_\omega\sqrt{\frac{1}{n_1}+\frac{1}{n_2}}\right],$$

在这里 $\bar{x}=\frac{1}{4}\sum_{i=1}^{4}X_i=\frac{1}{4}(0.143+\cdots+0.137)=0.1413$，

$$\bar{y}=\frac{1}{5}(0.140+\cdots+0.140)=0.1392,\ n_1=4,\ n_2=5,$$

$n_1+n_2-2=7$；$1-\alpha=0.95$，$\alpha=0.05$，$\alpha/2=0.025$， 查表得 $t_{\alpha/2}(7)=2.3646$，

$$s_\omega^2=\frac{(n_1-1)s_1^2+(n_2-1)s_2^2}{n_1+n_2-2}=6.509\times10^{-6},\quad s_\omega=\sqrt{6.509\times10^{-6}}=2.551\times10^{-3}.$$

将这些值代入上区间得$(-0.002,\ 0.006)$.

(10) $1-\alpha=0.95$， $\alpha/2=0.025$， $n_1=n_2=10$，$F_{0.05}(9,9)=4.03$，

$F_{0.975}(9,9)=1/4.03$，$s_A^2=0.5419$，$s_B^2=0.6065$，

故 σ_A^2/σ_B^2 的 95% 置信区间为 $\left(\frac{0.5419}{0.6065\times4.03},\ \frac{0.5419}{0.6065}\times4.03\right)=(0.222,\ 3.601)$.

(11) 次品率 p 是 (0−1) 分布的参数， p 的近似置信度为 0.95 的置信区间为

$$\left[\frac{1}{2a}(-b-\sqrt{b^2-4ac}),\quad \frac{1}{2a}(-b+\sqrt{b^2-4ac})\right]$$

此处 $n=100$，$\bar{x}=16/100=0.16$，$1-\alpha=0.95$，$\alpha=0.05$，$\alpha/2=0.025$， 查表得 $\mu_{\alpha/2}=1.96$，

$a=n+\mu_{\alpha/2}^2=100+1.96^2=103.84$， $b=-(2n\bar{x}+\mu_{\alpha/2}^2)=-(2\times100\times0.16+1.96^2)=-35.84$，

$$c=n\bar{x}=100\times0.16^2=2.56,\ \sqrt{b^2-4ac}=14.89.$$

将这些值代入上区间得 p 的置信度为 0.95 的近似置信区间为 $(0.101,\ 0.244)$.

(12) ① 记 $Y_i=\frac{2}{\theta}X_i$， 则 Y_i 的分布函数为

$$F(y)=P(Y\leqslant y)=P(\frac{2}{\theta}X_i\leqslant y)=P(X_i\leqslant\frac{\theta}{2}y)=\int_0^{\frac{\theta y}{2}}\frac{1}{\theta}e^{-t/\theta}dt,$$

$$f_Y(y)=[F(y)]'=\frac{1}{2}e^{-y/2},\ y>0.$$

即 $Y_i\sim\chi^2(2)$ (从 χ^2 分布的密度可以看出)， 由 $Y_i(i=1,2,\cdots,n)$ 之间的独立性和 χ^2 分布的可加性， 有 $\frac{2n\bar{X}}{\theta}=\sum_{i=1}^{n}\frac{2}{\theta}X_i=\sum_{i=1}^{n}Y_i\sim\chi^2(2n)$.

② 由 $P(\frac{2n\bar{X}}{\theta}\leqslant\chi_\alpha^2(2n))=1-\alpha$ ，θ 的置信度为 $1-\alpha$ 的单侧置信下限为： $\underline{\theta}=\frac{2n\bar{X}}{\chi_\alpha^2(2n)}$.

③ $n=16$，$\bar{x}=5010$，$\chi_{0.1}^2(32)=42.585$， 元件的平均寿命的置信度为 0.90 的单侧置信下限为 $\underline{\theta}=\frac{2n\bar{X}}{\chi_\alpha^2(2n)}=\frac{2\times16\times5010}{42.585}=3764.7$.

第八章　假设检验

本章基本要求

1.理解显著性检验的基本思想，掌握假设检验基本步骤，了解假设检验可能产生的两类错误；

2.熟练掌握单个和两个正态总体的均值与方差的假设检验，并能正确区分双侧假设检验和单侧假设检验.

一、内容要点

（一）基本理论与方法

1.显著性假设检验的基本思想

为了对总体的分布类型或分布中的未知参数作出推断，首先对其提出一个假设 H_0 和对立假设 H_1，然后在 H_0 为真的条件下，选取恰当的统计量构造一个小概率事件.若在一次试验中，小概率事件居然发生了，就完全有理由拒绝 H_0 的正确性并接受 H_1，否则没有充分理由拒绝 H_0 的正确性，从而接受 H_0，这就是显著性检验的基本思想.

假设检验的统计思想是实际推断原理，即为小概率事件在一次试验中几乎是不能发生的.

2.两类错误

由于样本的随机性，拒绝原假设要承担一定的风险，可能将正确的假设误认为是错误的，即 $\alpha=P$(拒绝原假设|原假设成立)称为犯第一类错误概率(弃真错误)；接受原假设同样也要承担风险，这是可能将错误的假设误认为是正确的，即 $\beta=P$(接受原假设|原假设不成立)称为犯第二类错误概率(取伪错误).

当样本容量一定时，若减少犯一类错误概率，则另一类错误概率往往增大.若要同时减少两类错误，除非增大样本容量.若只考虑对犯第一类错误的概率加以控制，而不考虑犯第二类错误的检验问题称之为显著性检验问题.

3.显著性水平

根据检验问题的需求，选择一个正数 $\alpha(0<\alpha<1)$，当构造的统计量 U 满足 $P(U)\leqslant\alpha$ 时，则称 α 为显著性水平.

4.假设检验的步骤

(1)根据实际问题正确提出原假设 H_0 及备择假设 H_1，并将没有充分理由不能轻易否定的命题放在 H_1 上；

(2)根据实际问题确定样本容量 n 和检验的显著性水平 α；

(3)根据 H_0 的内容选取检验统计量，并确定其分布，由 H_1 确定拒绝域的形式；

(4)根据控制第一类错误的原则求出拒绝域的临界值；

(5)作出判断：根据检验统计量的观察值确定接受还是拒绝 H_0.

5.假设检验易犯的两类错误及其关系

(1)两类错误："弃真"错误(第一类错误，犯这类错误的概率不超过显著性水平 α)及"取伪"错误(第二类错误，犯这类错误的概率通常记作 β).

（2）两类错误的关系：样本容量 n 一定时，减小 α，则 β 增大；减小 β，则 α 增大.要想让二者都减小，只能增大样本容量 n.

（二）常用检验法

1. Z — 检验（或称 U — 检验）

适用：方差 σ^2 为已知的正态总体均值 μ 的检验.

（1）已知一个正态总体的方差 σ^2，检验假设：$\mu=\mu_0$，统计量为 $Z=\dfrac{(\overline{X}-\mu_0)\sqrt{n}}{\sigma}$，其中 Z 服从标准正态分布 $N(0,1)$.

（2）已知两个相互独立的正态总体的方差 σ_1^2 和 σ_2^2，检验假设：$\mu_1=\mu_2$，统计量为 $Z=\dfrac{\overline{X}_1-\overline{X}_2}{\sqrt{\dfrac{\sigma_1^2}{n_1}+\dfrac{\sigma_2^2}{n_2}}}$，其中 Z 服从标准正态分布 $N(0,1)$.

2. t — 检验

适用：方差 σ^2 为未知的正态总体均值 μ 的检验.

（1）一个正态总体检验假设：$\mu=\mu_0$，统计量为 $T=\dfrac{(\overline{X}-\mu_0)\sqrt{n}}{S}$，其中 T 是服从自由度为 $(n-1)$ 的 t 分布.

（2）两个相互独立的正态总体检验假设：$\mu_1=\mu_2$.

① 小样本情形，用统计量 $T=\dfrac{\overline{X}_1-\overline{X}_2}{S_w\sqrt{\dfrac{1}{n_1}+\dfrac{1}{n_2}}}$，其中 T 是服从自由度为 (n_1+n_2-2) 的 t 分布.

② 大样本情形，用统计量 $Z=\dfrac{\overline{X}_1-\overline{X}_2}{\sqrt{\dfrac{S_1^2}{n_1}+\dfrac{S_2^2}{n_2}}}$，其中 Z 近似服从 $N(0,1)$.

3. χ^2 — 检验

适用：一个正态总体对方差的检验：$\sigma^2=\sigma_0^2$，统计量为 $\chi^2=\dfrac{(n-1)S^2}{\sigma^2}$，这里 χ^2 是服从自由度为 $(n-1)$ 的 χ^2 分布.

4. F — 检验

适用：两个正态总体的方差是否相等的检验：$\sigma^2=\sigma_0^2$，统计量为 $F=\dfrac{S_1^2}{S_2^2}$，这里 F 服从第一自由度为 (n_1-1)，第二自由度为 (n_2-1) 的 F 分布.

5. 一个正态总体及两个正态总体参数的假设检验的方法

原假设 H_0	已知条件及检验法	所用统计量及其分布	备择假设 H_1	H_0 的拒绝域
$\mu=\mu_0$	σ^2 已知 U — 检验法	$U=\dfrac{\overline{X}-\mu_0}{\sigma/\sqrt{n}}\sim N(0,1)$	$\mu\neq\mu_0$	$\lvert U\rvert>u_{\frac{\alpha}{2}}$
			$\mu<\mu_0$	$U<-u_\alpha$
			$\mu>\mu_0$	$U>u_\alpha$
	σ^2 未知 t — 检验法	$t=\dfrac{\overline{X}-\mu_0}{S/\sqrt{n}}\sim t(n-1)$	$\mu\neq\mu_0$	$\lvert t\rvert>t_{\frac{\alpha}{2}}(n-1)$
			$\mu<\mu_0$	$t<-t_\alpha(n-1)$
			$\mu>\mu_0$	$t>t_\alpha(n-1)$

续表

原假设 H_0	已知条件及检验法	所用统计量及其分布	备择假设 H_1	H_0 的拒绝域
$\sigma^2=\sigma_0^2$	μ 已知 χ^2－检验法	$\chi^2=\frac{1}{\sigma_0^2}\sum_{i=1}^{n}(X_i-\mu_0)^2\sim\chi^2(n)$	$\sigma^2\neq\sigma_0^2$	$\chi^2<\chi^2_{1-\frac{\alpha}{2}}(n)$ 或 $\chi^2>\chi^2_{\frac{\alpha}{2}}(n)$
			$\sigma^2<\sigma_0^2$	$\chi^2<\chi^2_{1-\alpha}(n)$
			$\sigma^2>\sigma_0^2$	$\chi^2>\chi^2_{\alpha}(n)$
	μ 未知 χ^2－检验法	$\chi^2=\frac{(n-1)S^2}{\sigma_0^2}\sim\chi^2(n-1)$	$\sigma^2\neq\sigma_0^2$	$\chi^2<\chi^2_{1-\frac{\alpha}{2}}(n-1)$ 或 $\chi^2>\chi^2_{\frac{\alpha}{2}}(n-1)$
			$\sigma^2<\sigma_0^2$	$\chi^2<\chi^2_{1-\alpha}(n-1)$
			$\sigma^2>\sigma_0^2$	$\chi^2>\chi^2_{\alpha}(n-1)$
$\mu_x=\mu_y$	σ_x^2，σ_y^2 已知 U－检验法	$U=\frac{\overline{X}-\overline{Y}}{\sqrt{\frac{\sigma_x^2}{n_x}+\frac{\sigma_y^2}{n_y}}}\sim N(0,1)$	$\mu_x\neq\mu_y$	$\|U\|>u_{\frac{\alpha}{2}}$
			$\mu_x<\mu_y$	$U<-u_{\alpha}$
			$\mu_x>\mu_y$	$U>u_{\alpha}$
	σ_x^2，σ_y^2 未知，但 $\sigma_x^2=\sigma_y^2$ T－检验法	$T=\frac{\overline{X}-\overline{Y}}{S_{\omega}\sqrt{\frac{1}{n_x}+\frac{1}{n_y}}}\sim t(n_x+n_y-2)$ $S_{\omega}=\sqrt{\frac{(n_x-1)S_x^2+(n_y-1)S_y^2}{n_x+n_y-2}}$	$\mu_x\neq\mu_y$	$\|t\|>t_{\frac{\alpha}{2}}(n_x+n_y-2)$
			$\mu_x<\mu_y$	$t<-t_{\alpha}(n_x+n_y-2)$.
			$\mu_x>\mu_y$	$t>t_{\alpha}(n_x+n_y-2)$
$\sigma_x^2=\sigma_y^2$	μ_x，μ_y 已知 F－检验法	$F=\frac{\sum_{i=1}^{n_x}(X_i-\mu_x)^2/n_x}{\sum_{j=1}^{n_y}(Y_j-\mu_y)^2/n_y}\sim F(n_x,n_y)$	$\sigma_x^2\neq\sigma_y^2$	$F<F_{1-\frac{\alpha}{2}}(n_x,n_y)$ 或 $F>F_{\frac{\alpha}{2}}(n_x,n_y)$
			$\sigma_x^2<\sigma_y^2$	$F<F_{1-\alpha}(n_x,n_y)$
			$\sigma_x^2>\sigma_y^2$	$F>F_{\alpha}(n_x,n_y)$
	μ_x，μ_y 未知 F－检验法	$F=\frac{S_x^2}{S_y^2}\sim F(n_x-1,n_y-1)$	$\sigma_x^2\neq\sigma_y^2$	$F<F_{1-\frac{\alpha}{2}}(n_x-1,n_y-1)$ 或 $F>F_{\frac{\alpha}{2}}(n_x-1,n_y-1)$
			$\sigma_x^2<\sigma_y^2$	$F<F_{1-\alpha}(n_x-1,n_y-1)$
			$\sigma_x^2>\sigma_y^2$	$F>F_{\alpha}(n_x-1,n_y-1)$

6. OC 函数

定义 若 C 是参数 θ 的某检验问题的一个检验法，$\beta(\theta)=P_{\theta}$(接受 H_0) 称为检验法 C 的施行特征函数或 OC 函数，其图形称为 OC 曲线.

7. 功效函数

定义 函数 $1-\beta(\theta)$ 称为检验法 C 的功效函数，当 $\theta^*\in H_1$ 时，值 $1-\beta(\theta^*)$ 称为检验法 C 在 θ^* 的功效. 它表示当参数 θ 的真值为 θ^* 时，检验法 C 作出正确判断的概率.

8. Z 检验法的 OC 函数

(1) 右边检验问题. $H_0:\mu\leqslant\mu_0$，$H_1:\mu>\mu_0$ 的 OC 函数是

$$\beta(\mu)=P_{\mu}(\text{接受 } H_0)=P_{\mu}\left\{\frac{\overline{X}-\mu_0}{\sigma/\sqrt{n}}<z_{\alpha}\right\}=P_{\mu}\left\{\frac{\overline{X}-\mu}{\sigma/\sqrt{n}}<z_{\alpha}-\frac{\mu-\mu_0}{\sigma/\sqrt{n}}\right\}=\Phi(z_{\alpha}-\lambda),$$

其中 $\lambda=\frac{\mu-\mu_0}{\sigma/\sqrt{n}}$.

(2) 左边检验问题. $H_0:\mu \geqslant \mu_0$, $H_1:\mu < \mu_0$ 的 OC 函数是

$\beta(\mu)=\Phi(z_\alpha+\lambda)$，其中 $\lambda=\dfrac{\mu-\mu_0}{\sigma/\sqrt{n}}$.

(3) 双边检验问题. $H_0:\mu=\mu_0$,　$H_1:\mu \neq \mu_0$ 的 OC 函数是

$$\beta(\mu)=\Phi(z_{\alpha/2}-\lambda)+\Phi(z_{\alpha/2}+\lambda)-1 \text{，其中 } \lambda=\frac{\mu-\mu_0}{\sigma/\sqrt{n}}.$$

9. t 检验法的 OC 函数

(1) 右边检验问题. $H_0:\mu \leqslant \mu_0$, $H_1:\mu > \mu_0$ 的 OC 函数是

$$\beta(\mu)=P_\mu(\text{接受 } H_0)=P_\mu\left\{\frac{\overline{X}-\mu_0}{S/\sqrt{n}}<t_\alpha(n-1)\right\}.$$

(2) 左边检验问题. $H_0:\mu \geqslant \mu_0$, $H_1:\mu < \mu_0$ 的 OC 函数是

$$\beta(\mu)=P_\mu(\text{接受 } H_0)=P_\mu\left\{\frac{\overline{X}-\mu_0}{S/\sqrt{n}}>-t_\alpha(n-1)\right\}.$$

(3) 双边检验问题. $H_0:\mu=\mu_0$, $H_1:\mu \neq \mu_0$ 的 OC 函数是

$$\beta(\mu)=P_\mu(\text{接受 } H_0)=P_\mu\left\{\left|\frac{\overline{X}-\mu_0}{S/\sqrt{n}}\right|<t_{\frac{\alpha}{2}}(n-1)\right\}.$$

10. 分布拟合检验的步骤

(1) 建立假设：$H_0:F(x)=F_0(x)$, $H_1:F(x)\neq F_0(x)$.

(2) 将样本数据按区间进行适当的划分：分为 k 个互不重叠的区间，各个区间的分界值为 x_j ($j=1,2,\cdots,k-1$).

(3) 计算各个样本区间内的实际频数 f_j ($j=1,2,\cdots,k$)，即样本值落在各个区间的样本个数；当 H_0 为真时，计算落在各个区间内的理论概率值：$\hat{p}_i=P\{x_{i-1}<X<x_i\}$，从而计算出各个区间的理论频数为 $n\hat{p}_i$，其中 n 为样本容量.

(4) 调整区间：由于该检验要求样本容量 n 足够大，以及 $n\hat{p}_i$ 不能太小. 根据经验，一般要求 $n \geqslant 50$, $n\hat{p}_i>5$. 如果 $n\hat{p}_i \leqslant 5$，则将 $n\hat{p}_i \leqslant 5$ 的样本合并.

(5) 构造检验统计量：$\chi^2=\sum\limits_{i=1}^{k}\dfrac{f_i^2}{n\hat{p}_i}-n \sim \chi^2(k-r-1)$，其中，$r$ 为待估参数的个数.

(6) 拒绝域：在给定的显著性水平 α 下，查 χ^2 分布表得到临界值 $\chi^2_\alpha(k-r-1)$，拒绝域为 $\chi^2>\chi^2_\alpha(k-r-1)$.

(7) 判断：如果 $\chi^2>\chi^2_\alpha(k-r-1)$，那么拒绝原假设，否则不能拒绝原假设，只能接受原假设.

11. 秩和检验

定义　设 X 为一总体，将容量为 n 的样本观察值按自小到大的次序编号排列成 $x_{(1)}<x_{(2)}<\cdots<x_{(n)}$，称 $x_{(i)}$ 的足标 i 为 $x_{(i)}$ 的秩，$i=1,2,\cdots,n$.

检验的基本步骤如下.

(1) 建立假设：$H_0:F_1(x)=F_2(x)$, $H_1:F_1(x)\neq F_2(x)$.

(2) 从 1，2 两个总体分别抽取容量为 n_1 和 n_2 的样本，且设两样本独立，总假定 $n_1 \leqslant n_2$，将这 n_1+n_2 个观察值放在一起，按自小到大的顺序排列，求出每个观察值的秩.

(3) 计算取自第 1 个总体的样本观察值的秩和，记为 R_1.

(4) 拒绝域：R_1 的最小值为 $\dfrac{n_1(n_1+1)}{2}$，最大值为 $\dfrac{n_1(n_1+2n_2+1)}{2}$，当 H_0 为真时，R_1 一般

来说不应该取太靠近上述两个值，因而当 R_1 的观察值 r_1 过分大或者过分小时，应该拒绝 H_0，所以拒绝域为 $r_1 \leqslant C_U(\frac{\alpha}{2})$ 或者 $r_1 \geqslant C_L(\frac{\alpha}{2})$，其中临界点 $C_U(\frac{\alpha}{2})$ 是满足 $P_{H_0}\left\{R_1 \leqslant C_U(\frac{\alpha}{2})\right\} \leqslant \frac{\alpha}{2}$ 的最大正数，而 $C_L(\frac{\alpha}{2})$ 是满足 $P_{H_0}\left\{R_1 \geqslant C_L(\frac{\alpha}{2})\right\} \leqslant \frac{\alpha}{2}$ 的最小正数.

12. p 值检验

定义 假设检验问题的 p 值是由检验统计量的样本观察值得出的原假设可被拒绝的最小显著性水平.

p 值检验法：按 p 值的定义，对于任意指定的显著性水平 α，就有：若 p 值 $\leqslant \alpha$，则显著性水平 α 下拒绝 H_0；若 p 值 $> \alpha$，则显著性水平 α 下接受 H_0. 有了这两条结论就能方便地确定 H_0 的拒绝域. 这种利用 p 值来确定检验拒绝域的方法，称为 p 值检验法.

二、精选题解析

1. 基本概念的理解

【例 1】 填空题（将正确的答案填写在横线上方）

（1）在显著性检验中，若要使犯两类错误的概率同时变小，则只有增加________.

【解析】 因为犯二类错误的概率，当一个缩小时另一个会扩大. 所以要犯二类错误的概率同时缩小，只能扩大样本容量.

（2）设 α 为假设检验中犯第一类错误的概率，β 为犯第二类错误的概率，一般说来，当________减少时________增大，当________减少时，________增大，要同时使 α，β 减少必须________.

【解析】 注意当样本容量固定时，两类错误之间的辩证关系. 答案依次为 α，β，β，α，增加样本容量.

（3）对正态总体的假设，$H_0:\mu=21$，$H_1:\mu<21$，抽取一个容量为 $n=17$ 的样本，计算得到 $\overline{x}=23$，$s^2=3.98^2$，利用________检验对 H_0 作检验，检验显著性水平 $\alpha=0.05$，检验结果是 ________ H_0（拒绝或接受）.

【解析】 因为是总体方差未知对均值的检验，故应填 t 一检验. 并通过计算可知不能拒绝 H_0.

（4）甲药厂进行有关麻疹疫苗效果的研究，用 X 表示一个人用这种疫苗注射后的抗体强度，假定随机变量 X 是正态分布的，乙药厂生产的同种疫苗的平均抗体强度是 1.9，若甲厂为检验其产品是否有更高的平均抗体强度，则在检验中零假设和备择假设为________.

① 犯第一类错误的实际后果是________.

② 犯第二类错误的实际后果是________.

③ 若样本容量为 $n=16$，显著性水平 $\alpha=0.05$，基于①的临界值是 ________.

【解析】 如果甲厂为说明其产品是否有更高的平均抗体强度有较强的说服力，则原假设和对立假设分别为 $H_0:\mu=1.9$，$H_1:\mu>1.9$.

① 造成经济上的损失（因为以真为假）.

② 可能对人的生命安全造成威胁（因为以假为真）.

③ 因为 $n=16$ 为小样本，用 t—检验，查表得，临界值为 1.7531.

【例 2】 自动包装机装出的每袋重量服从正态分布，规定每袋重量的方差不超过 a，为了检查自动包装机的工作是否正常，对它生产的产品进行抽样检验，检验假设为 $H_0:\sigma^2 \leqslant a$，

$H_1:\sigma^2 > a$，其中 $a = 0.05$，则下列命题中正确的是＿＿＿＿.

（A）如果生产正常，则检验结果也认为正常的概率为 0.95

（B）如果生产不正常，则检验结果也认为不正常的概率为 0.95

（C）如果检验的结果认为生产正常，则生产确实正常的概率为 0.95

（D）如果检验的结果认为生产不正常，则生产确实不正常的概率为 0.95

【解析】 因为 $a = P\{拒绝\ H_0 | H_0\ 为真\}$，从而 $1 - a = P\{接受\ H_0 | H_0\ 为真\}$，因而（A）正确.

而(B),(C),(D)分别反映的是条件概率 $P\{拒绝\ H_0 | H_0\ 不真\}$，$P\{H_0\ 为真 | 接受\ H_0\}$，$P\{H_0\ 不真 | 拒绝\ H_0\}$，由假设检验中犯两类错误的概率之间的关系知，这些概率一般不能由 a 所唯一确定，故（B),(C),(D）一般是不正确的.

2. 一个正态总体的假设检验

【例 3】 一种电子元件，要求其使用寿命不得低于 1000h，现在从一批这种元件中随机抽取 25 件，测得其寿命平均值为 950h，已知该种元件寿命服从标准差 $\sigma = 100\text{h}$ 正态分布，试在显著性水平 0.05 下确定这批产品是否合格.

【解析】 设元件寿命 $X \sim N(\mu, \sigma^2)$，已知 $\sigma^2 = 10000$，$n = 25$，$\overline{x} = 950$，$\alpha = 0.05$. 检验假设 $H_0:\mu = 1000$，$H_1:\mu < 1000$.

在 σ^2 已知条件下，设统计量 $Z = \dfrac{\overline{X} - 1000}{\sigma/\sqrt{n}} \sim N(0, 1)$，拒绝域为 $\{Z < z_{0.05}\}$，查表得 $z_{0.05} = -z_{0.95} = -1.645$，而

$$z = \frac{950 - 1000}{100/\sqrt{25}} = \frac{-50}{20} = -2.5 < -1.645 .$$

故拒绝假设 H_0，选择备择假设 H_1，所以以为这批产品不合格.

【例 4】 某种产品的一项质量指标 $X \sim N(\mu, \sigma^2)$，在 5 次独立的测试中，测得数据为（单位：cm）

1.23，　1.22，　1.20，　1.26，　1.23，

试检验（$\alpha = 0.05$）.（1）可否认为该指标的数学期望 $\mu = 1.23\text{cm}$？

（2）若指标的标准差 $\sigma \leqslant 0.015$，是否可认为这次测试的标准差显著偏大？

【解析】 这是单个正态总体的期望检验问题，方差已知.

（1）假设　$H_0:\mu = 1.23$，$H_1:\mu \neq 1.23$.

当 H_0 为真，检验统计量 $t = \dfrac{\overline{X} - \mu_0}{S/\sqrt{n}} \sim t(n-1)$，查表得 $t_{\frac{\alpha}{2}}(n-1) = t_{0.025}(4) = 2.7764$，于是拒绝域 $W = (-\infty, -2.7764] \cup [2.7764, +\infty)$.

计算 $\overline{x} = 1.228$，$s^2 = 0.0217^2 = 0.00047$，则 $T_0 = \left|\dfrac{1.228 - 1.23}{0.0217/\sqrt{5}}\right| \approx 0.206 \notin W$，故接受 H_0.

（2）假设 $H_0:\sigma^2 \leqslant 0.015^2$，$H_1:\sigma^2 > 0.015^2$.

当 H_0 为真，检验统计量 $\chi^2 = \dfrac{(n-1)S^2}{\sigma^2} \sim \chi^2(n-1)$，查表得

$$\chi^2_{\alpha}(n-1) = \chi^2_{0.05}(4) = 9.488,$$

于是拒绝域 $W = [9.488, +\infty)$，计算 $\chi^2_0 = \dfrac{4 \times 0.00047}{0.015^2} \approx 8.356 \notin W$，故接受 H_0.

【例 5】 市级历史名建筑国际饭店为了要大修而重新测量. 建筑学院的 6 名同学对该大厦的高度进行测量，结果如下（单位：m）

87.4，　87.0，　86.9，　86.8，　87.5，　87.0.

据记载该大厦的高度为87.4.设大厦的高度服从正态分布，问在检验水平 $\alpha=0.01$ 下.

（1）你认为该大厦的高度是否要修改？

（2）若测量的方差不得超过0.04，那么你是否认为这次测量的方差偏大？

【解析】 计算得 $\overline{x}=87.1$，$s^2=0.08$，查表得 $t(5)=4.0322$，$\chi^2(5)=15.086$，

（1）设 $H_0:\mu=87.4$；$H_1:\mu\neq 87.4$.

则 $t=\dfrac{\overline{X}-\mu_0}{S/\sqrt{n}}\sim t(n-1)$，拒绝域

$$W=(-\infty,\ -4.0322]\cup[4.0322,\ +\infty).$$

而 $T_0=\dfrac{87.4-87.1}{0.283/\sqrt{5}}=2.37\notin W$，故接受 H_0.

（2）设 $H_0:\sigma^2=0.04$；$H_1:\sigma^2>0.04$.

则 $\chi^2=\dfrac{(n-1)S^2}{\sigma^2}\sim\chi^2(n-1)$，拒绝域

$$W=[15.086,\ +\infty).$$

而 $\chi_0^2=\dfrac{5\times 0.08}{0.04}=10\notin W$，故接受 H_0.

【例6】 某厂生产一种灯泡，其寿命 X 服从正态分布 $N(\mu,\ 200^2)$，从过去较长一段时间的生产情况来看，灯泡的平均寿命为1500h，采用新工艺后，在所生产的灯泡中抽取25只，测得平均寿命为1675h，问在显著性水平 $\alpha=0.05$ 下，采用新工艺后灯泡寿命是否显著提高.

【解析】 假设检验 $H_0:\mu\leqslant 1500$，$H_1:\mu>1500$.

检验统计量 $Z=\dfrac{\overline{x}-1500}{\dfrac{\sigma}{\sqrt{n}}}\sim N(0,\ 1)$，查表得 $z_{0.05}(9)=1.65$，

由数据得 $n=25$，$\overline{x}=1675$，$\sigma=200$，$z=\dfrac{1675-1500}{\dfrac{200}{\sqrt{25}}}=4.375$，

因为 $z=4.375\notin(-\infty,\ 1.65)$，所以拒绝 H_0，即认为灯泡寿命有显著提高.

【例7】 某厂计划投资1万元广告费为提高某种糖果的销售量，一位商店经理认为此项计划可使平均每周销售量达到225kg，实现此计划一个月后，调查了17家商店，计算得平均每家每周的销售量为209kg，样本标准差为42kg，问在显著性水平0.05下，可否认为此项计划达到了该商店经理的预计效果（设销售量服从正态分布）.

【解析】 由于总体方差未知，故考虑用 t —检验.假设 $H_0:\mu\geqslant 225$，$H_1:\mu<225$.

用检验统计量 $t=\dfrac{\overline{X}-\mu}{S/\sqrt{n}}\sim t(n-1)$，拒绝域为：$t\leqslant -t_\alpha(n-1)$，

根据已知条件有 $\dfrac{\overline{X}-\mu}{S/\sqrt{n}}=\dfrac{209-225}{42/\sqrt{17}}=-1.57$，查表得 $t_{0.05}(16)=1.75$，

由于没有落入拒绝域之中，没有理由拒绝 H_0，而应该接受 H_0，即认为这项计划在显著性水平0.05下达到了经理的预计效果.

评注　可以证明如下结论.

（1）检验 $H_0:\mu\leqslant\mu_0$，$H_1:\mu>\mu_0$ 与检验 $H:\mu=\mu_0$，$H_1:\mu>\mu_0$ 的效果是完全一样的.

（2）检验 $H_0:\mu\geqslant\mu_0$，$H_1:\mu<\mu_0$ 与检验 $H_0:\mu=\mu_0$，$H_1:\mu<\mu_0$ 的效果是完全一样.所以，在单边检验中，H_0 中的不等号可以省略.

【例8】 某种导线，要求其电阻的标准差不得超过0.005（Ω），今在生产的一批导线中

取样品 9 根，测得 $s=0.007$ (Ω). 设总体为正态分布，问在显著性水平 $\alpha=0.05$ 下能否认为这批导线的标准差显著地偏大?

【解析】 这是单个正态总体的方差检验问题，是单边检验，检验假设

$$H_0:\sigma=\sigma_0=0.005,\quad H_1:\sigma>\sigma_0=0.005.$$

用 χ^2 检验，检验统计量为 $\chi^2=\dfrac{(n-1)S^2}{\sigma^2}$，$H_0$ 的拒绝域为

$$\chi^2\geqslant\chi^2_\alpha(n-1)=15.507.$$

$$\chi^2=\frac{(n-1)S^2}{\sigma_0^2}=\frac{(9-1)\times0.007^2}{(0.005)^2}=15.68>15.507,$$

所以拒绝 H_0，即认为这批导线的标准差偏大.

3. 两个正态总体的假设检验

【例 9】 某厂使用两种不同的原料 A，B 生产同一类产品，各在一周的产品中取样进行分析比较，取使用原料 A 生产的样品 220 件，测得平均重量为 2.46kg，标准差为 0.57kg，取使用原料 B 生产的样品 205 件，测得平均重量为 2.55kg，标准差为 0.48kg，设这两个总体都服从正态分布，且方差相同，问在显著性水平 0.05 下能否认为使用原料 B 的产品平均重量比使用原料 A 的大.

【解析】 这是两个正态总体的均值的检验. 因为方差相同但未知，故用 t 一检验检验假设.

设 $H_0:\mu_A-\mu_B=0$，$H_1:\mu_A-\mu_B<0$.

统计量

$$t=\frac{\overline{X}-\overline{Y}}{S_w\sqrt{\dfrac{1}{n_1}+\dfrac{1}{n_2}}},$$

H_0 的拒绝域为 $t\leqslant-t_{0.05}(n_1+n_2-2)$，查表得 $t_{0.05}(423)\approx z_{0.05}=1.645$，

$$S_w^2=\frac{(n_1-1)S_1^2+(n_2-1)S_2^2}{n_1+n_2-2}=\frac{219\times(0.57)^2+204\times(0.48)^2}{423}=0.2793,$$

则

$$t=\frac{2.46-2.55}{\sqrt{0.2793}\sqrt{\dfrac{1}{220}+\dfrac{1}{205}}}=-1.754,$$

因为 $-1.745<-1.645$，所以拒绝 H_0，即认为的平均重量比 A 的平均重量大.

【例 10】 检查部门由甲乙两灯泡厂各取 30 个灯泡进行抽检，甲厂的灯泡平均寿命为 1500h，样本标准差为 80h，乙厂的灯泡平均寿命 1450h，样本标准差为 94h，由此可否断定甲厂的灯泡比乙厂的好（$\alpha=0.05$).

【解析】 这是检验两个正态总体的均值是否相等的问题，但应首先检验方差是否相等.

假设 $H_0:\sigma_1^2=\sigma_2^2$，$H_1:\sigma_1^2\neq\sigma_2^2$. 用 F 一检验，统计量 $F=\dfrac{S_1^2}{S_2^2}=\dfrac{94^2}{80^2}=1.3806$，相应于原假设 H_0 的拒绝域为

$$\frac{S_1^2}{S_2^2}\geqslant F_{\frac{\alpha}{2}}(n_1-1,n_2-1)=2.1 \text{ 或 } \frac{S_1^2}{S_2^2}\leqslant F_{1-\frac{\alpha}{2}}(n_1-1,n_2-1)=0.476,$$

而统计量的实测值 1.3806 介于 2.1 与 0.476 之间，故应接受原假设 H_0，即认为两总体方差是相等的.

其次，在两个正态总体方差相等的条件下，检验均值是否相等.

假设 $H_0:\mu_1=\mu_2$，$H_1:\mu_1\neq\mu_2$. 此时用 t 一检验，

统计量为 $T=\dfrac{\bar{x}_1-\bar{x}_2}{\sqrt{\dfrac{n_1S_1^2+n_2S_2^2}{n_1+n_2-2}}\sqrt{\dfrac{1}{n_1}+\dfrac{1}{n_2}}}=\dfrac{1500-1450}{\sqrt{\dfrac{30\times80^2+30\times94^2}{30+30-2}(\dfrac{1}{30}+\dfrac{1}{30})}}=2.181.$

检验原假设 H_0 的拒绝域为 $|t|>t_{0.025}(58)$，查表得 $t_{0.025}(58)=2.003$，因为 $|2.181|=2.181>2.003$，故应拒绝原假设 H_0，即两总体均值不相等，由此可知甲厂灯泡质量好.

【例 11】 测得两批电子器材的样本的电阻为

A 批 $X(\Omega)$	0.140	0.138	0.143	0.142	0.144	0.137
B 批 $Y(\Omega)$	0.135	0.140	0.142	0.136	0.138	0.140

设这两批器材的电阻分别服从 $N(\mu_1,\sigma_1^2)$ 与 $N(\mu_2,\sigma_2^2)$ 且样本相互独立.

(1) 检验假设($\alpha=0.05$) $H_0:\sigma_1^2=\sigma_2^2$. (2) 检验假设($\alpha=0.05$) $H'_0:\mu_1-\mu_2=0$.

【解析】 (1) 这是两个正态总体的方差比的检验问题.

设 $H_0:\sigma_1^2=\sigma_2^2$，$H_1:\sigma_1^2\neq\sigma_2^2$. 检验统计量为 $F=\dfrac{S_1^2}{S_2^2}\sim F(n_1-1,n_2-1)$，

而 H_0 的拒绝域为

$$F\geqslant F_{\frac{\alpha}{2}}(n_1-1,n_2-1)\ \text{或}\ F\leqslant F_{1-\frac{\alpha}{2}}(n_1-1,n_2-1).$$

查表得 $\quad F_{0.025}(5,5)=7.15,\quad F=\dfrac{S_1^2}{S_2^2}=\dfrac{7.868\times10^{-6}}{7.1\times10^{-6}}=1.108.$

因为 $1.108<7.15$，所以接受 H_0，即 $\sigma_1^2=\sigma_2^2$.

(2) 若(1)题方差相等，则可进行第(2)小题的均值差的检验. 设

$$H'_0:\mu_1=\mu_2,\quad H'_1:\mu_1\neq\mu_2.$$

检验统计量为 $t=\dfrac{\bar{X}-\bar{Y}}{S_w\sqrt{\dfrac{1}{n_1}+\dfrac{1}{n_2}}}\sim t(n_1+n_2-2)$，拒绝域为 $|t|\geqslant t_{\frac{\alpha}{2}}(n_1+n_2-2)$，

$S_w^2=\dfrac{(n_1-1)S_1^2+(n_1-1)S_2^2}{n_1+n_2-2}=\dfrac{5\times7.868\times10^{-6}+5\times7.1\times10^{-6}}{10}=7.848\times10^{-6}$，

$s_w=2.736\times10^{-3}$，$\sqrt{\dfrac{1}{6}+\dfrac{1}{6}}=\sqrt{\dfrac{1}{3}}=0.577$，$|\bar{x}-\bar{y}|=|0.1407-0.1385|=0.0022$，

于是 $|t|=\dfrac{0.0022}{2.736\times10^{-3}\times0.577}=1.3936$，查表得 $t_{0.025}(10)=2.228$，因为 $1.3936<2.228$，所以接受 H'_0，即认为均值相等.

4. 卡方检验

【例 12】 在一批灯泡中抽取 300 只做寿命试验，其结果如下.

寿命 t/h	$0\leqslant t\leqslant100$	$100<t\leqslant200$	$200<t\leqslant300$	$t>300$
灯泡数	121	78	43	58

取显著性水平 $\alpha=0.05$，试检验假设

$$H_0:\text{灯泡寿命服从指数分布}\ f(t)=\begin{cases}0.005\mathrm{e}^{-0.005t}, & t>0,\\ 0, & t\leqslant0.\end{cases}$$

【解析】 在 H_0 为真的假设下，X 可能取值的范围 $\Omega=[0,+\infty)$，将 Ω 分成互不相交的4个部分：A_1,A_2,A_3,A_4，如下表所示. 以 A_i 记事件 $\{X\in A_i\}$. 若 H_0 为真，X 的分布函数为

$$F(t)=\begin{cases}1-\mathrm{e}^{-0.005t}, & t>0,\\ 0, & t\leqslant0.\end{cases}$$

$$p_i=P\{A_i\}=P\{a_i<X\leqslant a_{i+1}\}=F(a_{i+1})-F(a_i),\quad i=1,2,3,4.$$

于是　$p_1=P(A_1)=F(100)-F(0)=1-e^{-0.5}=0.3925$；

$$p_2=P(A_2)=F(200)-F(100)=e^{-0.5}-e^{-1}=0.2387;$$

$$p_3=P(A_3)=F(300)-F(200)=e^{-1}-e^{-1.5}=0.1447;$$

$$p_4=1-p_1-p_2-p_3=0.2231.$$

计算结果如下表.

A_i	f_i	p_i	np_i	$f_i^2/(np_i)$
$A_1:0\leqslant t\leqslant 100$	121	0.3935	118.05	124.0237
$A_2:100<t\leqslant 200$	78	0.2387	71.61	84.9602
$A_3:200<t\leqslant 300$	43	0.1447	43.41	42.5939
$A_4:t>300$	58	0.2231	66.93	50.2615

经计算，$\chi^2=301.8393-300=1.8393$，由 $\alpha=0.05$，$k=4$，$r=0$ 知

$$\chi_\alpha^2(k-r-1)=\chi_{0.05}^2(3)=7.815>1.8393,$$

故在显著性水平 $\alpha=0.05$ 下，接受假设 H_0，认为这批灯泡的寿命服从指数分布，其概率密度为

$$f(t)=\begin{cases}0.005e^{-0.005t}, & t>0,\\ 0, & t\leqslant 0.\end{cases}$$

5. 秩和检验

【例 13】 下面给出两个工人五天生产同一种产品每天生产的件数.

工人A	49	52	53	47	50
工人B	56	48	58	46	55

设两样本独立且数据所属的两总体的概率密度至多差一个平移，问能否认为工人A、工人B平均每天完成的件数没有显著差异（$\alpha=0.1$）.

【解析】 以 μ_A，μ_B 分别记工人A，工人B平均每天完成的产品件数，利用秩和检验法在显著性水平 $\alpha=0.1$ 下，检验假设

$$H_0:\mu_A=\mu_B,\quad H_1:\mu_A\neq\mu_B.$$

将数据混合自小到大的次序排序，在工人A的数据下加“_”，得到

数据	46	$\underline{47}$	48	$\underline{49}$	$\underline{50}$	$\underline{52}$	$\underline{53}$	55	56	58
秩	1	2	3	4	5	6	7	8	9	10

$n_1=5$，$n_2=5$，根据教材中的附表9知，当 $(n_1,n_2)=(5,5)$ 时有

$$C_U\left(\frac{\alpha}{2}\right)=C_U(0.05)=19,\qquad C_L\left(\frac{\alpha}{2}\right)=C_L(0.05)=36,$$

故拒绝域为 $r_1\leqslant 19$ 或者 $r_1\geqslant 36$. 现在 R_1 的观察值 $r_1=24$，所以在显著性水平 $\alpha=0.1$ 下接受 H_0，认为差异不显著.

6. p 值检验

【例 14】 考察生长在老鼠身上的肿块的大小，以 X 表示在老鼠身上生长了15天的肿块的直径(以mm计)，设 $X\sim N(\mu,\sigma^2)$，μ，σ^2 均未知，今随机地取9只老鼠，测得 $\bar{x}=4.3$，$S=1.2$，试取 $\alpha=0.05$，用 p 值检验法检验假设 $H_0:\mu=4.0$，$H_1:\mu\neq 4.0$，求出 p 值.

【解析】 用 t 检验法，检验统计量为 $t=\dfrac{\overline{X}-\mu_0}{S/\sqrt{n}}$，当 H_0 为真时，$t\sim t(n-1)$，现在 $n=9$，$\overline{x}=4.3$，$S=1.2$，得检验统计量的观察值 $t_0=0.75$. 此为双边检验，因此

$$p\text{ 值}=2\times P\{t>t_0\}=0.4747>\alpha=0.05$$

故接受 H_0.

三、强化练习题

☆A 题 ☆

1. 填空题

(1) 某种产品以往的废品率为 5%，采取某种技术革新措施后，对产品的样品进行检验：这种产品的废品率是否有所降低. 取显著性水平 $\alpha=0.05$，则此问题的原假设________，备择假设________，犯第一类错误的概率为________.

(2) 若检验水平 α 增大，则易________原假设，犯第________类错误概率增大.

(3) 总体 $X\sim N(\mu,\sigma^2)$，σ^2 已知，用样本检验假设 H_0：$\mu=\mu_0$ 时采用统计量________.

(4) 当样本容量一定时，若减少犯一类错误概率，则另一类错误概率往往________，若要同时减少两类错误，除非________样本容量，只对犯第一类错误概率加以控制，而不考虑犯第二类错误的检验问题称为________检验问题.

(5) 已知两个相互独立的正态总体的方差 σ_1^2 和 σ_2^2，检验假设：$\mu_1=\mu_2$，统计量为________.

(6) 对一个正态总体的方差作检验：$\sigma=\sigma_0$，统计量为________.

(7) 检验两个正态总体的方差是否相等：$\sigma_1^2=\sigma_2^2$，统计量为________.

(8) 设 $(X_1,X_2,\cdots,X_n)$ 为来自正态总体 $X\sim N(\mu,\sigma^2)$ 的样本，参数 μ，σ^2 均未知，且 $\overline{X}=\dfrac{1}{n}\sum\limits_{i=1}^{n}X_i$，$Z^2=\sum\limits_{i=1}^{n}(X_i-\overline{X})^2$，现对假设 $H_0:\mu=0$ 作 t－检验，使用的统计量 $T=$________(用 $\overline{X}$ 与 Z 等表示).

(9) 用打包机装棉花，每包的净重量服从正态分布，设每包净重量为 100kg，某日开工后，抽取 9 包检验重量的平均值是否为 99kg，问今天打包机是否正常工作应取原假设为________，选取检验统计量为________.

2. 选择题

(1) 在假设检验中，分别用 α，β 表示犯第一类错误和第二类错误的概率，则当样本容量 n 一定时，下列说法中正确的是________.

(A) α 减少时 β 也减小　　(B) α 增大时 β 也增大

(C) α，β 不能同时减小，减小其中一个时，另一个就会增大

(D)(A) 和(B) 同时成立

(2) 假设检验的显著性水平是________.

(A) 犯第一类错误的概率　　(B) 犯第一类错误的概率的上界

(C) 犯第二类错误的概率　　(D) 犯第二类错误的概率的下界

(3) 甲、乙二人同时使用 t — 检验法检验同一个假设 $H_0:\mu=\mu_0$. 甲的检验结果是否定 H_0，乙的检验结果是接受 H_0，则以下叙述中错误的是________.

(A) 上面结果可能出现，这可能是由于各自选取的显著性水平 α 不同，导致否定域不

同造成的

(B) 上面结果可能出现，这可能是由于抽样不同而造成统计量的观测值不同

(C) 在检验中，甲有可能犯了第一类错误

(D) 在检验中，乙有可能犯了弃真的错误

(4) 设样本 $X_1, X_2, \cdots, X_n$ 来自正态总体 $N(\mu, \sigma^2)$，在进行假设检验时，当________时，一般采用统计量 $T=\dfrac{\overline{X}-\mu_0}{S/\sqrt{n}}$ (其中 S 为样本标准差).

(A) μ 未知，检验 $\sigma^2=\sigma_0^2$　　(B) μ 已知，检验 $\sigma^2=\sigma_0^2$

(C) σ^2 未知，检验 $\mu=\mu_0$　　(D) σ^2 已知，检验 $\mu=\mu_0$

(5) 设 $X_1, X_2, \cdots, X_n; Y_1, Y_2, \cdots, Y_n$ 为分别来自 $N(\mu_1, \sigma^2)$，$N(\mu_2, \sigma^2)$ 的样本，为检验 $H_0: \mu_1-\mu_2=\delta$，我们用________.

(A) Z— 检验法　　(B) χ^2— 检验法　　(C) t— 检验法　　(D) F— 检验法

(6) 当样本容量一定时，两类错误之间的关系是________.

(A) 减少犯一类错误概率，则另一类错概率往往增大

(B) 减少犯一类错误概率，则另一类错概率也减小

(C) 增大犯一类错误概率，则另一类错概率也增大

(D) 减少犯一类错误概率，则另一类错概率不受影响

(7) Z— 检验适用于________.

(A) 已知方差 σ^2 的正态总体均值 μ 的检验　　(B) 未知正态总体的方差 σ^2，检验均值 μ

(C) 均值 μ 已知的正态总体方差 σ^2 的检验　　(D) 两总体的方差比的检验

(8) 假设检验后作出接受原假设的结论的含义是________.

(A) 原假设 H_0 完全正确　　(B) 对立假设 H_1 完全不正确

(C) 可能犯第一类错误　　(D) 可能犯第二类错误

(9) 对正态总体的数学期望 μ 进行假设检验，如果在显著水平 0.05 下接受 $H_0: \mu=\mu_0$，那么在显著水平 0.01 下，下列结论中正确的是________.

(A) 必接受 H_0　　(B) 可能接受，也可能拒绝 H_0

(C) 必拒绝 H_0　　(D) 不接受，也不拒绝 H_0

(10) 设总体 $X \sim N(\mu, \sigma^2)$，σ^2 已知，$x_1, x_2, \cdots, x_n$ 为来自 X 的样本观测值，现在显著性水平 $\alpha=0.05$ 下接受了 $H_0: \mu=\mu_0$，则当显著性水平改为 $\alpha=0.01$ 时，下列结论正确的是________.

(A) 必拒绝 H_0　　(B) 必接受 H_0

(C) 犯第一类错误的概率变大　　(D) 犯第二类错误的概率变大

3. 计算题

(1) 用机床加工圆形零件，在正常情况下，零件的直径服从正态分布 $N(20, 1)$，今在某天生产的零件中随机抽查了 6 个，测得直径分别为(单位：mm)19，19.2，19.1，20.5，19.6，20.8. 假定方差不变，问改天生产的零件是否符合要求？(即是否可以认为这天生产的零件的平均直径为 20mm).($\alpha=0.05$)

(2) 某药厂生产药品的日产量服从正态分布 $N(\mu, \sigma^2)$，根据长期资料可知，日均产量为 80kg，标准差为 4kg. 现经过工艺改造后，进行了一个月(30 天)的试运行，检查发现日均产量为 84kg. 假定标准差不变，能否认为工艺革新提高了日产量？(显著性水平 $\alpha=0.01$)

(3) 用六六六施入土中防治危害农作物的害虫，经过三年后土壤中如有 5ppm 以上的浓度时，认为仍然有残效，今在大田施药区随机取十个土样进行分析，其浓度为 4.8，3.2，

2.6， 6.0， 5.4， 7.6， 2.1， 2.5， 3.1， 3.5ppm， 问六六六经三年后是否仍有残效($\alpha=0.05$).

(4) 已知某保健品中的维生素 C 含量 X 服从正态分布， 均值 $\mu=4.40$. 随机检测一个批次的 7 包该种保健品， 测得维生素 C 平均含量为 $\overline{x}=4.51$， 标准差 $S=0.11$. 试检验该批保健品中的维生素 C 含量均值是否显著提高.(显著性水平 $\alpha=0.05$)

(5) 零件厂生产某种圆形零件， 其直径 X(单位： mm) 服从标准差为 2.4 的正态分布. 现从一批次新生产的该种零件中随机选取 25 件， 测得样本标准差为 2.7. 试以判断该批零件直径的波动与平时是否有明显变化.(显著性水平 $\alpha=0.01$)

(6) 某厂生产的灯泡寿命 X 服从方差 $\sigma^2=100^2$ 的正态分布， 从某日生产的一批灯泡中随机地抽取 40 只进行寿命测试， 计算得到样本方差 $S^2=15000$， 在显著性水平 $\alpha=0.05$ 下能否断定灯泡寿命的波动显著增大.

(7) 机器包装食盐， 每袋净重量 X (单位：g) 服从正态分布， 规定每袋净重量为 500g， 标准差不能超过 10g. 某天开工后， 为检验机器工作是否正常， 从包装好的食盐中随机抽取 9 袋， 测得其净重量为 497， 507， 510， 475， 484， 488， 524， 491， 515. 以显著性水平 $\alpha=0.05$ 检验这天包装机工作是否正常.

(8) 在两种工艺下生产的某医疗器械强力 X 与 Y 分别服从正态分布 $X\sim N(\mu_1, 14^2)$， $Y\sim N(\mu_2, 15^2)$ 和， 各抽取容量为 50 的样本， 算得 $\overline{x}=280$， $\overline{y}=286$. 问两种工艺下生产的某医疗器械强力有无明显差异?(取显著性水平 $\alpha=0.05$)

(9) 某厂铸造车间为提高铸件的耐磨性而试制了一种镍合金铸件以取代铜合金铸件， 为此， 从两种铸件中各抽取一个容量分别为 8 和 9 的样本， 测得其硬度(一种耐磨性指标) 为

镍合金：76.43　76.21　73.58　69.69　65.29　70.83　82.75　72.34

铜合金：73.66　64.27　69.34　71.37　69.77　68.12　67.27　68.07　62.61

根据专业经验， 硬度服从正态分布， 且方差保持不变， 试在显著性水平 $\alpha=0.05$ 下判断镍合金的硬度是否有明显的提高.

(10) 甲、 乙两台包装机包装的葡萄糖质量都服从正态分布， 从它们包装的葡萄糖中随机抽取如下样本(单位： g)：

甲机：	998	1005	1001	1002	996	995
乙机：	1010	989	992	990	1007	

比较甲、 乙两台包装机哪台工作更稳定一些?(显著性水平 $\alpha=0.05$)

☆ B 题 ☆

(1) 某切割机在正常工作时， 切割每段金属棒的平均长度为 10.5cm， 设切割机切割每段金属的长度服从正态分布， 其标准差为 0.15cm， 某日为了检验切割机工作是否正常， 随机地抽取 15 段进行测量， 得到平均长度为 $\overline{x}=10.48$cm， 问该机工作是否正常 ($\alpha=0.05$).

(2) 食品厂用自动装罐机装罐头食品，每罐标准质量为 500g，每隔一段时间需要检验机器的工作情况，现抽 10 罐，测得其质量(单位：g)：495，510，505，498，503，492，502，512，497，506. 假设质量 X 服从正态分布 $N(\mu, \sigma^2)$， 试问机器工作是否正常($\alpha=0.02$)?

(3) 设某次考试的考生成绩服从正态分布， 从中随机抽取 36 位考生的成绩， 算得平均成绩为 66.5 分， 标准差为 15 分. 问在显著性水平 0.05 下， 是否可以认为这次考试全体考生的平均成绩为 70 分? 并给出检验过程.

(4) 用包装机包装某种洗衣粉， 在正常情况下， 每袋质量为 1000g， 标准差 σ 不能超

过 15g. 假设每袋洗衣粉的净重服从正态分布，某天检验机器工作的情况，从以包装好的袋中随机抽取 10 袋，测得其净重(单位：g)为：1020，1030，968，994，1014，998，976，982，950，1048. 问这天机器是否工作正常($\alpha=0.05$)?

(5) 生产某种产品可用第一、二种操作法，以往经验表明，用第一种操作方法生产的产品抗拆强度 $X\sim N(\mu_1,6^2)$；用第二种操作方法生产的产品抗拆强度 $Y\sim N(\mu_2,8^2)$(单位：kg). 今从第一种操作法生产的产品中随机抽取 12 件，测得 $\overline{X}=40$kg. 今从第二种操作法生产的产品中随机抽取 16 件，测得 $\overline{Y}=34$kg. 问两种操作法生产的产品的平均抗拆强度是否有显著差异?($\alpha=0.05$)

(6) 从用原来工艺生产的机械零件中抽查 25 个，测量其直径，计算得直径的样本方差为 $S_1^2=6.27$，从用新工艺生产的机械零件中抽查 25 个，测量其直径，计算得直径的样本方差为 $S_2^2=4.40$. 假设两种工艺条件下生产的零件直径分别服从正态分布 $N(\mu_1,\sigma_1^2)$，$N(\mu_2,\sigma_2^2)$，参数均未知，在显著性水平 $\alpha=0.05$ 下，试问新工艺生产的零件直径的方差 σ_2^2 是否比原来工艺生产的零件直径的方差 σ_1^2 显著的小. ($F_{0.05}(24,24)=1.98$)

(7) 一个中学校长在报纸上看到这样的报道："这一城市的初中学生平均每周看 8h 电视". 她认为她所领导的学校，学生看电视的时间明显小于该数字. 为此她向 100 个学生作了调查，得知平均每周看电视的时间 $\overline{x}=6.5$h，标准差 $s=2$h. 问是否可以认为这位校长的看法是对的? 取 $\alpha=0.05$ (提示：这是大样本的检验问题. 由中心极限定理和斯鲁茨基定理知道不管总体服从什么分布，只要方差存在，当 n 充分大时 $\dfrac{\overline{x}-\mu}{s/\sqrt{n}}$ 近似地服从标准正态分布).

(8) 设两批电器元件寿命服从正态分布，从两批元件中随机地各抽取 10 只进行寿命测试，测得第一批原件平均寿命 $\overline{x}=1832$h，样本方差 $S_1^2=234658$，第二批元件平均寿命 $\overline{y}=1261$h，样本方差 $S_2^2=242634$，在显著性水平 $\alpha=0.1$ 下检验：

① $H_0:\sigma_1^2=\sigma_2^2$，$H_1:\sigma_1^2\neq\sigma_2^2$.　② $H_0:\mu_1=\mu_2$，$H_1:\mu_1\neq\mu_2$.

③ $H_0:\mu_1\leqslant\mu_2$，$H_1:\mu_1>\mu_2$.

(9) 在漂白工艺中，温度会对针织品的断裂强力有影响. 假定断裂强力服从正态分布，在两种不同温度下，分别进行了 8 次试验，测得断裂强力的数据如下 (单位：kg).

70℃：　20.5　18.8　19.8　20.9　21.5　19.5　21.0　21.2

80℃：　17.7　20.3　20.0　18.8　19.0　20.1　20.2　19.1

判断这两种温度下的断裂强力有无明显差异. (取显著性水平 $\alpha=0.05$)

(10) 在 20 世纪 70 年代后期人们发现，酿造啤酒时，在麦芽干燥过程中形成一种致癌物质亚硝基二甲胺 (NDMA). 到了 20 世纪 80 年代初期开发了一种新的麦芽干燥过程，下面是新、老两种过程中形成的 NDMA 含量的抽样 (以 10 亿份中的份数计).

老过程	6	4	5	5	6	5	5	6	4	6	7	4
新过程	2	1	2	2	1	0	3	2	1	0	1	3

设新、老两种过程中形成的 NDMA 含量服从正态分布，且方差相等. 分别以 μ_x、μ_y 计老、新过程的总体均值，取显著性水平 $\alpha=0.05$，检验 $H_0:\mu_x-\mu_y\leqslant 2$；$H_1:\mu_x-\mu_y>2$.

(11) 从某厂生产的产品中随机抽取 200 件样品进行质量检验，发现有 9 件不合格品，问是否可以认为该厂产品的不合格率不大于 3%? (取显著性水平 $\alpha=0.05$)

(12) 预检验某个骰子是否均匀，可以通过检验各个点数的出现是否随机进行判断. 随机投出骰子 102 次，将得到的点数记录下来，出现各种点数的次数如下表所示.

点数	1	2	3	4	5	6
出现次数	19	16	20	15	14	18

（13）为了比较吃两种不同维生素添加剂饲料的公鸡的鸡冠重量，进行了一项试验. 将 28 只健康的公鸡随机分成两组. 一组吃第一种饲料，另一组吃第二种饲料. 研究期过后，每只公鸡的鸡冠重量（单位：微克）如下.

一组	73	130	115	144	127	126	112	76	68	101
二组	80	72	74	60	55	77	67	89	75	66

试利用秩和检验法在显著性水平 $\alpha=0.1$ 下检验两种鸡冠重量分布是否有显著差异.

四、强化练习题参考答案

☆**A 题**☆

1.（1）$\mu\leqslant 0.05,\mu>0.05,0.05$；（2）拒绝，一；（3）$Z=\dfrac{\overline{X}-\mu_0}{\sigma_0/\sqrt{n}}$；

（4）增大，增大，显著性；（5）$Z=\dfrac{\overline{X_1}-\overline{X_2}}{\sqrt{\dfrac{\sigma_1^2}{n_1}+\dfrac{\sigma_2^2}{n_2}}}$；（6）$\chi^2=\dfrac{(n-1)S^2}{\sigma^2}$；

（7）$F=\dfrac{S_1^2}{S_2^2}$；（8）$\dfrac{\overline{X}}{Z}\sqrt{n(n-1)}$.（9）$\mu=100$，$\dfrac{\overline{X}-\mu_0}{S/\sqrt{n}}$.

2.（1）C；（2）B；（3）D；（4）C；（5）C；（6）A；（7）A；（8）D；（9）A；（10）B.

3.（1）假设检验 $H_0:\mu=20$，$H_1:\mu\neq 20$.

因为 σ^2 已知，统计量 $Z=\dfrac{\overline{X}-\mu}{\dfrac{\sigma}{\sqrt{n}}}=\dfrac{\overline{X}-\mu}{\dfrac{1}{\sqrt{6}}}\sim N(0,1)$，由查表知 $z_{0.025}=1.96$，

$$|Z|=\left|\frac{\overline{X}-20}{\dfrac{1}{\sqrt{6}}}\right|=0.735<1.96,$$

应该接受 H_0，认为该天生产的零件平均直径为 20mm.

（2）令药厂生产药品的日产量为 X 服从正态分布. 这里 $\mu=80,\sigma^2=4^2,\sigma=4,n=30$.

设 $H_0:\mu=80$，$H_1:\mu>80$. 统计量 $Z=\dfrac{\overline{X}-\mu_0}{\sigma_0/\sqrt{n}}\sim N(0,1)$，

由显著性水平 $\alpha=0.01$，查表得临界值为

$$z_\alpha=z_{0.01}=2.33,\qquad z=\frac{84-80}{4/\sqrt{30}}\approx 5.48>2.33=u_\alpha,$$

因此，拒绝原假设 $H_0:\mu=80$，接受备择假设 $H_1:\mu>80$，即认为工艺革新显著提高了日产量.

（3）这是方差未知，总体均值的假设检验问题，故用 t 一检验. 设 $H_0:\mu=\mu_0=5$，$H_1:\mu<\mu_0=5$，这时 H_0 的拒绝域为 $t\leqslant -t_{0.05}(9)$，

因为 $t=-1.63>-t_{0.05}(9)=-1.8331$，即落入接受域，于是应接受原假设 H_0，即没有理由怀疑六六六已无残效.

(4) 设原假设 $H_0: \mu=4.40$，备择假设 $H_1: \mu>4.40$.

这里 $\mu_0=4.40$，σ^2 未知. 样本均值 $\bar{x}=4.51$，标准差 $S=0.11$，$n=7$.

选取统计量 $t=\dfrac{\overline{X}-\mu_0}{s/\sqrt{n}} \sim t(n-1)$，

由显著性水平 $\alpha=0.05$，查表得临界值为 $t_\alpha(n-1)=t_{0.05}(6)=1.943$，拒绝域为 $T>1.943=t_{0.05}(6)$，计算得

$$t=\frac{4.51-4.40}{0.11/\sqrt{7}} \approx 2.646>1.943=t_{0.05}(6).$$

因此，拒绝原假设 H_0，接受备择假设 H_1，即可以认为该批保健品中的维生素 C 含量均值显著提高.

(5) 由题意可知，直径 X（单位：mm）服从正态分布，其中 $\sigma^2=2.4^2$，$S=2.7$，$n=25$.

设原假设 $H_0: \sigma^2=2.4^2$，$H_1: \sigma^2 \neq 2.4^2$. 选取统计量

$$\chi^2=\frac{(n-1)S^2}{\sigma^2} \sim \chi^2(n-1),$$

由显著性水平 $\alpha=0.01$，查表得临界值：$\chi^2_{1-\frac{\alpha}{2}}(n-1)=\chi^2_{0.995}(24)=9.886$，

$\chi^2_{\frac{\alpha}{2}}(n-1)=\chi^2_{0.005}(24)=45.559$. 计算得 $\chi_0^2=\dfrac{24\times 2.7^2}{2.4^2} \approx 30.375$，

则
$$9.886<\chi_0^2=30.375<45.559.$$

因此，接受原假设 H_0，拒绝备择假设 H_1，即认为该批零件直径的波动与平时没有显著变化.

(6) 假设检验 $H_0: \sigma^2 \leqslant 100^2$，$H_1: \sigma^2>100^2$，检验统计量

$$\chi^2=\frac{(n-1)S^2}{100^2} \sim \chi^2(n-1),$$

由数据得　　$n=40$，$s^2=15000$，$\chi^2=\dfrac{(40-1)\times 15000}{100^2}=58.5$，

查表得 $\chi^2_{0.05}(39)=54.572$，

因为 $\chi^2=58.5 \notin (0, 54.572)$，所以拒绝 H_0，即认为灯泡寿命的波动性显著增大.

(7) 检验包装机工作是否正常，就是要检验是否均值为 $\mu_0=500$，方差小于 $\sigma_0^2=10^2$.

① 设 $H_0: \mu=500$，　$H_1: \mu \neq 500$.

由于 σ^2 未知，选统计量 $t=\dfrac{\overline{X}-\mu_0}{S/\sqrt{n}} \sim t(n-1)$.

对显著性水平 $\alpha=0.05$，查表得 $t_{\frac{\alpha}{2}}(n-1)=t_{0.025}(8)=2.31$. 由样本值计算得 $\bar{x}=499$，$S^2=257$，$S=16.03$，

$$|t|=\frac{499-500}{16.03/3} \approx 0.187<2.31=t_{\frac{\alpha}{2}}(n-1),$$

接受 H_0，认为每袋平均重量为 500g.

② 设 $H_0: \sigma^2=10^2$；$H_1: \sigma^2>10^2$.

由于 μ 未知，选统计量 $\chi^2=\dfrac{(n-1)S^2}{\sigma_0^2}\sim\chi^2(n-1)$.

对显著性水平 $\alpha=0.05$，查表得 $\chi_\alpha^2(n-1)=\chi_{0.05}^2(8)=15.5$，

$$\chi^2=\frac{8\times257}{100}=20.56>15.5=\chi_\alpha^2(n-1)$$

拒绝 H_0，接受 H_1，认为标准差大于10.

综上，尽管包装机没有系统误差，但是工作不够稳定，因此这天包装机工作不正常.

(8) 这里 $\sigma_1^2=14^2$，$\sigma_2^2=15^2$ 为已知.

设原假设 $H_0:\mu_1=\mu_2$，备择假设 $H_1:\mu_1\neq\mu_2$.

由 σ_1^2 及 σ_2^2 已知，选统计量 $Z=\dfrac{\overline{X}-\overline{Y}}{\sqrt{\dfrac{\sigma_x^2}{n_x}+\dfrac{\sigma_y^2}{n_y}}}\sim N(0,1)$，

对显著性水平 $\alpha=0.05$，查表得 $z_{\frac{\alpha}{2}}=z_{0.025}=1.96$，计算得到

$$|Z|=\frac{|280-286|}{\sqrt{\dfrac{14^2}{50}+\dfrac{15^2}{50}}}\approx2.07>1.96=z_{\frac{\alpha}{2}}.$$

因此，拒绝原假设 H_0，接受备择假设 H_1，即两种工艺下生产的某医疗器械强力有明显差异.

(9) 设 X 表示镍合金的硬度，Y 表示铜合金的硬度，则由假定，$X\sim N(\mu_1,\sigma^2)$，$Y\sim N(\mu_2,\sigma^2)$，由于两者方差未知但相等，故采用两样本 t —检验，建立假设

$H_0:\mu_1\leqslant\mu_2$，$H_1:\mu_1>\mu_2$，取检验统计量

$$T=\frac{\overline{X}-\overline{Y}}{S_\omega\sqrt{\dfrac{1}{n_1}+\dfrac{1}{n_2}}}\sim t(n_1+n_2-2).$$

其中 $S_\omega{}^2=\dfrac{(n_1-1)S_1{}^2+(n_2-1)S_2{}^2}{n_1+n_2-2}$，$S_\omega=\sqrt{S_\omega^2}$.

由题设知，$n_1=8$，$n_2=9$，经样本计算得

$$\overline{x}=73.39,\ S_1^2=29.3994\ \overline{y}=68.2756,\ S_2^2=11.3944,$$

$$S_\omega^2=\frac{(n_1-1)S_1{}^2+(n_2-1)S_2{}^2}{n_1+n_2-2}=\frac{(8-1)S_1{}^2+(9-1)S_2{}^2}{8+9-2}=19.7972,$$

检验统计量 T 的观测值

$$t=\frac{\overline{x}-\overline{y}}{s_\omega\sqrt{\dfrac{1}{8}+\dfrac{1}{9}}}=\frac{73.39-68.2756}{4.4494\cdot\sqrt{\dfrac{1}{8}+\dfrac{1}{9}}}=2.3656.$$

给定 $\alpha=0.05$，查表得 $t_\alpha(n_1+n_2-2)=t_{0.05}(15)=1.7531$，显然，$t>1.7531$，所以拒绝 H_0，可判断镍合金硬度有显著提高.

(10) 设甲、乙两台包装机包装的葡萄糖质量分别记作 X 和 Y，则 $X\sim N(\mu_1,\sigma_1{}^2)$，$Y\sim N(\mu_2,\sigma_2{}^2)$，比较两台包装机哪台工作更稳定，就是比较 σ_1^2 与 σ_2^2 的大小，检验方差是否齐性. 设原假设 $H_0:\sigma_1^2=\sigma_2^2$，备择假设 $H_1:\sigma_1^2\neq\sigma_2^2$. 选取统计量

$$F=\frac{S_1^2/\sigma_1^2}{S_2^2/\sigma_2^2}\sim F(n_1-1,n_2-1),$$

因为假定 $H_0: \sigma_1^2=\sigma_2^2$ 成立，故 $F=\dfrac{S_1^2}{S_2^2}\sim F(n_1-1, n_2-1)$.

由显著性水平 $\alpha=0.05$，查表得临界值为 $F_{\frac{\alpha}{2}}(n_1-1, n_2-1)=F_{0.025}(5, 4)=9.36$，$F_{1-\frac{\alpha}{2}}(n_1-1, n_2-1)=F_{0.975}(5, 4)=\dfrac{1}{F_{0.025}(4, 5)}=\dfrac{1}{7.39}$，拒绝域为 $F>9.36$ 或者 $F<\dfrac{1}{7.39}$. 计算，$F=\dfrac{S_1^2}{S_2^2}=0.145$，$\dfrac{1}{7.39}<F=\dfrac{S_1^2}{S_2^2}=0.145<9.36$.

因此，接受 H_0，拒绝 H_1，即认为甲、乙包装机工作更稳定无显著差异.

☆**B 题**☆

(1) 假设检验 $H_0: \mu=10.5$，$H_1: \mu\neq 10.5$，

检验统计量 $Z=\dfrac{\overline{X}-10.5}{\frac{\sigma}{\sqrt{n}}}\sim N(0, 1)$，由数据得

$n=15$，$\overline{x}=10.48$，$\sigma=0.15$，$u=\dfrac{10.48-10.5}{\frac{0.15}{\sqrt{15}}}=-0.52$，查表得 $\pm z_{0.025}(9)=\pm 1.96$，

因为 $z=-0.52\in(-1.96, 1.96)$，所以接受 H_0，即认为该机器工作正常.

(2) 假设检验 $H_0: \mu=500$，$H_1: \mu\neq 500$，

因为 σ^2 未知，统计量 $t=\dfrac{\overline{X}-\mu_0}{\frac{S}{\sqrt{n}}}=\dfrac{\overline{X}-500}{\frac{S}{\sqrt{10}}}\sim t(9)$，由数据得

$\overline{X}=502$，$S=6.5$，$t=\dfrac{502-500}{\frac{6.5}{\sqrt{10}}}=0.97$，查表得 $t_{0.01}(9)=2.82$，

因为 $|t|=0.97<2.82$，故可以认为机器工作正常.

(3) 根据题设，考生成绩 X 服从正态分布，并记从 X 中抽取的容量为 n 的样本均值为 $\overline{X}$ 及样本标准差为 s. 在显著性水平 $\alpha=0.05$ 下，

检验假设 $H_0: \mu=70$，$H_1: \mu\neq 70$，

拒绝域为 $|t|=\dfrac{|\overline{X}-70|}{S}\sqrt{n}\geqslant t_{1-\frac{\alpha}{2}}(n-1)$，由 $n=36$，$\overline{x}=66.5$，$t_{0.975}(36-1)=2.0301$.

可算得 $|t|=\dfrac{|66.5-70|}{15}\times\sqrt{36}=1.4<2.0301$，因此接受假设 $H_0: \mu=70$，即在显著性水平 0.05 下，可以认为这次考试全体考生的平均成绩为 70 分.

(4) 假设检验 $H_0: \sigma^2\leqslant 15^2$，$H_1: \sigma^2>15^2$，

统计量 $\chi^2=\dfrac{(n-1)S^2}{\sigma_0^2}=\dfrac{\overline{X}-500}{\frac{S}{\sqrt{10}}}\sim\chi^2(n-1)$，由数据得

$\overline{X}=998$，$S=30.23$，$\chi^2=\dfrac{9\times 30.23^2}{15^2}=36.554$，查表得 $\chi^2_{0.05}(9)=16.919$，

因为 $\chi^2(9)=36.554>16.919$，故拒绝接受 H_0，即包装机在这天工作不正常.

(5) 假设检验 $H_0: \mu_1=\mu_2$，$H_1: \mu_1\neq\mu_2$，

因为 $\sigma_1^2=6^2$，$\sigma_2^2=8^2$ 已知，统计量 $Z=\dfrac{\overline{X}-\overline{Y}}{\sqrt{\dfrac{\sigma_1^2}{m}+\dfrac{\sigma_2^2}{n}}}$，

当 H_0 为真时，由查表知 $z_{\frac{\alpha}{2}}=1.96$，拒绝域为 $(-\infty,-1.96)\cup(1.96,+\infty)$.

将 $\overline{X}=40$，$\overline{Y}=34$，$n=12$，$m=16$ 代入统计量，得

$$Z=\frac{40-34}{\sqrt{\dfrac{36}{12}+\dfrac{64}{16}}}=2.27>1.96.$$

故拒绝接受 H_0，认为两种操作法生产的产品平均抗拆强度有显著差异.

(6) 设 X，Y 分别表示原来工艺和新工艺生产零件的直径，且

$$X\sim N(\mu_1,\sigma_1^2)，\quad Y\sim N(\mu_2,\sigma_2^2)，$$

假设检验 $H_0:\sigma_1^2=\sigma_2^2$，$H_1:\sigma_1^2>\sigma_2^2$，

统计量
$$F=\frac{S_1^2}{S_2^2}\sim F(24,24)，$$

给定显著性水平 $\alpha=0.05$，要使 $P\{F>F_{0.05}(24,24)\}=0.05$，而 $F_{0.05}(24,24)=1.98$，则拒绝域为 $[1.98,+\infty)$. 由 $S_1^2=6.27$，$S_2^2=4.40$ 得 $F=\dfrac{6.27}{4.40}=1.425$，即没落在拒绝域中，所以接受原假设 H_0，不能认为新工艺生产的零件直径的方差 σ_2^2 是否比原来工艺生产的零件直径的方差 σ_1^2 显著的小.

(7) 本题为检验假设 $H_0:\mu=8$，$H_1:\mu<8$.

由于当 n 充分大时 $\dfrac{\overline{x}-\mu}{s/\sqrt{n}}$ 近似地服从正态分布，所以拒绝域为 $\dfrac{\overline{x}-8}{s/\sqrt{n}}<-z_{0.05}$，

这里 $\overline{x}=6.5$，$S=2$，$z_\alpha=z_{0.05}=1.64$. $\dfrac{\overline{x}-8}{S/\sqrt{n}}=-7.5<-z_{0.05}=-1.64$，所以拒绝 H_0，可以认为这位校长的看法是对的.

(8) ① 假设检验 $H_0:\sigma_1^2=\sigma_2^2$，$H_1:\sigma_1^2\neq\sigma_2^2$，

检验统计量 $F=\dfrac{S_1^2}{S_2^2}\sim F(n_1-1,n_2-1)$，由数据得

$$S_1^2=234658，S_2^2=242634，\sigma=200，f=0.967，$$

查表得 $\dfrac{1}{F_{\frac{\alpha}{2}}(n_2-1,n_1-1)}=\dfrac{1}{F_{0.05}(9,9)}=\dfrac{1}{3.18}$，$F_{\frac{\alpha}{2}}(n_1-1,n_2-1)=F_{0.05}(9,9)=3.18$，

因为 $f=0.967\in\left(\dfrac{1}{3.18},3.18\right)$，所以接受 H_0.

② 假设检验 $H_0:\mu_1=\mu_2$，$H_1:\mu_1\neq\mu_2$，

检验统计量 $T=\dfrac{\overline{X}-\overline{Y}}{S_\omega\sqrt{\dfrac{1}{n_1}+\dfrac{1}{n_2}}}\sim t(n_1+n_2-2)$，其中 $S_\omega=\sqrt{\dfrac{(n_1-1)S_1^2+(n_2-1)S_2^2}{n_1+n_2-2}}$.

由数据得 $n_1=10$，$n_2=10$，$S_1^2=234658$，$S_2^2=242634$，$\overline{x}=1832$，$\overline{y}=1261$，$S_\omega=488.514$，$t=2.614$.

查表得 $\pm t_{\frac{\alpha}{2}}(n_1+n_2-2)=\pm t_{0.05}(18)=\pm1.7341$，因为 $t=2.614\notin(-1.7341,1.7341)$，所以拒绝 H_0.

③ 假设检验 $H_0:\mu_1\leqslant\mu_2$，$H_1:\mu_1>\mu_2$，

检验统计量 $T=\dfrac{\overline{X}-\overline{Y}}{S_\omega\sqrt{\dfrac{1}{n_1}+\dfrac{1}{n_2}}}\sim t(n_1+n_2-2)$，其中 $S_\omega=\sqrt{\dfrac{(n_1-1)S_1^2+(n_2-1)S_2^2}{n_1+n_2-2}}$.

由数据得 $n_1=10$，$n_2=10$，$S_1^2=234658$，$S_2^2=242634$，$\overline{x}=1832$，$\overline{y}=1261$，$S_\omega=488.514$，$t=2.614$.

查表得 $t_\alpha(n_1+n_2-2)=t_{0.1}(18)=1.3304$，因为 $t=2.614\notin(-\infty,1.7341)$，所以拒绝 H_0.

(9) 设 70℃下的断裂强力为 X，$X\sim N(\mu_x,\sigma_x^2)$，

80℃下的断裂强力为 Y，$Y\sim N(\mu_y,\sigma_y^2)$.

判断这两种温度下的断裂强力有无明显差异，就是检验是否有 $\mu_x=\mu_y$，这里 σ_x^2 与 σ_y^2 未知，要作 $\mu_x=\mu_y$ 检验，需有 $\sigma_x^2=\sigma_y^2$，为此先做 $\sigma_x^2=\sigma_y^2$ 的检验.

① 设 $H_0:\sigma_x^2=\sigma_y^2$，$H_1:\sigma_x^2\neq\sigma_y^2$.

由于 μ_x 与 μ_y 未知，选统计量

$$F=\frac{S_x^2}{S_y^2}\sim F(n_x-1,n_y-1)$$

对显著性水平 $\alpha=0.05$，查表得 $F_{\frac{\alpha}{2}}(n_x-1,n_y-1)=F_{0.025}(7,7)=4.99$，

$$F_{1-\frac{\alpha}{2}}(n_x-1,n_y-1)=F_{0.975}(7,7)=\frac{1}{F_{0.025}(7,7)}=\frac{1}{4.99}\approx 0.20.$$

由样本值计算得

$\overline{x}=20.4$，$S_x^2\approx 0.8857$，$S_x\approx 0.9411$，$\overline{y}=19.4$，$S_y^2\approx 0.8286$，$S_y\approx 0.9103$

$F=\dfrac{0.8857}{0,8286}\approx 1.07$，$F_{0.975}(7,7)=0.20<F<4.99=F_{0.025}(7,7)$，

接受 H_0，认为 $\sigma_x^2=\sigma_y^2$.

② 设 $H_0:\mu_x=\mu_y$，$H_1:\mu_x\neq\mu_y$，

由于 σ_x^2 与 σ_y^2 未知，选统计量

$$t=\frac{\overline{X}-\overline{Y}}{\sqrt{\dfrac{(n_x-1)S_x^2+(n_y-1)S_y^2}{n_x+n_y-2}}\sqrt{\dfrac{1}{n_x}+\dfrac{1}{n_y}}}\sim t(n_x+n_y-2).$$

对显著性水平 $\alpha=0.05$，查表得 $t_{\frac{\alpha}{2}}(n_x+n_y-2)=t_{0.025}(14)=2.14$，

$$|t|=\frac{|20.4-19.4|}{\sqrt{\dfrac{7\times 0.8857+7\times 0.8286}{14}}\sqrt{\dfrac{1}{8}+\dfrac{1}{8}}}=\frac{\sqrt{8}}{\sqrt{0.8857+0.8286}}\approx 2.16,$$

$$|t|\approx 2.16>2.14=t_{0.025}(14).$$

拒绝 H_0，接受 H_1，这两种温度下的断裂强力有明显差异. 本题中 $|T|$ 与临界值 $t_{\frac{\alpha}{2}}(n_x+n_y-2)$ 很接近，非常容易做出错误判断. 在实际中，如果遇到这种情况，可以再作一次抽样，重新检验.

(10) 记老过程中形成的 NDMA 含量为 X，新过程中形成的 NDMA 含量为 Y.

为简化检验过程，设 $H_0:\mu_x-\mu_y=2$，$H_1:\mu_x-\mu_y>2$.

由于 σ_x^2 与 σ_y^2 未知，但相等，故选统计量

$$t=\frac{\overline{X}-\overline{Y}-(\mu_x-\mu_y)}{\sqrt{\dfrac{(n_x-1)S_x^2+(n_y-1)S_y^2}{n_x+n_y-2}}\sqrt{\dfrac{1}{n_x}+\dfrac{1}{n_y}}}.$$

在 H_0 成立时

$$t=\frac{\overline{X}-\overline{Y}-2}{\sqrt{\frac{(n_x-1)S_x^2+(n_y-1)S_y^2}{n_x+n_y-2}}\sqrt{\frac{1}{n_x}+\frac{1}{n_y}}}\sim t(n_x+n_y-2).$$

对显著性水平 $\alpha=0.05$，查表得 $t_\alpha(n_x+n_y-2)=t_{0.05}(22)=1.717$. 由样本值计算得 $\overline{x}=5.25$，$S_x^2\approx 0.9318$，$\overline{y}=1.5$，$S_y^2=1$，

$$t=\frac{5.25-1.5-2}{\sqrt{\frac{11\times 0.9318+11\times 1}{22}}\sqrt{\frac{1}{12}+\frac{1}{12}}}=\frac{1.75\sqrt{12}}{\sqrt{1.9318}}\approx 4.36>1.717=t_{0.05}(22).$$

拒绝 H_0，接受 H_1，即认为 $\mu_x-\mu_y>2$.

(11) 设 $X=\begin{cases}0, & \text{当抽到合格品时},\\ 1, & \text{当抽到不合格品时},\end{cases}$

则总体 X 服从“0—1”分布，它不是正态总体. 但是，由于样本容量 $n=200$，属于大样本. 因此，$\overline{X}$ 近似服从正态分布. 又由于 $p=E(X)=\mu$，所以本题可以按正态总体均值 μ 进行检验.

设 H_0：$p=p_0=0.03$，H_1：$p>p_0=0.03$.

由于 $E(\overline{X})=E(X)=p_0$，$D(\overline{X})=\frac{D(X)}{n}=\frac{p_0(1-p_0)}{n}$，选统计量

$$Z=\frac{\overline{X}-E(\overline{X})}{\sqrt{D(\overline{X})}}=\frac{\overline{X}-p_0}{\sqrt{p_0(1-p_0)}/\sqrt{n}}.$$

在 H_0 成立时，Z 近似服从标准正态分布 $N(0,1)$.

对显著性水平 $\alpha=0.05$，查表得 $z_\alpha=z_{0.05}=1.645$. 由样本值计算得 $\overline{x}=0.045$，

$$Z=\frac{0.045-0.03}{\sqrt{0.03\times 0.97/200}}\approx 1.244<1.645=z_{0.05}.$$

接受 H_0，即可以认为该厂产品的不合格率不大于 3%. 但是，为了慎重起见，也可以再次抽样进行检验.

(12)记每次出现的点数为 X，根据题意建立假设：

H_0：X 的分布为 $P\{X=i\}=\frac{1}{6}$，$i=1,2,3,4,5,6$；H_1：X 不服从上述分布.

各个点数出现的期望次数为 $102\times\frac{1}{6}=17$ 次，根据 χ^2 拟合检验的理论，检验统计量的值为 $\chi^2=1.647$，查表得到临界值为 $\chi^2_{0.05}(6-0-1)=11.07$，$\chi^2=1.647<\chi^2_{0.05}(5)=11.07$，因此，不能拒绝 H_0，可以认为该骰子是均匀的.

(13) 检验假设 H_0：两种鸡冠重量分布无显著差异，H_1：两种鸡冠重量分布有显著差异.

$n_1=10$，$n_2=10$，根据教材中的附表 9 知，当 $(n_1,n_2)=(10,10)$ 时有 $C_U(\frac{\alpha}{2})=C_U(0.05)=83$，$C_L(\frac{\alpha}{2})=C_L(0.05)=127$，故拒绝域为 $r_1\leqslant 83$ 或者 $r_1\geqslant 127$. 现在 R_1 的观察值 $r_1=141$，所以在显著性水平 $\alpha=0.1$ 下拒绝 H_0，认为两种鸡冠重量分布有显著差异.

概率论与数理统计自测题

自测题（一）

一、选择题

1. 若$AB=\Phi$，则称A与B（　　）.

(A)相互独立　(B)互不相容　(C)对立　(D)构成完备事件组

2. X，Y是互相独立的随机变量，$E(X)=6$，$E(Y)=3$，则$E(2X-Y)=$（　　）.

(A)9　(B)15　(C)21　(D)27

3. 设随机变量$X\sim N(0,1)$，X的分布函数为$\Phi(x)$，则$P(|X|>2)$的值为（　　）.

(A)$2[1-\Phi(2)]$　(B)$2\Phi(2)-1$　(C)$2-\Phi(2)$　(D)$1-2\Phi(2)$

4. 设随机变量X和Y不相关，则下列结论中正确的是（　　）.

(A)X与Y独立　(B)$D(X-Y)=DX+DY$

(C)$D(X-Y)=DX-DY$　(D)$D(XY)=DXDY$

5. $X\sim N(\mu,\sigma^2)$，则概率$P\{X-\mu<k\sigma\}$（　　）.

(A)与μ和σ有关　(B)与μ有关，与σ无关

(C)与σ有关，与μ无关　(D)仅与k有关

6. 已知随机变量X的分布律如下，则P（$X>2$）＝（　　）.

X	0	1	2	3
P	0.1	0.1	0.2	0.6

(A) 0.1　(B)0.2　(C)0.8　(D)0.6

7. 在相同情况下，独立地进行5次射击，每次射击时，命中目标的概率为0.6，则击中目标的次数X的概率分布率为（　　）.

(A)二项分布$B(5,0.6)$　(B)泊松分布$P(5)$

(C)均匀分布$U(0.6,5)$　(D)正态分布

8. 设X的概率密度函数为$f(x)=\begin{cases}\dfrac{1}{10}e^{-\frac{x}{10}}, & x\geqslant 0,\\ 0, & x<0,\end{cases}$则$E(2X+1)=$（　　）.

9. 设总体$X\sim N(\mu,\sigma^2)$，其中μ已知，σ^2未知，X_1,X_2是取自总体X的样本，则下列各量为统计量的是（　　）.

(A)$X_1+\mu+\sigma^2$　(B)$2X_1+\sigma\mu$　(C)X_1+X_2　(D)$\dfrac{X_1-\mu}{\sigma}$

10. 样本$X_1,X_2,\cdots,X_n$是来自正态总体的简单随机样本，下列各统计量服从标准正态分布的是（　　）.

(A)$\dfrac{1}{n}(X_1+X_2+\cdots+X_n)$　(B)$\dfrac{\overline{X}-\mu}{\sigma/\sqrt{n}}$

(C) $\frac{1}{n-1}\sum_{i=1}^{n}(X_i-\overline{X})^2$　　(D) $X_1^2+X_2^2+\cdots+X_n^2$

二、计算题

1.设某地区成年居民中肥胖者占10%，不胖不瘦者占82%，瘦者占8%，又知肥胖者患高血压的概率为20%，不胖不瘦者患高血压病的概率为10%，瘦者患高血压病的概率为5%，试求：(1) 该地区居民患高血压病的概率；(2) 若知某人患高血压，则他属于肥胖者的概率有多大？

2.设总体X的概率密度为 $f(x,\theta)=\begin{cases}(\theta+1)x^{\theta}, & 0<x<1 \\ 0, & \text{其他},\end{cases}$，其中 θ ($\theta>-1$) 为待估参数，设 $X_1,X_2,\cdots,X_n$ 是来自 X 的样本，求 θ 的矩估计量.

3.设 (X,Y) 的概率密度为 $f(x,y)=\begin{cases}e^{-(x+y)}, & x\geqslant 0,y\geqslant 0, \\ 0, & \text{其他}.\end{cases}$ 求 (1) 边缘概率密度 $f_X(x),f_Y(y)$；(2) $Z=X+Y$ 的概率密度 $f_Z(z)$.

4.设随机变量 Y 的概率密度函数为 $f(y)=\begin{cases}0.2, & -1<y\leqslant 0, \\ 0.2+cy, & 0<y\leqslant 1, \\ 0, & \text{其他},\end{cases}$ 求 (1) 常数 c；(2) $P\{0\leqslant Y\leqslant 0.5\}$；(3) $D(Y)$.

5.设二维离散型随机变量 (X,Y) 的分布律如下.(1) 求 Y 的边缘分布律；(2) 判别 X 与 Y 是否独立；(3) 计算 $\mathrm{Cov}(X,Y)$.

X \ Y	1	2	3
1	1/6	1/9	1/18
2	1/3	1/9	2/9

三、应用题

有一大批葡萄，从中随机抽取样30份袋，经检测糖含量的均值与方差如下：$\overline{x}=14.72$，$s^2=(1.381)^2=1.9072$，并知道糖的含量服从正态分布，求总体均值 μ 的置信水平为0.95的置信区间.

$(t_{0.025}(29)=2.0452, t_{0.025}(30)=2.0432, t_{0.05}(29)=1.6991, t_{0.05}(30)=1.6973)$

自测题（二）

一、选择题

1.假设事件 A,B 满足 $P(B|A)=1$，则（　　）.

(A) B 是必然事件　(B) $P(B)=1$　(C) $P(A-B)=0$　(D) $B\subset A$

2.设每次试验成功的概率为 p ($0<p<1$)，现进行独立重复试验，则直到第8次试验才取得第3次成功的概率为（　　）.

(A) $C_8^3p^3(1-p)^5$　(B) $C_7^2p^3(1-p)^5$　(C) $C_7^3p^3(1-p)^5$　(D) $C_7^2p^2(1-p)^5$

3.设 X 与 Y 是相互独立的随机变量，其分布函数分别为 $F_X(x),F_Y(y)$，则 $Z=\min(X,Y)$ 的分布函数为（　　）.

(A) $F_Z(z)=F_X(z)F_Y(z)$　　(B) $F_Z(z)=F_Y(y)$

(C) $F_Z(z)=\min\{F_X(x),F_Y(y)\}$　　(D) $F_Z(z)=1-[1-F_X(z)][1-F_Y(z)]$

4. 设离散型随机变量 X 的分布列为

X	0	1	2	3
p_k	0.3	0.3	0.2	0.2

$F(x)$为 X 的分布函数，则 $F(2.5)=$ (　　).

(A) 0.3　　(B) 0.6　　(C) 0.8　　(D) 1

5. 设连续型随机变量 X 的概率密度为 $f(x)=\dfrac{A}{1+x^2}, -\infty<x<\infty$，则参数 $A=$ (　　).

(A) 0　　(B) $1/\pi$　　(C) π　　(D) 1

6. 二维随机变量(X,Y)的分布律见下表，则 $P\{XY=0\}=$ (　　).

X \ Y	0	1	2
0	1/12	1/6	1/6
1	1/12	1/12	0
2	1/6	1/12	1/6

(A) 1/12　　(B) 1/6　　(C) 1/3　　(D) 2/3

7. 设 $X\sim N(0,1)$，$\Phi(x)$是 X 的分布函数，则下列式子不成立的是 (　　).

(A) $\Phi(0)=0.5$　　(B) $\Phi(-x)+\Phi(x)=1$

(C) $\Phi(-a)=\Phi(a)$　　(D) $P(|X|<a)=2\Phi(a)-1$

8. 设二维随机变量 (X,Y) 的联合概率密度为 $f(x,y)=\begin{cases}1, & 0<x<1, 0<y<1,\\ 0, & \text{其他},\end{cases}$ 则概率 $P\{X<0.5,Y<0.6\}=$ (　　).

(A) 0.5　　(B) 0.6　　(C) 0.3　　(D) 0.9

9. 设样本 $X_1,X_2,\cdots,X_n$ 来自总体 X，则下列估计量中不是总体均值 μ 的无偏估计量的是 (　　).

(A) $\overline{X}$　　(B) $X_1+X_2+\cdots+X_n$

(C) $0.1\times(6X_1+4X_n)$　　(D) $X_1+X_2-X_3$

10. 设 $X_1,X_2,\cdots,X_n$ 是总体 $N(0,1)$的样本，$\overline{X}$ 和 S 分别为样本的均值和样本标准差，则 (　　).

(A) $\overline{X}/S\sim t(n-1)$　　(B) $\overline{X}\sim N(0,1)$

(C) $(n-1)S^2\sim\chi^2(n-1)$　　(D) $\sqrt{n}\,\overline{X}\sim t(n-1)$

二、计算题

1. 针对某种疾病进行一种化验，患该病的人有 95%呈阳性反应，而未患该病的人中有 3%呈阳性反应，设人群中有 1%的人患这种病。

(1) 从人群中随机地挑选一人，求此人化验呈阳性反应的概率；

(2) 若某人做这种化验呈阳性反应，则他患这种疾病的概率是多少？

2. 设总体 X 的概率密度为

$$f(x)=\begin{cases}\dfrac{1}{\theta-1}, & 1<x<\theta,\\ 0, & \text{其他}.\end{cases}$$

$X_1,X_2,\cdots,X_n$ 是取自 X 的一个样本。求 θ 的矩估计量 $\hat{\theta}$.

3. 设离散型随机变量 X 的分布律为

X	-1	0	1	2
P	b	0.3	a	0.1

已知 $E(X)=0$. 求（1）a,b 的值；（2）X 的分布函数 $F(x)$；（3）$Y=2X^2$ 的分布律.

4. 二维离散型随机变量（X,Y）的联合分布律与边缘分布律见下表

X \ Y	1	2	3	$p_{\cdot j}$
0	$\frac{1}{8}$	a	$\frac{1}{24}$	
1	b	$\frac{1}{4}$	$\frac{1}{8}$	$\frac{3}{8}+b$
$p_{i\cdot}$		$\frac{1}{3}$		

求（1）a,b 的值；（2）X,Y 的边缘分布律；（3）$\mathrm{Cov}(X,Y)$.

5. 设二维随机变量（X,Y）的联合概率密度为

$$f(x,y)=\begin{cases}\dfrac{3}{2}x^2y, & 0<x<1,0<y<2,\\ 0, & \text{其他}.\end{cases}$$

求（1）随机变量 X 和 Y 的边缘概率密度；（2）$p\left\{X\leqslant\dfrac{1}{2},Y\geqslant1\right\}$.

三、应用题

已知一批零件的长度 X（单位：cm）服从正态分布 $N(\mu,\sigma^2)$：若 $\sigma^2=1$，随机取 16 个零件，得到长度平均值 $\overline{X}=40\text{cm}$，求 μ 的置信度为 0.95 的双侧置信区间.（可能用到的分位点：$Z_{0.05}=1.6449$，$Z_{0.025}=1.96$）

自测题（三）

一、填空题

1. 已知随机事件 A 与 B 相互独立，$P(A)>0$，且 A、B 同时发生的概率与 A 发生而 B 不发生的概率相等，则 $P(B)=$________.

2. 已知随机变量 X 的分布函数为 $F(x)=a+b\arctan x$，$-\infty<x<+\infty$，则 $P\{-1<X\leqslant1\}=$________.

3. 已知随机变量 X 和 Y 相互独立，它们的分布函数分别为 $F_X(x)$ 和 $F_Y(y)$，则 $Z=$

$\min\{X, Y\}$ 的分布函数为 $F_Z(z)=$ ________.

4. 设随机变量 X 的数学期望 $E(X)=\mu$，方差 $D(X)=2$，则由切比雪夫不等式可知 $P\{|X-\mu|\geqslant 2\}\leqslant$ ________.

5. 设$(X_1, X_2, \cdots, X_{15})$是来自标准正态总体 X 的一个样本，$Y=(\sum_{i=1}^{5}X_i)^2+(\sum_{i=6}^{10}X_i)^2+(\sum_{i=11}^{15}X_i)^2$，为使 CY 服从 χ^2 分布，则 $C=$ ________.

二、选择题

1. 设事件 A 和 B 互不相容，且 $0<P(A)P(B)<1$，则必有（　　）.

(A) $\overline{A}$ 与 $\overline{B}$ 互不相容　　(B) $\overline{A}$ 与 $\overline{B}$ 不是互不相容

(C) $\overline{A}$ 与 $\overline{B}$ 相互独立　　(D) $\overline{A}$ 与 $\overline{B}$ 不相互独立

2. 某一学生宿舍中有 6 名同学，假设每人的生日在一周 7 天中的任一天是等可能的，则至少有一个人的生日在星期天的概率为（　　）.

(A) $\frac{1}{7^6}$　(B) $\frac{6^6}{7^6}$　(C) $1-\frac{6^6}{7^6}$　(D) $1-\frac{1}{7^6}$

3. 已知随机变量 X 和 Y 都服从正态分布，且 $X\sim N(\mu, 4^2)$，$Y\sim N(\mu, 3^2)$，设 $p_1=P\{X\geqslant\mu+4\}$，$p_2=P\{Y\leqslant\mu-3\}$，则（　　）.

(A) 只对 μ 的某些值，有 $p_1=p_2$　　(B) 对任意实数 μ，有 $p_1<p_2$

(C) 对任意实数 μ，有 $p_1>p_2$　　(D) 对任意实数 μ，有 $p_1=p_2$

4. 设随机变量 $X\sim t(n)\ (n>1)$，$Y=\frac{1}{X^2}$，则（　　）.

(A) $Y\sim\chi^2(n)$　(B) $Y\sim\chi^2(n+1)$　(C) $Y\sim F(n,1)$　(D) $Y\sim F(1,n)$.

5. 设 X_1, X_2, X_3 是来自正态总体 $N(\mu,1)$ 的样本，则下面 μ 的四个无偏估计量中最有效的是（　　）.

(A) $\hat{\mu}_1=\frac{1}{5}X_1+\frac{3}{10}X_2+\frac{1}{2}X_3$　　(B) $\hat{\mu}_2=\frac{1}{3}X_1+\frac{2}{9}X_2+\frac{4}{9}X_3$

(C) $\hat{\mu}_3=\frac{1}{3}X_1+\frac{1}{6}X_2+\frac{1}{2}X_3$　　(D) $\hat{\mu}_4=\frac{1}{3}X_1+\frac{1}{4}X_2+\frac{5}{12}X_3$.

三、计算题

1. 设甲袋中有 9 只白球和 1 只黑球，乙袋中有 10 只白球. 每次从甲、乙两袋中同时各任取一球，作交换后放入各自对方袋中，这样进行 3 次，求：(1) 作第 2 次交换后黑球出现在甲袋中的概率；(2) 作第 3 次交换后黑球出现在甲袋中的概率.

2. 已知连续型随机变量 X 的概率密度函数为 $f_X(x)=\begin{cases}A\lambda e^{-\lambda x}, & x>0,\\ 0, & x\leqslant 0\end{cases}$ $(\lambda>0)$. 求 (1) 常数 A；(2) $P\{-2\leqslant X<2\}$；(3) $Y=4X$ 的概率密度函数 $f_Y(y)$.

3. 设有 4 只球，其中标有数字 1，2 的球各有 2 只，现从中不放回地取球两次，每次任取一只，设第 i 次取到球上的数字为 $X_i\ (i=1,2)$. 求 (1) (X_1, X_2) 的分布律；(2) (X_1, X_2)

关于 X_1 和 X_2 的边缘分布律；(3) X_1 和 X_2 是否相互独立，为什么？

4. 设随机变量 X 与 Y 独立同分布，其共同概率密度为 $f(x)=\begin{cases} e^{-x}, & x>0, \\ 0, & x\leqslant 0, \end{cases}$ 求 $Z=X+Y$ 的概率密度.

5. 设随机变量 X 的概率密度为 $f(x)=\begin{cases} ax^2+bx+c, & 0<x<1, \\ 0, & 其他, \end{cases}$ 且已知 $E(X)=0.5$, $D(X)=0.15$，求系数 a, b, c.

四、解答题

1. 设总体 X 的概率密度为 $f(x)=\begin{cases} (\theta+1)x^{\theta}, & 0<x<1, \\ 0, & 其他, \end{cases}$ 其中 $\theta>-1$，θ 是未知参数，$X_1, X_2, \cdots, X_n$ 是来自总体 X 的一个容量为 n 的简单随机样本，$x_1, x_2, \cdots, x_n$ 为一相应的样本值，分别用矩估计法和最大似然估计法求 θ 的估计量.

2. 市级历史名建筑国际饭店为了要大修而重新测量. 建筑学院的 6 名同学对该大厦的高度进行测量，结果如下（单位：m）：

87.4,　　87.0,　　86.9,　　86.8,　　87.5,　　87.0.

据记载该大厦的高度为 87.4，设大厦的高度服从正态分布，问在显著性水平 $\alpha=0.01$ 下，

(1) 你认为该大厦的高度是否要修改？(要写出计算过程)

(2) 若测量的方差不得超过 0.04，那么你是否认为这次测量的方差偏大？(要写出计算过程)

附分布数值表如下：

$t_{0.01}(5)=3.3649$，$t_{0.01}(6)=3.1427$，$t_{0.005}(5)=4.0322$，$t_{0.005}(6)=3.7074$，

$\chi^2_{0.005}(5)=16.750$，$\chi^2_{0.005}(6)=18.548$，$\chi^2_{0.01}(5)=15.086$，$\chi^2_{0.01}(6)=16.812$.

自测题（四）

一、填空题

1. 盒中有 4 个棋子，其中 2 个白子，2 个黑子，今有一人随机地从盒中取出 2 个棋子，则这 2 个棋子颜色不同的概率为________.

2. 已知事件 A，B 仅发生一个的概率为 0.3，且 $P(A)+P(B)=0.5$，则 A，B 至少有一个不发生的概率为________.

3. 设随机变量 X 和 Y 相互独立且都服从标准正态分布，则 $P\{X+Y\geqslant 0\}=$________，$P\{\max(X, Y)\geqslant 0\}=$________.

4. 设总体 $X\sim\chi^2(n)$，X_1, X_2, X_3, X_4, X_5 是来自 X 的样本，则 $E(S^2)=$________.

5. 设 1，0，0，1，1 是来自两点分布总体 $B(1, p)$ 的样本观察值，则参数 $q=1-p$ 的矩估计值为________.

二、选择题

1. 下列结论正确的是（　　）.

(A) 若 $P(AB)=0$，则 A, B 互不相容

(B) 若 $P(A)=1$，$P(B)=1$，则 A, B 相互独立

(C)若 $P(A)=1$，$P(B)=1$，则 $P(AB)=1$ 不一定成立

(D)若 $P(A)=1$，则 A 是必然事件

2.设 $f(x)$，$g(x)$ 分别是随机变量 X 与 Y 的概率密度，则下列函数中是某随机变量概率密度的是（ ）.

(A) $f(x)g(x)$　　(B) $\frac{3}{5}f(x)+\frac{2}{5}g(x)$

(C) $3f(x)-2g(x)$　　(D) $2f(x)+g(x)-2$

3.设两个随机变量 X 与 Y 相互独立，且 $P\{X=-1\}=P\{Y=-1\}=P\{X=1\}=P\{Y=1\}=\frac{1}{2}$，则下列各式中成立的是（ ）.

(A) $P\{X=Y\}=\frac{1}{2}$　　(B) $P\{X=Y\}=1$

(C) $P\{X+Y=0\}=\frac{1}{4}$　　(D) $P\{XY=1\}=\frac{1}{4}$

4.设 X,Y 为随机变量，且相关系数 $\rho_{XY}=0$，则（ ）.

(A) $D(X-Y)=D(X)+D(Y)$　　(B) $E(XY)\neq E(X)E(Y)$

(C) X 与 Y 相互独立　　(D) X 与 Y 线性相关

5.设总体 $X\sim N(\mu,\sigma^2)$，其中 μ 未知，X_1,X_2,X_3,X_4 为来自总体 X 的一个样本，下面 μ 的四个无偏估计量中最有效的是（ ）.

(A) $\hat{\mu}_1=\frac{1}{4}(X_1+X_2+X_3+X_4)$　　(B) $\hat{\mu}_2=\frac{1}{5}X_1+\frac{1}{5}X_2+\frac{1}{5}X_3+\frac{2}{5}X_4$

(C) $\hat{\mu}_3=\frac{1}{6}X_1+\frac{2}{6}X_2+\frac{2}{6}X_3+\frac{1}{6}X_4$　　(D) $\hat{\mu}_4=\frac{1}{7}X_1+\frac{2}{7}X_2+\frac{3}{7}X_3+\frac{1}{7}X_4$

三、计算题

1.设某工厂的甲、乙、丙三个车间生产同一种产品，产量依次占全厂产量的45%，35%，20%，且各车间的次品率分别为4%，2%，1%.(1)从该厂生产的产品中任取1件，求它是次品的概率；(2)如果已知取出的该件产品是次品，求它是由乙车间生产的概率.

2.设随机变量 ξ 和 η 同分布，ξ 的概率密度为 $\varphi(x)=\begin{cases}\frac{3}{8}x^2, & 0<x<2,\\ 0, & \text{其他},\end{cases}$ 已知事件 $A=\{\xi>a\}$ 和 $B=\{\eta>a\}$ 独立，且 $P(A\cup B)=\frac{3}{4}$，求常数 a.

3.下表给出二维随机变量 (X,Y) 的分布律、边缘分布律的部分值，并且已知 $P\{X=x_1|Y=y_1\}=P\{X=x_2|Y=y_2\}=\frac{1}{6}$，试将其余数值填入空白处.

Y \ X	x_1	x_2	x_3	$p_{\cdot j}$
y_1	$\frac{1}{8}$	$\frac{1}{8}$		
y_2				
$p_{i\cdot}$	$\frac{1}{6}$			

4. 设随机变量 K 在 (1, 6) 服从均匀分布， 求(1) x 的方程 $4x^2+4Kx+K+2=0$ 有实根的概率；(2) 随机变量 $Y=e^K$ 的概率密度.

5. 设随机变量 ξ， η 独立且都服从于 $B(2, 0.8)$， $X=\xi+\eta, Y=\xi\eta$， 求 $\mathrm{Cov}(X, Y)$.

四、解答题

1. 设总体 X 的概率密度为 $f(x)=\begin{cases}\theta a^{\theta}x^{-(\theta+1)}, & x>a,\\ 0, & \text{其他},\end{cases}$ 其中 $a>0$ 为已知，$\theta>1$，θ 为未知参数，$X_1, X_2, \cdots, X_n$ 为总体 X 的一个样本，$x_1, x_2, \cdots, x_n$ 为一相应的样本值. 求 (1) θ 的矩估计量；(2) θ 的最大似然估计量.

2. 某厂生产的一种元件，其寿命服从方差 $\sigma_0^2=10$ 的正态分布，现换一种新工艺生产该元件，从生产情况看，寿命的波动比较大. 今从用新工艺生产的一批元件中抽取 26 个样品，测得 $s^2=12$，试判断用新工艺生产后，元件寿命波动较以往有无显著变化. (显著性水平 $\alpha=0.05$) 附：$\chi^2_{0.025}(25)=40.65$，$\chi^2_{0.975}(25)=13.12$.

概率论与数理统计自测题参考答案

自测题（一）参考答案

一、选择题

1. B；2. A；3. A；4. B；5. D；6. D；7. A；8. C；9. C；10. B.

二、计算题

1. $A_i(i=1,2,3)$分别表示居民为肥胖者、不胖不瘦者、瘦者，B："居民患高血压病 ".

（1）由全概率公式得 $P(B)=\sum_{i=1}^{3}P(A_i)P(B\mid A_i)=0.106$.

（2）由贝叶斯公式得 $P(A_1|B)=\dfrac{P(A_1)P(B|A_1)}{P(B)}=\dfrac{10}{53}$.

2. $\mu_1=E(X)=\int_0^1(\theta+1)x^{\theta+1}\mathrm{d}x=\dfrac{\theta+1}{\theta+2}=\overline{X}$，$\hat{\theta}=\dfrac{1-2\overline{X}}{\overline{X}-1}$

3.（1）$f_X(x)=\begin{cases}0, & x<0,\\ \mathrm{e}^{-x}, & x\geqslant 0.\end{cases}$ $f_Y(y)=\begin{cases}0, & y<0,\\ \mathrm{e}^{-y}, & y>0.\end{cases}$

因为 $f(x,y)=f_X(x)\cdot f_Y(y)$，所以 X,Y 独立.

（2）$f_Z(z)=\int_{-\infty}^{+\infty}f_X(x)\cdot f_Y(z-x)\mathrm{d}x=\begin{cases}z\mathrm{e}^{-z}, & z\geqslant 0\\ 0, & z<0\end{cases}$

4.（1）由 $\int_{-\infty}^{+\infty}f(y)\mathrm{d}y=1$ 得 $c=1.2$；（2）$P\{0\leqslant Y\leqslant 0.5\}=0.25$；（3）$D(y)=E(y^2)-[E(y)]^2=\dfrac{41}{150}$.

5.（1）

Y	1	2	3
P	1/2	2/9	5/18

（2）$P\{X=1\}P\{Y=2\}=\dfrac{1}{3}\times\dfrac{2}{9}=\dfrac{2}{27}\neq P\{X=1,Y=2\}=\dfrac{1}{9}$，$X$ 与 Y 不独立.

（3）$\mathrm{Cov}(X,Y)=E(XY)-E(X)E(Y)=43/9$.

三、应用题

$$\left(\overline{x}-\frac{s}{\sqrt{n}}t_{\frac{\alpha}{2}}(n-1),\overline{x}+\frac{s}{\sqrt{n}}t_{\frac{\alpha}{2}}(n-1)\right)=(14.20,15.24)$$

自测题（二）参考答案

一、选择题

1. C；2. B；3. D；4. C；5. B；6. D；7. C；8. C；9. B；10. C.

二、计算题

1. 设事件 $A=$ “某人患这种病”，事件 $B=$ “化验呈阳性反应”.

(1) $P(B)=P(B|A)*P(A)+P(B|\overline{A})*P(\overline{A})=0.95*0.01+0.03*0.99=0.0392$.

(2) $P(A|B)=\dfrac{P(B|A)*P(A)}{P(B)}=\dfrac{0.95*0.01}{0.0392}=\dfrac{95}{392}(0.242)$.

即化验呈阳性反应的人中，有 24.2%左右的患者真正患有该病.

2. θ 的矩估计量 $\hat{\theta}=2\overline{X}-1$.

3. (1) $a=0.2, b=0.4$.

(2) $F(x)=\begin{cases}0, & x<-1,\\ 0.4, & -1\leqslant x<0,\\ 0.7, & 0\leqslant x<1,\\ 0.9, & 1\leqslant x<2,\\ 1, & x\geqslant 2.\end{cases}$

(3) Y 的分布律为

Y	0	2	8
P	0.3	0.6	0.1

4. (1) $a=\dfrac{1}{12}$，$b=\dfrac{3}{8}$.

(2) X 的边缘分布律为

X	0	1
P	$\frac{1}{4}$	$\frac{3}{4}$

Y 的边缘分布律为

Y	1	2	3
P	$\frac{1}{2}$	$\frac{1}{3}$	$\frac{1}{6}$

(3) $\mathrm{Cov}(X,Y)=E(XY)-E(X)E(Y)=\dfrac{5}{4}-\dfrac{3}{4}\times\dfrac{5}{3}=0$.

5. (1) $f_X(x)=\begin{cases}3x^2, & 0<x<1,\\ 0, & \text{其他};\end{cases}$ $f_Y(y)=\begin{cases}\dfrac{y}{2}, & 0<y<2,\\ 0, & \text{其他}.\end{cases}$

(2) $p\left\{X\leqslant\dfrac{1}{2},Y\geqslant 1\right\}=\dfrac{3}{32}$

三、应用题

$$\left(\overline{X}\pm\frac{\sigma}{\sqrt{n}}Z_{\alpha/2}\right)=\left(40\pm\frac{1}{\sqrt{16}}\cdot 1.96\right)=(40\pm 0.49)=(39.51,40.49).$$

自测题（三）参考答案

一、填空题

1. 0.5；　2. 0.5；　3. $1-[1-F_X(z)][1-F_Y(z)]$；　4. $\frac{1}{2}$；　5. $\frac{1}{5}$.

二、选择题

1. D；　2. C；　3. D；　4. C；　5. D.

三、计算题

1. 设事件 A_i 表示"第 i 次交换后黑球出现在甲袋中"，$i=1,2,3$，则 $P(A_1)=\frac{9}{10}$，$P(A_2\mid A_1)=\frac{9}{10}$，$P(A_2\mid\overline{A_1})=\frac{1}{10}$，$P(A_3\mid A_2)=\frac{9}{10}$，$P(A_3\mid\overline{A_2})=\frac{1}{10}$，由全概率公式得

(1) $P(A_2)=P(A_2\mid A_1)P(A_1)+P(A_2\mid\overline{A}_1)P(\overline{A}_1)=\frac{9}{10}\times\frac{9}{10}+\frac{1}{10}\times\frac{1}{10}=0.82$；

(2) $P(A_3)=P(A_3\mid A_2)P(A_2)+P(A_3\mid\overline{A}_2)P(\overline{A}_2)=\frac{9}{10}\times 0.82+\frac{1}{10}\times 0.18=0.756$.

2. (1) 由 $\int_{-\infty}^{+\infty}f_X(x)\mathrm{d}x=1$，即 $\int_0^{+\infty}A\lambda\mathrm{e}^{-\lambda x}\mathrm{d}x=1$，解得 $A=1$；

(2) $P\{-2\leqslant X<2\}=\int_0^2\lambda\mathrm{e}^{-\lambda x}\mathrm{d}x=1-\mathrm{e}^{-2\lambda}$；

(3) Y 的分布函数为 $F_Y(y)=P\{Y\leqslant y\}=P\{4X\leqslant y\}=P\left\{X\leqslant\frac{y}{4}\right\}=F_X\left(\frac{y}{4}\right)$，

$$f_Y(y)=F'_Y(y)=f_X\left(\frac{y}{4}\right)\times\frac{1}{4}=\begin{cases}\frac{\lambda}{4}\mathrm{e}^{-\frac{\lambda}{4}y}, & y>0,\\ 0, & y\leqslant 0.\end{cases}$$

3. (1) (X_1, X_2) 的分布律为

X_2 \ X_1	1	2
1	$\frac{1}{6}$	$\frac{1}{3}$
2	$\frac{1}{3}$	$\frac{1}{6}$

(2) (X_1,X_2) 关于 X_1 和 X_2 的边缘分布律分别为

X_1	1	2
$p_{i\cdot}$	$\frac{1}{2}$	$\frac{1}{2}$

X_2	1	2
$p_{\cdot j}$	$\frac{1}{2}$	$\frac{1}{2}$

(3) 因为 $P\{X_1=1, X_2=1\}=\frac{1}{6}\neq P\{X_1=1\}\cdot P\{X_2=1\}=\frac{1}{4}$，所以 X_1 与 X_2 不独立.

4. 因为 X 与 Y 独立，所以 $Z=X+Y$ 的概率密度为

$$f_Z(z)=\int_{-\infty}^{+\infty} f_X(x)f_Y(z-x)\mathrm{d}x\ ,$$

当 $\begin{cases}x>0,\\ z-x>0,\end{cases}$ 即 $\begin{cases}x>0,\\ x<z,\end{cases}$ 时，被积函数

$$f_X(x)f_Y(z-x)\neq 0\ ,$$

因此 $z\leqslant 0$ 时，$f_Z(z)=0$，

$z>0$ 时，$f_Z(z)=\int_0^z \mathrm{e}^{-x}\cdot\mathrm{e}^{-(z-x)}\mathrm{d}x=z\mathrm{e}^{-z}$ ，

综上，$f_Z(z)=\begin{cases}z\mathrm{e}^{-z}, & z>0,\\ 0, & z\leqslant 0.\end{cases}$

5. 因为 $\int_{-\infty}^{+\infty}f(x)\mathrm{d}x=1$，所以 $\int_0^1(ax^2+bx+c)\mathrm{d}x=1$，因此有

$$\frac{a}{3}+\frac{b}{2}+c=1, \tag{1}$$

又 $E(X)=\int_{-\infty}^{+\infty}xf(x)\mathrm{d}x=\int_0^1 x(ax^2+bx+c)\mathrm{d}x=\frac{a}{4}+\frac{b}{3}+\frac{c}{2}=0.5,\quad(2)$

$E(X^2)=\int_{-\infty}^{+\infty}x^2f(x)\mathrm{d}x=\int_0^1 x^2(ax^2+bx+c)\mathrm{d}x=\frac{a}{5}+\frac{b}{4}+\frac{c}{3}$,

$D(X)=E(X^2)-[E(X)]^2=\frac{a}{5}+\frac{b}{4}+\frac{c}{3}-\frac{1}{4}=0.15,\quad(3)$

由式(1)、式(2)、式(3) 解得 $a=12$，$b=-12$，$c=3$.

四、解答题

1. (1) 求矩估计量如下.

由 $\mu=E(X)=\int_{-\infty}^{+\infty}xf(x)\mathrm{d}x=\int_0^1(\theta+1)x^{\theta+1}\mathrm{d}x=\frac{\theta+1}{\theta+2}$，解得 $\theta=\frac{1-2\mu}{\mu-1}$ ，

以 A_1 代替 μ 得到 θ 的矩估计量为

$$\hat{\theta}=\frac{1-2A_1}{A_1-1}=\frac{1-2\overline{X}}{\overline{X}-1}\ .$$

(2) 求最大似然估计量如下.

对于 $0<x_i<1$，$i=1,2,\cdots,n$ ，似然函数为

$L(\theta)=\prod_{i=1}^{n}(\theta+1)x_i^{\theta}=(\theta+1)^n(\prod_{i=1}^{n}x_i)^{\theta}$ ，　$\ln L(\theta)=n\ln(\theta+1)+\theta\sum_{i=1}^{n}\ln x_i$ ，

令 $\frac{\mathrm{d}\ln L(\theta)}{\mathrm{d}\theta}=\frac{n}{\theta+1}+\sum_{i=1}^{n}\ln x_i=0$，解得 θ 的最大似然估计值为

$$\hat{\theta}_L=\frac{-n}{\sum_{i=1}^{n}\ln x_i}-1\ ,$$

故 θ 的最大似然估计量为 $\hat{\theta}_L=\dfrac{-n}{\sum\limits_{i=1}^{n}\ln X_i}-1$.

2.(1) 在显著性水平 $\alpha=0.01$ 下，检验假设 $H_0:\mu=\mu_0=87.4$，$H_1:\mu\neq\mu_0$.

拒绝域为 $\dfrac{|\overline{x}-\mu_0|}{S/\sqrt{n}}\geqslant t_{\alpha/2}(n-1)$，经计算

$$\overline{x}=87.1,\quad S=0.2828,\quad n=6,\quad t_{0.005}(5)=4.0322,$$

因为 $\dfrac{|\overline{x}-\mu_0|}{S/\sqrt{n}}=\dfrac{|87.1-87.4|}{0.2828/\sqrt{6}}=2.5981<4.0322=t_{0.005}(5)$，

没有落入拒绝域，故接受 H_0，认为该大厦的高度不需要修改.

(2) 在显著性水平 $\alpha=0.01$ 下，检验假设 $H_0:\sigma^2\leqslant\sigma_0^2=0.04$，$H_1:\sigma^2>\sigma_0^2$.

拒绝域为 $\dfrac{(n-1)S^2}{\sigma_0^2}\geqslant\chi_\alpha^2(n-1)$，而

$$S^2=0.08,\quad n=6,\quad \sigma_0^2=0.04,\quad \chi_{0.01}^2(5)=15.086,$$

代入数值计算得 $\dfrac{(n-1)S^2}{\sigma_0^2}=\dfrac{5\times0.08}{0.04}=10<15.086=\chi_{0.01}^2(5)$，

没有落入拒绝域，故接受 H_0，认为这次测量的方差不偏大.

自测题(四) 参考答案

一、填空题

1. $\dfrac{2}{3}$；　2. 0.9；　3. 0.5，$\dfrac{3}{4}$；　4. $2n$；　5. $\dfrac{2}{5}$.

二、选择题

1. B；　2. B；　3. A；　4. A；　5. A

三、计算题

1. 设事件 A 表示“取出的产品是次品”，B_1，B_2，B_3 分别表示事件“取出的产品是甲车间生产的”，“取出的产品是乙车间生产的”，“取出的产品是丙车间生产的”，则 $P(B_1)=45\%$，$P(B_2)=35\%$，$P(B_3)=20\%$，$P(A|B_1)=4\%$，$P(A|B_2)=2\%$，$P(A|B_3)=1\%$.

(1) 由全概率公式得

$$P(A)=\sum_{i=1}^{3}P(A\mid B_i)P(B_i)=4\%\times45\%+2\%\times35\%+1\%\times20\%=0.027;$$

(2) 由贝叶斯公式得 $P(B_2|A)=\dfrac{P(A|B_2)P(B_2)}{P(A)}=\dfrac{2\%\times35\%}{0.027}=\dfrac{7}{27}$.

2. 因为 η 与 ξ 同分布，所以 $P(A)=P(B)$.

又因为 A 和 B 独立，所以 $P(AB)=P(A)P(B)$

从而 $P(A\cup B)=P(A)+P(B)-P(AB)=2P(A)-[P(A)]^2=\dfrac{3}{4}$，从中解得

$$P(A)=\frac{1}{2}.$$

而 $P(A)=P\{\xi>a\}=\int_a^{+\infty}\varphi(x)\mathrm{d}x$，$a\geqslant 2$ 时，$P(A)=0\neq\frac{1}{2}$；$a\leqslant 0$ 时，$P(A)=1\neq\frac{1}{2}$.

所以 $0<a<2$，$P(A)=\int_a^{+\infty}\varphi(x)\mathrm{d}x=\int_a^2\frac{3}{8}x^2dx=1-\frac{a^3}{8}=\frac{1}{2}$，故 $a=\sqrt[3]{4}$.

3. 根据联合分布律与边缘分布律的关系有

$P\{X=x_1,Y=y_1\}+P\{X=x_1,Y=y_2\}=P\{X=x_1\}$， 解得 $P\{X=x_1,Y=y_2\}=\frac{1}{6}-\frac{1}{8}=\frac{1}{24}$，

由题设 $P\{X=x_1|Y=y_1\}=\frac{P\{X=x_1,Y=y_1\}}{P\{Y=y_1\}}=\frac{1}{6}$， 解得 $P\{Y=y_1\}=6\times\frac{1}{8}=\frac{6}{8}$，

从而 $P\{X=x_3,Y=y_1\}=\frac{6}{8}-\frac{1}{8}-\frac{1}{8}=\frac{4}{8}$， $P\{Y=y_2\}=1-P\{Y=y_1\}=\frac{2}{8}$，

由题设 $P\{X=x_2|Y=y_2\}=\frac{P\{X=x_2,Y=y_2\}}{P\{Y=y_2\}}=\frac{1}{6}$， 解得 $P\{X=x_2,Y=y_2\}=\frac{1}{6}\times\frac{2}{8}=\frac{1}{24}$，

$P\{X=x_3,Y=y_2\}=\frac{2}{8}-\frac{1}{24}-\frac{1}{24}=\frac{4}{24}$， $P\{X=x_2\}=\frac{1}{8}+\frac{1}{24}=\frac{1}{6}$， $P\{X=x_3\}=\frac{4}{8}+\frac{4}{24}=\frac{4}{6}$.

因此（X,Y）的分布律、边缘分布律用表格表示为

Y \ X	x_1	x_2	x_3	$p_{\cdot j}$
y_1	$\frac{1}{8}$	$\frac{1}{8}$	$\frac{4}{8}$	$\frac{6}{8}$
y_2	$\frac{1}{24}$	$\frac{1}{24}$	$\frac{4}{24}$	$\frac{2}{8}$
$p_{i\cdot}$	$\frac{1}{6}$	$\frac{1}{6}$	$\frac{4}{6}$	1

4. K 的概率密度为 $f_K(k)=\begin{cases}\frac{1}{5}, & 1<k<6,\\ 0, & \text{其他}.\end{cases}$

(1) 所求概率为 $P\{16K^2-16(K+2)\geqslant 0\}=P\{(K\geqslant 2)U(K\leqslant -1)\}=\int_2^6\frac{1}{5}\mathrm{d}k=\frac{4}{5}$；

(2) $y=g(k)=\mathrm{e}^k$，$g'(k)=\mathrm{e}^k>0$，

其反函数为 $k=h(y)=\ln y$， $h'(y)=\frac{1}{y}$， $1<k<6$ 时，$\mathrm{e}<y<\mathrm{e}^6$，

所以 $f_Y(y)=\begin{cases}f_K[h(y)]\cdot|h'(y)|, & \mathrm{e}<y<\mathrm{e}^6\\ 0, & \text{其他}\end{cases}$，$=\begin{cases}\frac{1}{5y}, & \mathrm{e}<y<\mathrm{e}^6,\\ 0, & \text{其他}.\end{cases}$

5. 因为 ξ 和 η 独立，所以

$$\begin{aligned}\mathrm{Cov}(X,Y)&=E(XY)-E(X)E(Y)=E[(\xi+\eta)\xi\eta]-E(\xi+\eta)E(\xi\eta)\\&=E(\xi^2\eta+\xi\eta^2)-[E(\xi)+E(\eta)]E(\xi)E(\eta)\\&=E(\xi^2)E(\eta)+E(\xi)E(\eta^2)-[E(\xi)]^2E(\eta)-E(\xi)[E(\eta)]^2\\&=\{E(\xi^2)-[E(\xi)]^2\}E(\eta)+\{E(\eta^2)-[E(\eta)]^2\}E(\xi)\end{aligned}$$

$=D(\xi)E(\eta)+D(\eta)E(\xi)$.

而 $E(\xi)=E(\eta)=2\times0.8=1.6$， $D(\xi)=D(\eta)=2\times0.8\times(1-0.8)=0.32$，

故 $$\mathrm{Cov}(X,Y)=2\times1.6\times0.32=1.024.$$

四、解答题

1.(1) 由 $\mu_1=E(X)=\int_{-\infty}^{\infty}xf(x)\mathrm{d}x=\int_a^{\infty}x\theta a^{\theta}x^{-(\theta+1)}\mathrm{d}x=\frac{a\theta}{\theta-1}$，解得 $\theta=\frac{\mu_1}{\mu_1-a}$，

以 A_1 代替 μ_1 得到 θ 的矩估计量为 $\hat{\theta}=\frac{\overline{X}}{\overline{X}-a}$.

(2) 对于 $x_i>a$，$i=1,2,\cdots,n$，似然函数

$$L(\theta)=\prod_{i=1}^{n}f(x_i;\theta)=\prod_{i=1}^{n}\theta a^{\theta}x_i^{-(\theta+1)}=\theta^n a^{n\theta}(\prod_{i=1}^{n}x_i)^{-(\theta+1)},$$

$$\ln L(\theta)=n\ln\theta+n\theta\ln a-(\theta+1)\sum_{i=1}^{n}\ln x_i,$$

令 $$\frac{\mathrm{d}\ln L(\theta)}{\mathrm{d}\theta}=\frac{n}{\theta}+n\ln a-\sum_{i=1}^{n}\ln x_i=0,$$

解得 θ 的最大似然估计量为 $\hat{\theta}_L=\dfrac{n}{\sum\limits_{i=1}^{n}\ln X_i-n\ln a}$.

2. 在显著性水平 $\alpha=0.05$ 下，检验假设 $H_0:\sigma^2=\sigma_0^2=10$，$H_1:\sigma^2\neq\sigma_0^2$，

拒绝域为 $\chi^2=\dfrac{(n-1)s^2}{\sigma_0^2}\geqslant\chi^2_{\alpha/2}(n-1)$ 或 $\chi^2=\dfrac{(n-1)s^2}{\sigma_0^2}\leqslant\chi^2_{1-\alpha/2}(n-1)$，

将已知 $n=26$，$S^2=12$，$\sigma_0^2=10$，$\alpha=0.05$ 代入得

$$\chi^2_{0.975}(25)=13.12<\chi^2=\frac{(n-1)S^2}{\sigma_0^2}=\frac{25\times12}{10}=30<40.65=\chi^2_{0.025}(25),$$

未落入拒绝域，所以接受 H_0，认为元件寿命波动较以往无显著变化.